带内全双工水声通信系统理论与技术

赵云江　乔钢　娄毅◎著

System Theory and Technology of In-band Full-duplex Underwater Acoustic Communication

華中科技大學出版社
http://www.hustp.com
中国·武汉

内 容 简 介

本书以实现带内全双工水声通信为目标，围绕自干扰信号成分及信道结构研究不清晰、模拟域自干扰抵消性能受硬件设备参数影响、时变自干扰信道估计与数字域自干扰抵消性能受限等问题，较全面地论述了带内全双工水声通信系统理论与相关技术，并提出了适用于带内全双工水声通信技术的研究框架体系，具有较强的实践性。最后，基于已有研究与实验结果，对未来研究重点方向进行了展望。

本书可供水声工程领域科研及工程技术人员参考，也可供水声通信相关专业高年级本科生及研究生参考。

图书在版编目(CIP)数据

带内全双工水声通信系统理论与技术/赵云江，乔钢，娄毅著. —武汉：华中科技大学出版社，2022.7

ISBN 978-7-5680-8420-8

Ⅰ. ①带…　Ⅱ. ①赵…　②乔…　③娄…　Ⅲ. ①水声通信　Ⅳ. ①E96

中国版本图书馆 CIP 数据核字(2022)第 119395 号

带内全双工水声通信系统理论与技术　　赵云江　乔　钢　娄　毅　著

Dainei Quanshuanggong Shuisheng Tongxin Xitong Lilun yu Jishu

策划编辑：徐晓琦　张　玲

责任编辑：朱建丽

装帧设计：原色设计

责任校对：王亚钦

责任监印：周治超

出版发行：华中科技大学出版社(中国·武汉)　　电话：(027)81321913

武汉市东湖新技术开发区华工科技园　　邮编：430223

录　　排：武汉市洪山区佳年华文印部

印　　刷：湖北金港彩印有限公司

开　　本：710mm×1000mm　1/16

印　　张：13.5

字　　数：227 千字

版　　次：2022 年 7 月第 1 版第 1 次印刷

定　　价：58.00 元

作者简介

赵云江，哈尔滨工程大学水声工程学院博士毕业生，现就职于中国船舶集团有限公司，第七一〇研究所，从事水声通信技术研究方面工作，具体涉及带内全双工水声通信、移动稳健水声通信、水声通信机设计与开发。

乔钢，二级教授，博导，哈尔滨工程大学水声工程学院院长，哈尔滨工程大学海洋信息创新中心副主任，中船重工科技创新专家组成员。研究方向为水下声学通信及网络技术、仿声学通信及探测技术、水下定位与导航技术等。

娄毅，哈尔滨工业大学（威海）信息科学与工程学院副教授，硕导，IEEE 会员，2 部出版英文专著，1 部中文专著。担任 IEEE Trans.、IEEE Wireless Communications Magazine 等期刊审稿人。作为第一作者或通讯作者，在国际权威学术期刊上发表 SCI 论文十余篇。获得 WUWNet'21 Best Poster Award。5 次受邀参加国际著名学术会议并作相关成果的大会及分会报告，主持科研课题 12 项。主要研究领域为：水下通信与网络、5G+/6G 关键技术。

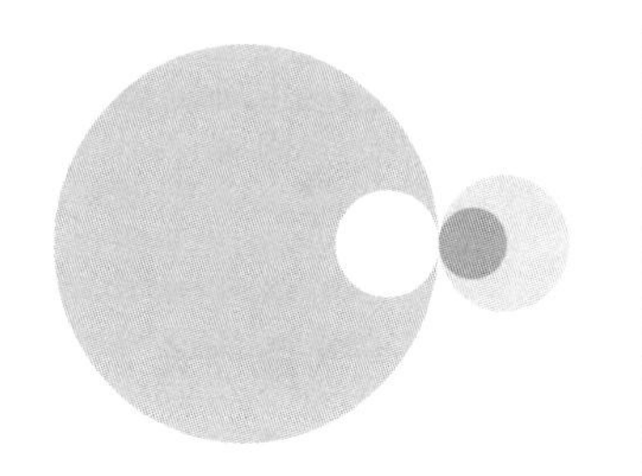

序

海洋信息系统建设是推进我国海洋强国战略的重要一环。随着我国海洋强国战略的深入实施，对我国海洋信息技术特别是水下信息传输技术的发展提出了新的要求。与此相关的水下平台集群协同概念的提出，也同样要求进一步提高水下信息传输能力。因此，水下信息传输技术成为我国海洋信息科学领域科研人员研究热点。

水声通信作为目前已知的唯一一种可靠远程水下无线信息传输技术，因可以为各类水下信息传输需求提供解决方案，逐渐获得越来越多的关注、研究与应用探索。而目前，各类应用对水声通信技术的需求已从低速率、单一化信息传输业务发展为高速率、多样化的业务。可预见的是，以半双工体制为主的水声通信网络性能将无法满足日益增长的水下信息传输需求。

带内全双工水声通信技术可实现同时发射和接收相同频带内的通信信号，理论上其频率利用效率可达到传统半双工水声通信的两倍，在水声信道可用频谱资源严重受限的背景下具有重要的研究意义与应用价值。带内全双工水声通信技术在实现过程中面临的最主要挑战即是对本地自干扰信号的抵消，这是一份难度极高的工作。本书建立在作者多年来针对频分全双工水声通信、带内全双工水声通信技术研究及工程实践的基础上，利用自研带内全双工水声通信工程样机，进行了深入探索、研究与实践。针对研究过程中所遇的技术问题提出了相应的解决方案与思路，并给出了系列重要结论与相关技术在工程应用中的建议。因此，本书在国内首次全面、系统地构建适用于带内全双工水声通信系统的自干扰信道估计与抵消理论研究框架，理论与实践并重，将为推动带内全双工水声通信技术后续研究及通信机的多样化应用起到积极的作用。

希望本书的出版能够为我国海洋信息科学技术，特别是带内全双工水声通信技术的发展、创新与突破提供一些思路与帮助。也希望可以得到广大读者的批评与建议，为海洋信息技术领域的发展做出自己的贡献！

西北工业大学副校长

杨益新

2022 年 3 月

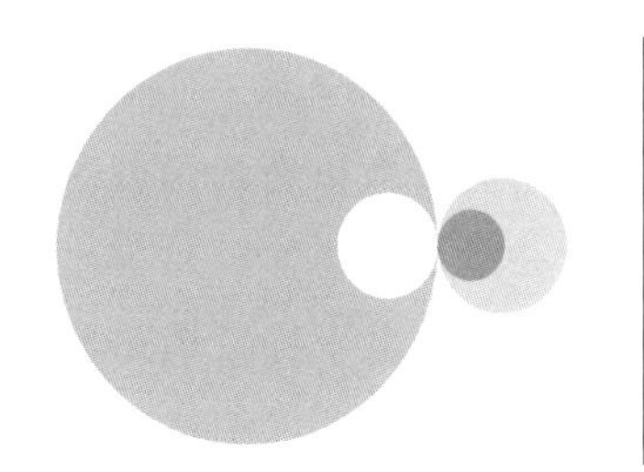

前言

近年来，水声通信技术已经被广泛应用于海洋环境观测等方面，但可预见，在未来发展趋势下，以半双工体制为主的水声通信网络，将会无法满足日益增长的水下信息交互需求。带内全双工水声(in-band full-duplex underwater acoustic, IBFD-UWA)通信技术可以在相同的通频带内，同时发射和接收通信信号，理论上可将现有的频谱效率提高一倍，在水声信道可用频谱资源严重受限、水下信息交互需求激增的背景下具有极高的研究意义与应用价值。因此，IBFD-UWA 通信技术已逐渐成为目前水声通信领域的研究热点之一。

带内全双工水声通信系统需要在强自干扰信号下，实现对弱期望信号的正确解调，因此，如何对这种强自干扰进行抑制和抵消，是 IBFD 通信实现过程中需要解决的最关键问题。目前，此部分的研究主要集中在无线电通信领域，IBFD-UWA 通信技术尚处于初始研究阶段，但已有部分学者对无线通信研究结果在水声通信中的适用性展开了研究并取得了一定成果。该部分成果主要集中于数字域自干扰抵消与模拟域自干扰抵消方面，尚未构成完善的理论体系且停留于理论仿真及各域性能的独立实验验证。

本书内容基于作者多年来在全双工水声通信领域的研究成果与工作积累，针对 IBFD-UWA 通信机在实际应用条件下自干扰信号成分及信道结构研究不清晰、模拟干扰抵消性能受硬件设备参数影响、时变自干扰传播信道条件下的信道估计与数字域自干扰抵消性能受限的问题展开了深入讨论。以无线电全双工通信技术为基础，构建了适用于IBFD-UWA通信系统的干扰信道估计与抵消理论研究框架，并基于此架构进行了初步的探索性研究，具体包括传播域自干扰信道建模技术、数字辅助模拟域自干扰抵消技术、时变信道下数字域自干扰信道估计与自干扰抵消技术，为实现带内全双工水声通信提供了理论依据与技术支持。

全书共7章：第1章针对水声通信技术、水声通信机及带内全双工通信技术进行了研究现状概述，并对整体研究趋势进行了分析；第2章以新的角度对传播域自干扰信号成分及传播信道进行了分析、建模，并结合外场实验对模型进行了验证；第3章介绍了带内全双工水声通信系统模拟域自干扰抵消基本方案性能分析及各类影响因素分析；第4章介绍了多种数字辅助模拟域自干扰抵消方案，对第3章所述影响因素对自干扰抵消方案的影响进行了仿真与分析；第5章对时变自干扰传播信道特性进行了讨论与分析，并从信道跟踪角度分析了所述方案性能；第6章对变遗忘因子自适应滤波器在带内全双工水声通信系统数字域自干扰抵消过程中的效果进行了分析，并通过误码率证实了在带内全双工水声通信系统中模拟域与数字域间自干扰抵消量也存在矛盾性；第7章结合上述章节对目前实现带内全双工水声通信系统面临的难点问题进行了总结，给出了带内全双工水声通信技术研究框架，并对研究过程中产生的新思路及遇到的新问题进行了论述，最后对未来研究方向进行了展望。

由于作者水平有限，且带内全双工水声通信技术研究尚处于初步发展阶段，书中难免有错误之处，恳请读者批评指正。

作者

2022年3月

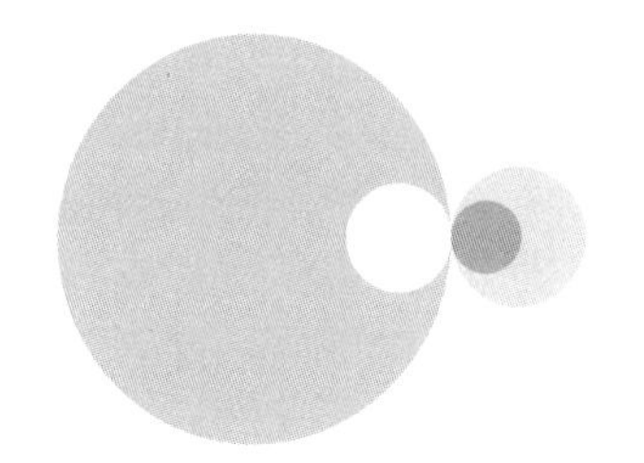

目录

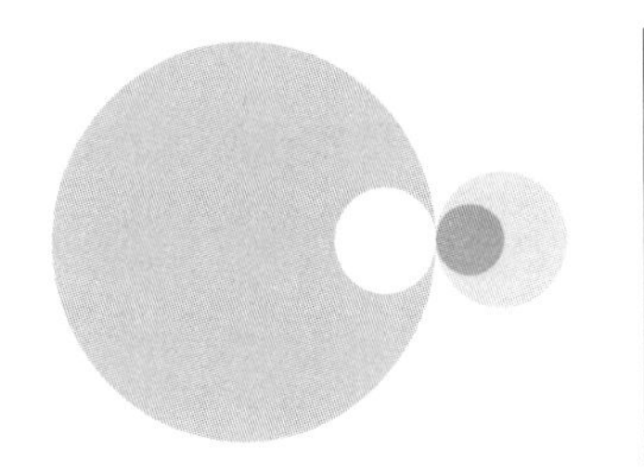

第1章 绪论

随着海洋的战略地位、资源开发与科学研究价值的提升，我国提出了建设"海洋强国"的战略目标，而通过关心海洋、认识海洋、经略海洋来建设海洋强国的方式，成为我国海洋行业科研人员聚焦的现实问题。随着"海上丝绸之路"宏伟计划的推进，以及与沿线国家合作飞速发展、海洋工程建设规模扩大等各类因素推动的作用下，我国对海洋环境安全保障等方面（如"丝路"沿线海洋环境观测、港口防务等方面）产生了迫切的需求，这对海洋信息获取能力提出了新的要求。水声（underwater acoustic，UWA）通信作为目前已知的唯一一种可靠远程水下无线信息传输技术，可以为上述需求提供解决方案，获得了越来越多的关注、研究与应用探索。

水声通信技术的应用前景主要体现在水下各单元信息与指令传输、江河入海口水质监测、海洋牧场生产活动监测、台风及海底火山预警、海上石油平台泄漏预警等一系列信息传递、区域性要素监测与预警方面[1]，而上述各类应用基本都建立在水声通信节点与传感器网络化形成的水下传感器网络的基础上[2]。一般节点装置外部装有要素监测传感器，通过传感器获取数据，并将数据传输至主节点，主节点传输至岸基水听器或水面浮标等信息中继、收集中心，以完成关键信息传输与区域性海洋要素监测。这些应用对水声通信的需求从低速率、单一化业务发展为高速率、多样化业务。可预见水声通信网络的吞吐量等性能在未来需求的发展趋势下，将会无法满足日益增长的水下信息交互需求。

目前，已有大量的关于通信网络协议的研究与成果，但由于水下通信传输延迟时间长、带宽有限、信道时空变异性大等原因，在具体应用与实施中，技术成熟的陆地无线网络协议在水下通信网络中失效[2-5]。同时，水声信道紧缺的可用频谱资源、多普勒扩展严重、较高的环境噪声等[6-8]，造成了水下通信网络的效率低下、吞吐量受限等缺点。因此，如何在水声通信带宽严重受限的情况下提高水声通信网络的频谱效率及系统吞吐量，是未来水声通信网络技术面临的核心问题。无线电通信界为解决不断增加的无线业务需求与日益匮乏的频谱资源之间的矛盾，提出了同频同时全双工(co-frequency co-time full duplex, CCFD)技术[9-11]，与传统的全双工通信技术不同的是，其可以在相同的频率资源、相同的时刻，同时发射和接收电磁波信号，理论上可将现有的频谱效率提高一倍(本书后续以“带内全双工”对其进行描述)。这为提升水声通信网络性能提供了一种新的思路，将带内全双工技术应用于水声通信网络节点中继，其可同时发射和接收信号，在不增加通频带范围的条件下，可减少通信网络节点端到端之间通信的延迟时间[12]；相比于传统的半双工水声通信系统，带内全双工水声通信技术可以让通信系统的上、下行链路增加一项新的可选模式，即可根据网络吞吐需求，灵活切换全双工与半双工模式；特别地，当两个节点同时发射同频段信号时，窃听者收到的是两节点发射信号的叠加，这使得窃听者无法对任意节点发射信号进行正确解调，进而在一定程度上保证了通信网络的安全性。

1.1 水声通信技术研究现状简述

目前，带内全双工通信方面的研究主要集中在无线电通信领域[13]，带内全双工水声通信技术的研究处于起始阶段，主要聚焦于数字自干扰抵消技术方面，其尚未构成完善的理论体系。本节将对水声通信技术发展及研究现状进行描述，同时对全双工通信技术基本概念及研究现状进行介绍。

水声通信技术最早的应用可追溯到1945年，美国海军水声研究所(Navy Underwater Sound Laboratory)采用单边带调制技术在13 kHz的带宽上实现了潜艇间通信[14]，其硬件系统随着电子技术的发展得到改进，目前该技术仍然应用于一些军用及科研领域[15]。随着无线电通信技术与硬件技术的发展，二十世纪六七十年代的水声通信技术的突破主要体现在水声通信系统由模拟调制技术向数字调制技术的转变，以及对相干通信调制技术的探索与研究。但在此期间，因为缺乏有力的信号处理手段，非相干通信仍然被认为是较为稳健的调制方式，如采用多进制频移键控（multiple frequency shift keying，MF-SK）信号加编码的技术克服多径引起的干扰。

二十世纪八十年代，由于水声信道的多径结构对相干通信系统存在较大的影响，相干通信几乎只应用于深海通信链路。二十世纪九十年代，考虑到非相干通信技术的频带利用率较低及水声信道可用带宽受限的问题，逐渐出现针对深海多径结构的相干通信信号处理研究。R. E. Williams等人针对海洋声学信道时间相关性展开研究，证明了信道的时间相干性高，可以通过信道估计与补偿提升通信系统性能[16]。M. Stojanovic等人利用判决反馈均衡器（decision feedback equalizer，DFE）与数字锁相环（digital phase-locked loop，DPLL）技术，实现了相干调制在水声通信中的应用[17,18]。由于水声信道具有较长的延迟拓展，因此所需的DFE抽头系数较多，这造成了运算量较大的问题，因此，如何降低均衡过程所需的抽头数量成了新的研究方向。由于海洋声学信道多径结构往往是呈离散化、稀疏化的，这使得低复杂度、高效信道跟踪成为可能。M. Stojanovic等人利用水声信道的稀疏特性，提出了一种基于信道估计的自适应水声信道均衡技术，利用稀疏部分响应均衡器（sparse partial response equalizer，SPRE）极大地降低了DFE过程所需的运算量[19]。目前，水声通信信道均衡技术仍然受到领域内科研人员的关注与研究[20-22]，因而科研人员进一步提高了该技术的应用范围与通信系统稳健性。

除均衡技术外，针对水声信道特性，科研人员将来源于光学中的相位共轭（phase conjugation）及时间反转镜（time reversal mirror，TRM）技术应用到水声通信中[23,24]。W. S. Hodgkiss等人利用垂直接收阵列开展了针对TRM技术的海洋实验。实测结果表明，TRM技术具有较强的鲁棒性及稳定性，实测结果与理论相符[25]，其实现了在接收端的空间分集，其时间压缩效应降低了信道的延迟拓展，而其空间聚焦效应提高了信噪比（signal to noise ratio，SNR），降低了由信道造成的衰落。G. F. Edelmann等人分别在吸收、反射及倾斜三种地质浅水信道中进行了以3.5 kHz为中心频率的TRM通信实验[26]。实测结果表明，TRM技术应用于水声通信系统可以降低由多径效应造成的码间干扰（inter-symbol interference，ISI）。

D. Rouseff 等人提出了一种无须往复发射通信信号的无源/被动相位共轭(passive phase conjugation, PPC)方法[27]，与有源技术相比，被动相位共轭阵列仅需要接收信号。M. Stojanovic 对 TRM 通信系统中应对 ISI 的几种解决方案进行了详细分析，将其应用于高速水声通信系统中[28]。T. C. Yang 针对水声通信系统中 TRM 及被动相位共轭技术的时间分辨率进行了研究和浅海实验[29]。研究结果表明，由于海洋信道的时变特征，时间反转镜焦点会产生缓慢退化，TRM 及 PPC 技术性能由于信道的时变特征，在分钟数量级上存在波动。因此，配合自适应信道均衡器使用可以延长一定可靠通信的周期，与复杂的多径自适应均衡方法相比，降低了接收端算法复杂度与运算量。目前，TRM 技术及其变形，如虚拟时间反转(virtual time reversal, VTR)[30]等，仍然广泛应用于各类水声通信与定位系统中[31-33]。

随着对水声通信系统通信速率的需求不断提高，科研人员将目光转向多载波调制——正交频分复用(orthogonal frequency division multiplexing, OFDM)[34]通信技术。OFDM 水声通信系统将通频带分割为等间隔正交子载波，具有更高的频谱利用率，可以通过频域均衡来实现对水声多径信道的处理，相较于时域信道均衡，其复杂度得到大大降低。OFDM 水声通信系统的调制与解调过程都可通过 FFT/IFFT 实现，从而降低了算法实现的复杂度。S. Coatelan 等人完成了 OFDM 水声通信系统的实验验证，证实了系统的可行性[35]。OFDM 水声通信系统的高通信速率是以子载波间的严格正交性为基础的，然而水声信道中水面随机起伏或收发两端相对运动等原因造成的多普勒频偏将会破坏子载波之间的正交性，进而导致子载波间干扰(inter-carrier interference, ICI)。如何解决该问题，成了 OFDM 水声通信系统研究的重点。文献[36]提出了一种针对 OFDM 水声通信系统的非均匀多普勒补偿算法，结合低复杂度 FFT 信号处理方法，通过自适应参数估计完成对子频带上的非均匀多普勒补偿。文献[37]提出了针对非均匀多普勒频偏的两步补偿方案，先通过重采样方法将宽带多普勒频偏问题转变为窄带问题，再通过高分辨率多普勒因子估计方法补偿残余多普勒。文献[38]通过前导短 OFDM 符号来完成初始多普勒因子粗估计，并通过循环前缀实现精细化同步与多普勒因子精估计，并通过重采样对非均匀多普勒进行补偿。

为在有限频带内进一步提高 OFDM 水声通信系统的通信速率及稳定性，B. Li 等人提出了一种 MIMO-OFDM 通信系统，其中利用空载波完成多普勒估计与补偿，利用导频完成多输入多输出（multiple-input multiple-output, MIMO）信道估计，并结合低密度奇偶校验编码方法（low-density parity-check, LDPC）与最小均方误差均衡器进一步提高通信系统的稳定性[39]。

相较于 OFDM 高速水声通信系统，扩频通信系统具备更佳的抗多途衰落及多普勒效应的性能，同时可通过码分多址技术（code division multiple access, CDMA）实现多用户通信。文献[40]对直接序列扩频（direct sequence spread spectrum, DSSS）及跳频扩频（frequency-hopping spread spectrum, FH-SS）通信方法在水声信道下的性能展开研究，研究结果表明扩频通信技术具备高可靠性、安全性等优势。文献[41]针对 DSSS 通信系统，分别提出了基于 RAKE 接收及假设反馈均衡器的接收机结构，研究表明在快时变信道下假设反馈均衡器性能更佳，而 RAKE 接收机在高精度多普勒补偿的基础上具备更低的复杂度。文献[42]对低信噪比下 DSSS 通信系统性能及检测概率问题进行了研究，讨论了同步失真、信道估计误差及信道衰落影响下的性能损失。针对 DSSS 通信系统通信速率较低的问题，F. Zhou 等人提出了正交 M 元及多载波 M 元循环移位键控（cyclic shift keying, CSK）扩频通信方法[42-45]。

近年来，随着水声通信技术的不断成熟，其发展已呈现更具针对性的以应用需求为导向的研究趋势，如仿生隐蔽通信方法[46]、新型高速水声通信方法[47]、水声通信物理层基础协议[48]等。S. Liu 等人针对低识别概率隐蔽通信需求，提出了一种利用分段线性调频信号模拟鲸鱼叫声的仿生隐蔽通信算法，实现了 2 km 距离下，37 bps 通信速率的隐蔽通信[49]。此外，还包括鲸鱼叫声掩盖扩频通信[50]、基于真实海洋生物叫声的时延差通信方法等[51-52]。J. Jiang 等人提出了一种基于抹香鲸叫声的差分时延差通信方法，完成了对抹香鲸叫声进行筛选并对叫声串规律进行模拟，同时利用神经网络信号分类器对自然声源及仿生通信信号进行识别判定测试，达到了伪装隐蔽通信的效果[53]。C. Shi 等人提出了一种基于声学轨道角动量（orbital angular momentum, OAM）的高速水声通信方法，利用四个不同波长整倍数半径的有源换能器环形阵（每个环上存在等间距 16 元发射换能器），实现了 8.0±0.4 bit/s/Hz 的带宽利用率[54]。

OAM 水声通信技术利用空间自由度突破了传统水声信道下各类通信体制频谱利用率的上限，为水声通信技术的发展提供了一个新的方向。

北约海洋研究与实验中心(Centre for Maritime Research and Experimentation, CMRE)的J. Potter等人于2015提出了以FH-BFSK技术为物理层基础算法的水声通信标准协议JANUS[55],旨在使该协议成为国际水声通信标准协议。

文献[56]基于该协议的跳频变速移动通信的多普勒因子估计方法,利用水下目标移动加速度变化趋势缓慢的特征,结合小波软阈值去噪技术(wavelet soft-threshold denoising, WSD)对粗测多普勒因子序列进行了优化,实现了2～6 m/s的非匀变速下的移动跳频通信,解决了该协议在变速情况下无法通信的问题。

水声通信技术未来研究重点的内容,将集中于在各类水域环境及状态条件下的稳健、高速信息交互,如集成化网络数据传输、为水下单元提供通信与导航网络的解决方案等。此外,还将集中于水声通信网络的标准化协议研究、跨介质(冰层等)信息传输、空天地海一体化做进一步应用探索。

1.2 水声通信调制解调器及其网络化应用

水声通信技术在各类海洋工程实际应用中,绝大部分以水声通信调制解调器(modem)为载体,以实现海洋环境观测及海洋工程建设项目中的数据存储与回传、水下单元指令及数据传输等功能。目前,针对水声通信modem的研究群体主要分为各类研究机构与商业公司。

研究机构方面,美国伍兹霍尔海洋研究所(Woods Hole Oceanographic Institution, WHOI)研制了一种低功耗水声通信微型调制解调器(micro modem)[57],主要搭载于远程环境监控装置(remote environmental monitoring units, REMUs),可实现多速率PSK(0.2～5 kbps)通信与低速FH-FSK(80 bps)通信模式,其改进型(micromodem-2)[58]进一步提高了核心处理器的处理及存储能力,并提高了通频带宽。各类研究机构水声通信modem性能参数如表1-1所示。其中通信速率及工作距离以公开文献中所述modem测试实验结果及通信算法为根据。从表1-1可以看出,各研究机构对modem的研究方向主要可以分为高速、各层灵活重配置、超低功耗及低成本等方面。

其他国外研究机构如麻省理工学院(Massachusetts Institute of Technology, MIT)、康涅狄格大学(University of Connecticut, UCONN)、加州大学洛杉矶分校(University of California, Los Angeles, UCLA)、加利福尼亚大学

表 1-1 各类研究机构 modem 参数性能

机构及 modem 名称	调制方式及通带	通信速率及工作距离	主要特征
WHOI，micromodem[57]	PSK/FH-FSK，2～30 kHz	PSK：0.2～5.0 kbps FH-FSK：0.08 kbps 5 kps，6 km 0.2 kbps，11 km	低功耗，微型及多速率 远程环境监控及通信 窄带及宽带长基线导航
WHOI，micromodem-2[58]	PSK/FH-FSK，1～100 kHz	—	更低功耗、可存储数据 可扩展速率支持网络部署
MIT Sea Grant，rmodem[59,60]	可按需设定 9～14 kHz[59]	QPSK，0.55 kps 15.8 m（水池）[60]	物理层可按需重构 支持 MIMO 算法 水下监测网络测试
MIT CSAIL，aquanodes[61]	FSK，4 kHz	0.33 kbps，>400 m	网络层协议可按需配置 同时支持声、光通信
UCD/UCI/IST underwater mote[62]	FSK 接收 0.1～20 kHz 发射 0.4～20 kHz	0.024～0.028 kbps 17 m	首个低成本 水下通信平台 软件定义
UCLA，UANT[63]	可按需设定	可按需设定	物理、网络层可重配置 软件定义
UCSD，low-cost modem[64]	FSK，27～43 kHz	0.2 kbps，350 m	低成本，约合 600 美元 AB 类+D 类功放组合
UCONN，OFDM modem[65]	OFDM～QPSK，6 kHz	3.2/6.4 kbps，3 km	具备 SISO/MIMO 能力 实时实现
UV，low-power ITACA modem	FSK，1 kHz[66] FSK，1 kHz[67]	1 kbps，>100 m[66] 1 kbps，240 m[67]	超低功耗、唤醒模式
Calabria，seamodem[68]	MFSK，25～35 kHz	0.75/1.5/2.25 kbps BFSK：400 m	物理、网络层可重配置 低成本、支持 JANUS 协议
NCL，seatrac modem[69]	扫频/QPSK，24～32 kHz	扫频：100 bps QPSK：1.4 kbps	提供 AUV 可靠通信链路
NUS，UNET modem[70]	FH-BPSK，18～36 kHz	500 bps 指令传输 2～10 kbps 数据传输 2～3 km	物理、网络层可重配置 所有参数可定制
EUROPA，MoU UCAC[71]	OFDM，1.5～5 kHz	4～80 bps，20 km	AUV-母船隐蔽通信 低信噪比解调
CMRE，SDOAM[72]	无限定，最大程度为开发人员提供灵活性，具备简单接口与架构		开放体系结构 软件定义

圣迭戈分校(University of California, San Diego, UCSD)等美国高校,以及英国纽卡斯尔大学(Newcastle University)、意大利卡拉布里亚大学(University of Calabria)、新加坡国立大学(National University of Singapore, NUS)、西班牙瓦伦西亚大学(University of Valencia, UV)、爱尔兰都柏林大学(University College Dublin , UCD)等同样针对水声通信 modem 展开了研究。

此外,欧盟各国也展开了基于如欧洲谅解备忘录(Memorandum of Understanding, MoU)、欧盟第七框架计划(7th Framework Programme, FP7)等框架下的合作研究项目,分别针对无人潜航器隐蔽声通信(unmanned underwater vehicle covert acoustic communications, UCAC)、水声通信网络(underwater acoustic networks, UAN)及潜艇监视的协同嵌入式网络(CoLlAborative embedded networks for submarine surveillance, CLAM)等需求与应用背景展开了对水声通信 modem 的研究与实验。

展开对 modem 研究的独立商业公司包括美国 LinkQuest、Teledyne Benthos 公司,德国 Develogic、EvoLogics 公司等,其典型型号 modem 如图 1-1 所示。

LinkQuest UWM 2200

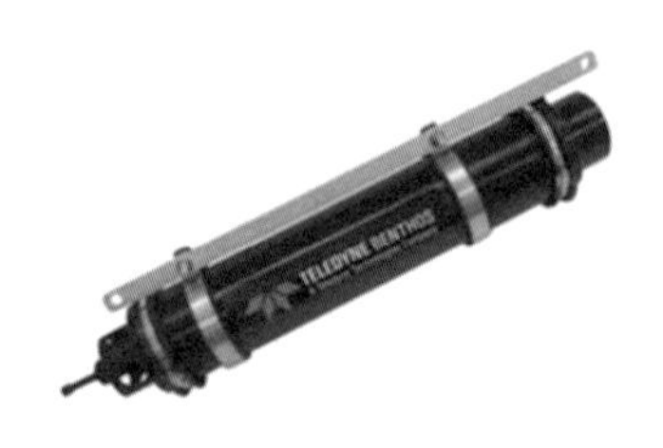

Teledyne Benthos ATM 960

Develogic HAM.Base

EvoLogics S2C 7/17D

图 1-1　各独立商业公司典型型号 modem

美国 LinkQuest 公司[73]是一家精密声学设备制造商，以高速、高能源利用率及高稳健性为目标，利用宽带扩频通信技术开发了 UWM 系列 modem，被广泛应用于海洋环境监测、AUV 与载人潜水器的指令与数据传输、油田探测、水下工程建设传感器监测等。公开资料显示 UWM 系列具有 8 种不同型号的 modem，通信速率为 5～38.4 kbps（UWM2200），通信距离为 350 m～10 km（指向性通信），工作深度范围为 200 m～7 km。

美国 Teledyne Benthos 公司[74]研制的 ATM 系列 modem，主要被应用于海洋系泊系统实施数据回传、水下潜航器指令与数据传输、传感器数据回传、油气田指挥与控制系统。ATM 系列 modem 拥有三种通信体制，分别为跳频（80 bps）、MFSK（0.14～2.4 kbps）及 PSK（2.56～15.36 kbps），最高通信距离可达 6 km，工作深度范围为 500 m～6 km，工作距离一般为 2～6 km，ATM-960 最大工作距离可达到 60 km，该系列 modem 现已全面兼容 JANUS 协议。

德国 Develogic 公司[75]研制的 HAM 系列 modem，可应用于资源勘探等方面，可根据信道多径干扰强度调整通信体制，如深海垂直信道采用 OFDM-mDPSK 调制模式，浅水多径干扰严重的环境采用 n-mFSK 调制模式。通信速率为 145 bps（30 km 水平距离，n-mFSK）～7 kbps（1950 m 垂直距离，OFDM-mDPSK）。该型号 modem 多种壳体和换能器配置可根据具体应用环境情况进行选择。

德国 EvoLogics 公司[76]研制的 S2C 系列 modem，可应用于水下传感器数据获取、无人水下航行器（unmanned underwater vehicel，UUV）定位导航及复杂网络监测等方面，该系列 modem 采用的自研扫频载波（sweep-spread carrier，S2C）技术可实现远距离、低信噪比、稳健通信。通信速率为 6.9～31.2 kbps，最高可达 62.5 kbps（S2C-M-HS），通信距离为1～10 km（S2CR-7/17D），工作深度范围由壳体材料决定，为 200 m～10 km。

国内方面，已有众多研究机构开发出了多款包括 OFDM、扩频、PSK、FSK 等通信体制的水声通信机。中国科学院声学研究所研制了一种全海深高速水声通信机[77]，采用单载波相干水声通信技术，最大垂直深度可达 12 km，已于马里亚纳海沟完成了实验验证，在 1.05 km 的垂直信道下实现了 6 kbps 通信速率的实时通信。

哈尔滨工程大学研制的 HEU OFDM-modem[78]，在南海海试实验中利用 4 kHz 通频带宽，在 5 km 距离下实现了 3.03 kbps 的通信速率。此外，哈尔滨工程大学基于国家863计划“远程、矢量、全双工水声通信技术”研制了首个全双工水声通信机[79]，采用频分的方式实现了双模（扩频、OFDM）全双工水声通信，支持多用户通信及物理层参数重配，并在南海完成了组网实验。基于仿生伪装隐蔽通信实际应用需求，哈尔滨工程大学设计并研制了两种型号仿生通信 modem[80,81]，分别采用时延差和分段线性调频仿海豚叫声算法，在水池实验中实现了 27 bps、115 bps 通信速率的稳健通信，并在后续研究中针对 UUV 隐蔽遥控需求，利用该型号 modem 实现了对 UUV 的控制指令传输。

此外，厦门大学、西北工业大学等高校也针对水声通信 modem 展开了基于多种应用背景的研究工作。相较于国外研究机构及商业公司的研究成果，我国尚未形成成熟的、被用户广泛认可的水声通信产品，与国外同阶段产品仍具有一定差距，同时不同单位开发的通信机尚不能相互通信，仍需进一步对通信机开展优化工作。

水声通信网络化应用方面，美国、欧盟各国先后展开了水下声学网络的验证与应用。美国陆续开展了系列水下通信网络、海洋监控系统的实验，包括水声监视系统（sound surveillance system，SOSUS），广域海网（seaweb），可部署自治分布式系统（deployable autonomous distributed system，DADS）。

其中 seaweb[82]被认作现代水声通信网络的雏形，该网络经过十几年的发展，已进行了多次优化与性能提升，具备定位与导航、定向通信、信道实时测量评估、对潜隐蔽通信、水下移动目标追踪等功能。

DADS[83]是由美国军方赞助的探索性研究项目，为未来海军各类作战研究项目服务，该系统由十余个固定节点及数个移动节点构成，网关浮标支持水声与无线电通信，可实现水下网络通信及岸基-浮标或飞机-岸标通信。为解决水下通信网络仿真受限、缺少实验验证等问题，美国康涅狄格大学等四所高校建立了研究导向型 ocean-TUNE 网络[84]，该网络终极目标是提供全方位的访问权及建设通用的海洋平台水下无线网络社区。

ocean-TUNE 由四个不同海域的实验平台构成，分别位于长岛海峡、胡德运河等位置，实验平台由系列海面浮标节点、锚系节点和移动节点（水下滑翔器）构成，海面浮标节点可以通过无线电网络进行数据交互，而海底节点与移动节点通过声学链路进行远程控制，用户可修改 modem 各层参数以验证研究成果。

SUNRISE[85]是由欧洲、美国几所研究机构共同合作建设的水下实验网络，由 5 个联合的水下通信实验平台组成，该网络覆盖区域广泛，实验内容包括声学信号记录、任意波形传输、MIMO 数据收集与处理、水声阵列波束形成、矢量传感器测试、UUV 指挥与控制操作、广泛水域监控等，该网络的建设在一定程度上推进了西方国家在水下通信技术领域的实验与合作。上述几种水声通信网示意图如图 1-2 所示。

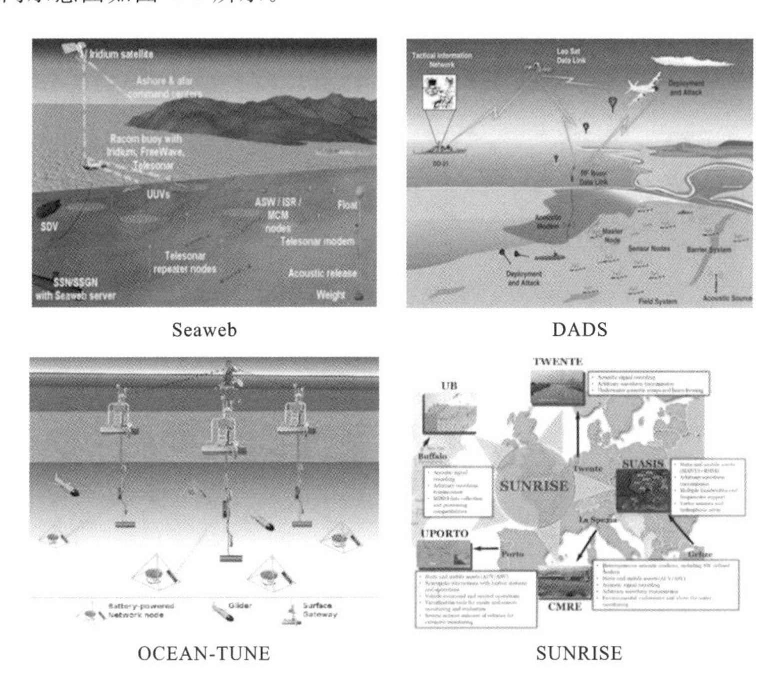

Seaweb　　DADS

OCEAN-TUNE　　SUNRISE

图 1-2　几种国外典型水下通信网络

国内水声通信网络的建设较西方国家来讲，起步较晚，关于水声通信网络海上实验的公开报道较少。中国科学院声学研究所[86]、中国船舶重工集团第 715 研究所、哈尔滨工程大学、浙江大学针对国家 863 计划“水声通信网络节点及组网关键技术”项目，开展了关于水声通信及组网技术的联合攻关，项目中各项技术研究由各单位承担，内容包括 MPSK 及多信号体制通信（中国科学院声学研究所）、MFSK（中国船舶重工集团第 715 研究所）、OFDM 及组网关键技术研究（哈尔滨工程大学）、时反水声通信技术及其在网关应用（浙江大学）等。

该网络在海南附近海域开展了持续 40 余天的海上实验，实现了覆盖区域内的水温、压力及流场的持续、实时观测，验证了各水声通信节点、网络协议的

性能。该通信网络实验拓扑结构示意图如图 1-3(a)所示。在后续的研究中，哈尔滨工程大学在“OFDM 水声通信机组网关键技术”项目的支持下，开发了浅海水声通信网络节点样机，如图 1-3(b)所示。

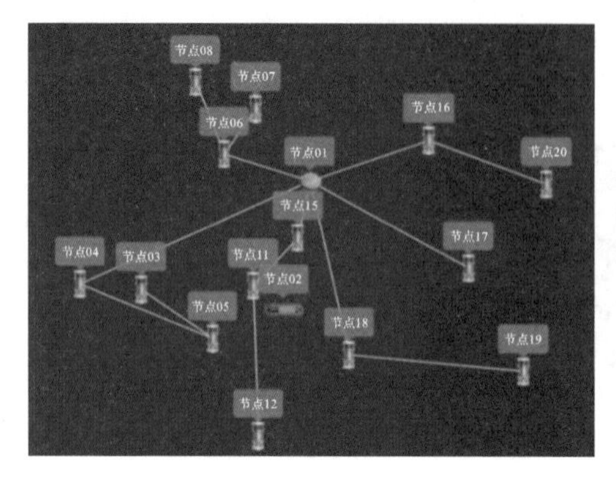

(a) 通信网络实验拓扑结构示意图

(b) 浅海水声通信网络节点样机

图 1-3 水声通信网络实验拓扑结构示意图及节点样机图

1.3 全双工通信技术优势与研究现状分析

与 1.2 节所述的半双工水声通信技术相比，全双工通信技术的核心是可以同时完成发射信号的发射与期望信号的接收，可极大地提升通信网络的性能。传统双工通信技术可主要分为时分双工(time division dual, TDD)与频分双工(frequency division duplex, FDD)两种，对于 TDD 系统，若增加系统带宽，则可提高通信速率，但频谱效率无变化；而对于 FDD 系统，若增加系统带宽，则可在原有频谱效率的基础上增加通信速率，但频谱效率没有变化。而带内全双工通信技术可以在相同频率资源上进行全双工通信。理论上，其频谱利用率可以达到 TDD、FDD 系统的 2 倍。

目前，已发表的公开文献中关于带内全双工通信技术有以下几种表述形式：CCFD、IBFD(in-band full-duplex)、SCFD(single channel full duplex)、STAR(simultaneous transmit and receive)等，考虑到带内全双工水声通信公开文献现有命名方式及突出频谱利用率问题，在本书中，统一以 IBFD 进行指代。

根据香农定理，半双工通信系统在带宽固定并经过高斯白噪声干扰的信道后，其信道容量可以表示为

$$C_{\mathrm{HD}}=B\mathrm{lb}\left(1+\frac{S_{\mathrm{e}}}{N}\right) \tag{1-1}$$

式中：C_{HD} 为半双工通信系统信道容量(bps)；B 为半双工通信系统带宽(Hz)；S_{e} 为期望信号平均功率(W)；N 为接收噪声功率(W)。

对带内全双工通信系统而言，在相同带宽内可同时实现双向通信，因此其信道容量可以表示为

$$C_{\mathrm{IBFD}}=2B\mathrm{lb}\left(1+\frac{S_{\mathrm{e}}}{I_{\mathrm{IBFD}}+N}\right) \tag{1-2}$$

式中：C_{IBFD} 为带内全双工通信系统信道容量(bps)；I_{IBFD} 为自干扰抵消后残存干扰。对式(1-1)、式(1-2)进行变换可分别得出半双工与带内全双工通信系统频谱效率 $\mathrm{SE}_{\mathrm{HD}}$ 及 $\mathrm{SE}_{\mathrm{IBFD}}$(bps/Hz)：

$$\mathrm{SE}_{\mathrm{HD}}=\frac{C_{\mathrm{HD}}}{B}=\mathrm{lb}\left(1+\frac{S_{\mathrm{e}}}{N}\right) \tag{1-3}$$

$$\mathrm{SE}_{\mathrm{IBFD}}=\frac{C_{\mathrm{IBFD}}}{B}=2\mathrm{lb}\left(1+\frac{S_{\mathrm{e}}}{I_{\mathrm{IBFD}}+N}\right) \tag{1-4}$$

定义带内全双工通信系统频谱效率增益(spectral efficiency gain，SEG)为

$$\mathrm{SEG}=\frac{\dfrac{C_{\mathrm{IBFD}}}{B}}{\dfrac{C_{\mathrm{HD}}}{B}}=\frac{2\mathrm{lb}\left(1+\dfrac{S_{\mathrm{e}}}{I_{\mathrm{IBFD}}+N}\right)}{\mathrm{lb}\left(1+\dfrac{S_{\mathrm{e}}}{N}\right)} \tag{1-5}$$

通过对式(1-5)仿真可得带内全双工通信系统 SEG 随 SNR 及干扰噪声比(interference noise ratio, INR)变化曲线，如图 1-4 所示。从图 1-4 可看出，当期望信号信噪比一定时，带内全双工频谱效率增益随着残余干扰信号的能量降低而提升；当残余干扰信号能量不变时，频谱效率增益随期望信号 SNR 的增加而提升，且当自干扰信号完全被抵消时，带内全双工通信系统理论上可以达到频谱效率提升一倍的效果。因此，如何对本地强自干扰信号进行高效抵消，是带内全双工通信系统需要解决的关键问题。

在早期研究中，受限于算法及硬件性能，无法解决本地强同频干扰问题，因此带内全双工技术在当时被认为是难以实现的。针对带内全双工技术的需求最早出现在探测领域，在连续发射探测信号的同时接收到较弱的远端目标反射信号。此外，需求也出现在回声消除等领域。这些需求在一定程度上推动了带内全双工技术的发展，一些研究成果也成为带内全双工通信技术的理论基础。

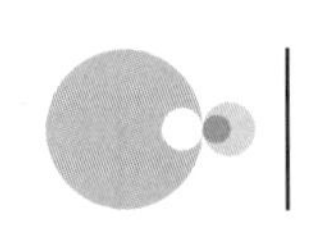

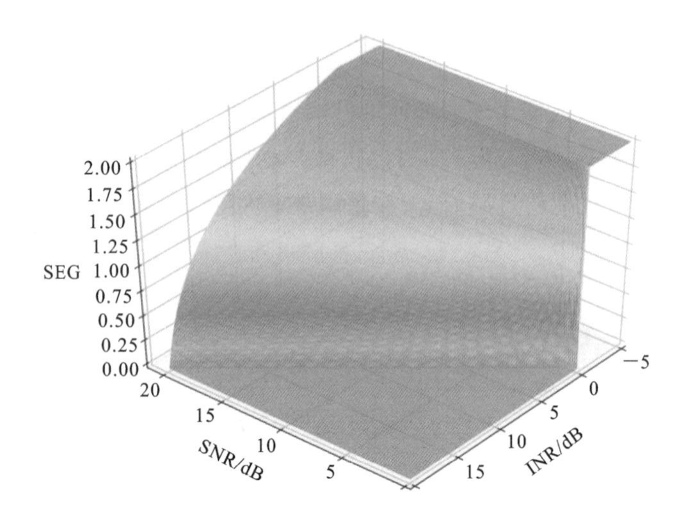

图 1-4　带内全双工通信系统频谱效率增益变化曲线

早期回声消除主要采用多抽头延迟滤波器来实现，其结构示意图如图 1-5 所示。通信技术领域方面，英国布里斯托尔大学（University of Bristol）S. Chen 等人分别在射频和基带实现了电子干扰抵消，实验结果显示该方法在中心频率 1.8 GHz、带宽 200 kHz 下合计获得了 72 dB 的自干扰抵消效果[87]。美国斯坦福大学 J. I. Choi 等人设计了一种单信道全双工无线收发器，采用了一种新型自干扰抵消技术——天线抵消，其中包含两个发射天线与一个接收

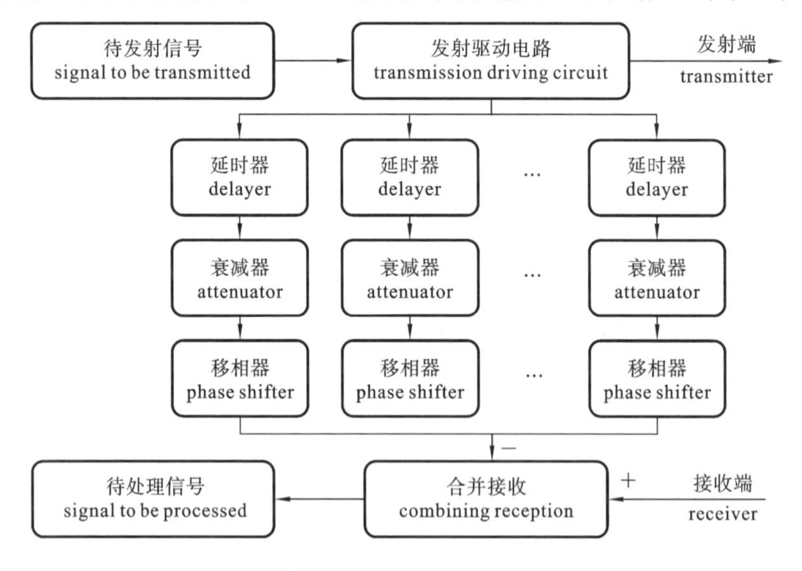

图 1-5　多抽头延迟滤波自干扰抵消结构示意图

天线，两个发射天线与接收天线距离相差半波长，使得干扰信号在接收天线处相互对消，实现了近 30 dB 的干扰对消，并通过与射频域数字基带自干扰抵消技术相结合，实现了 60 dB 的自干扰抵消效果[88]。

美国莱斯大学 M. Duarte 等人利用实验分别验证了天线分离、模拟域自干扰抵消及数字域自干扰抵消这三种干扰抑制及抵消手段的各类组合，并通过无线通信实验证明了全双工通信的可能性[89]。该实验基于天线分离方案在 20 cm 的通信距离下实现了 39 dB 的干扰衰减效果，而在天线分离分别与模拟域及数字域自干扰抵消方案的组合下，分别达到了 70 dB 及 72 dB 的抵消效果。同时，在对天线分离、模拟域及数字域自干扰抵消的联合抵消方案的实验中得到了几种组合方案中最佳的 78 dB 干扰抑制效果。

M. Duarte 等人根据实验结果给出了一项重要推测，在进行数字域自干扰抵消时需要完成对干扰信号信道的估计，而数字域与模拟域的组合方案会降低在数字域自干扰抵消过程中对干扰信号信道估计的准确性，从而影响数字域自干扰抵消性能。该推测与实验结果相符合，这在一定程度上说明了数字基带自干扰抵消过程中信道估计精度的重要性。考虑到利用多天线实现全双工通信相比于利用多天线实现 MIMO 通信的意义有限，美国斯坦福大学 D. Bharadia 等人利用环路器作为收发共用天线，并在此基础上实现了对模拟电路影响及自干扰信号损失的“动态”(dynamic)估计，并对自干扰信号受到的线性、非线性失真及振荡器干扰影响进行了建模，并根据分析得出了在模拟域与数字域分别应完成的自干扰抵消量。实验结果表明，该方案可以达到天线隔离 15 dB、模拟域 65 dB 及数字域 30 dB 的自干扰抵消效果，合计可达 110 dB[90]。

电子科技大学 Z. Zhang 等人设计并实现了一种 2×2 全双工 MIMO 无线电演示系统[91]，其射频域采用多径自适应抵消策略，各传播链路的自干扰抵消由四抽头滤波器实现，可自适应调整衰减、时延及相位，并通过多维梯度下降搜索算法在射频干扰重构训练阶段实现射频域自干扰抵消最大化，数字域采用常规办法通过对残余干扰信道估计完成干扰重构并实现抵消。实验结果表明，该方案在中心频率 2.535 GHz、带宽 20 MHz 下实现了 115 dB 的自干扰抵消效果，其中天线隔离 40 dB，模拟域自干扰抵消 43 dB，数字域残余自干扰抵消 32 dB。

以上各研究机构科研人员的研究成果为全双工通信研究领域打下了坚实

的理论基础，指导意义巨大，影响深远。目前，已有多个国家展开了对带内全双工通信技术在水声通信领域的研究。以英国为例，为了解带内全双工水声通信自干扰特性、充分探索全双工通信系统潜能并实现通信网络物理层性能增强，英国工程与自然科学研究理事会于 2018—2020 年展开了研究题目为"Full-Duplex for Underwater Acoustic Communications"的项目，分别资助了英国纽卡斯尔大学及约克大学，纽卡斯尔大学需完成自干扰信号对水声通信信号波形形式与硬件的影响，并且提供自干扰信号特征分析模型。约克大学主要完成模拟域及数字域自干扰抵消联合技术，以及波束赋形方法的性能研究，项目要求在自干扰抵消上实现至少 100 dB 的指标，同时约克大学还需对带内全双工水声通信机进行研制。此外双方还将完成全双工通信网络中基于单跳、多跳的 MAC 协议研究，并通过纽卡斯尔大学的消声水池及英国北部海域实现浅水信道测试。研究完毕后由阿特拉斯电子英国分公司(ATLAS Elektronik, UK)实现科研成果转化，主要服务于海洋环境监测、高效数据收集、国防安全及水下全双工通信 modem 研制。

我国针对全双工水声通信的研究较早，哈尔滨工程大学于 2013 年完成了全双工水声通信机的实验，但是在不同频带，采用频分、码分的方式实现的全双工通信，并无频谱效率增益，为提高频谱效率，需针对带内全双工水声通信技术展开研究。

1.4 带内全双工通信系统自干扰抵消与抑制关键技术分述

带内全双工通信系统中的自干扰信号，从生成机制来讲可以主要分为三大类，即线性分量、非线性分量及发射机噪声。线性分量是自干扰信号中能量占比最大的部分，它是由发射端直接传播到近端接收端及经过多次环境反射后到达近端接收端的干扰信号构成，其可以表示为发射出的本地参考信号的不同时间延迟副本的线性组合。非线性分量一般由电路非线性器件构成，在带内全双工通信系统中，主要由功率放大器(power amplifier, PA)引入，若不对此分量进行抵消，将会影响系统整体自干扰抵消效果。而由发射机模拟电路部分高功率组件产生的发射机噪声一般低于发射信号能量 60 dB 左右，从能量角度考虑，该分量仍远大于期望信号能量。

为达到带内全双工通信理想效果，需要将自干扰信号强度降低至接收端本底噪声水平，因此除了对线性与非线性分量进行抵消外，还需要完成对发射机噪声的抵消，由于发射机噪声的随机性，无法通过建模等方式进行预测，因此在消除发射机噪声的过程中需要采集到该噪声，这意味着任何全双工系统都需要具有一个模拟域上的干扰抵消过程，或在数字域自干扰抵消过程中将发射机噪声包括在参考信号范围内。

此外，对于一些峰均比较高的通信信号如OFDM，需要进一步提高自干扰抵消能力以提供峰均比抑制冗余。而从对自干扰信号的传播、抑制与抵消流程的角度看，可以将整个过程分为四种，即传播域自干扰信道建模、模拟域自干扰抵消、数字域自干扰抵消以及空间域自干扰抑制。

空间域自干扰抑制属于被动干扰抑制手段，可进一步提高全双工通信系统对自干扰信号的抑制能力，空间域与传播域在所属空间上属于同一范畴，但在传播域上的处理以自干扰信号在传播过程中的信道多途结构建模为主，因此命名为传播域。而空间域干扰抑制主要通过物理隔离、收发指向性与天线极化等技术，属于利用空间冗余获得增益效果，因此命名为空间域。为使其意义清晰，特在此进行区分。以上各域通过不同技术手段逐步完成对自干扰信号影响的消除，最终实现带内全双工通信。在本节内容中，将以无线与水声带内全双工通信各域自干扰抵消研究现状为切入点，在此基础上结合水声通信系统特征，讨论带内全双工水声通信各域自干扰抵消与抑制策略。

1.4.1 传播域自干扰信道建模技术研究现状

一般，在进行自干扰抵消时需要对自干扰信号进行信道估计，得到信道抽头及时延从而结合本地参考信号进行自干扰信号的重构，进而进行反相抵消。因此，自干扰信号传播信道建模是模拟域及数字域自干扰抵消的基础。在水声通信系统中，常使用以射线声学理论为基础的软件对通信信号多途传播信道进行建模，如bellhop、TV-APM[92,93]等。从已公开论文统计及研究经验来看，为能够达到良好抵消效果(大于60 dB的自干扰抵消)，需要对相对主径幅度达到$10^{-3}\sim10^{-4}$的信道抽头进行精准的估计，这不同于一些常规水声稀疏信道估计方法[94,95]，在稀疏信道估计理论中，相对主径幅度较小(<0.1)的信道抽头会被省略。同时，考虑到水声信道与无线电信道之间的差异性，本部分研究现状主要以已发表的全双工水声通信自干扰信道模型及测量结果为主。

最早的水声通信领域自干扰通信信号的测量可以追溯到1994年，K. B. Smith等人采用两个垂直换能器阵列，且每个换能器阵列上的阵元以一收一发交叉设置，文中以“cross-talk”来描述发射阵元相互干扰，并通过带通及匹配滤波器降低干扰信号及噪声能量[96]。

2015年，L. Li和A. Song等人对自干扰传播信道及全双工水声通信系统结构进行了简化建模与仿真，并且给出了不同干扰信道抽头个数抵消后的残余干扰仿真结果，研究结果表明在对信道的10个抽头进行抵消后，残余干扰信号能量仍然高于接收机的噪声下限[97]。

2019年，L. Shen等人在$38\times119\times42\ cm^3$的塑料水箱中完成了自干扰信道的测量，通过递归最小二乘(recursive least squares, RLS)算法得到了自干扰信道抽头幅度包络测量结果。该结果表明，在水箱侧壁及水面的影响下干扰信道持续时间大于100 ms[98]。

2019年，C. T. Healy和B. A. Jebur等人对自干扰信道进行了海试测量，对实验环境下收发端不同距离下的自干扰传播信号持续时长进行了测量，并对多途干扰的到达时延及多途各路径损失进行了建模与拟合。实验测试结果表明，自干扰信号经过500 ms的多次海底海面反射后，强度下降了近60 dB，且1.5 s后经过多次反射的干扰信号能量将会淹没在环境噪声中[99]。

2020年，M. Towliat等人采用双声障板与双接收水听器进行辩证实验。研究结果表明，近端接收端接收到的自干扰信号近72%的能量来源于自干扰信号的直达分量，因此针对自干扰信号直达部分的信道估计与抵消是极其重要的[100]。2019年，作者考虑在实际应用中，水声通信机壳体对自干扰传播信道的影响，关注于环路自干扰，建立了基于工程样机实物的有限元简化模型，在频域上对自干扰传播过程进行了仿真，得到了通频带内不同频率声波激励下壳体散射频域稳态解，并计算出相应的传播过程信道冲激响应，研究结果表明了自干扰信号及信道的复杂度[101]。

上述文献[97-100]，都对发射端到近端接收端这一短程信道进行了省略，但在实际应用中，这一短程传播信道会受到通信机结构的影响，虽然距离较短但会形成复杂的传播信道。同时此过程难以通过射线声学进行仿真，因此，有必要对发射换能器到近端接收端这一传播过程进行建模研究。在此基础上，可以充分了解自干扰信号中能量较强的环路自干扰信号与其传播信道的特性，可为后续各域自适应滤波器参数设置提供理论依据，以此提高其他各域自干扰抵消性能。

1.4.2 模拟域自干扰抵消技术研究现状

完成传播域上的自干扰信号信道建模后，可根据建模结果重构自干扰信号,并在模拟域进行第一步抵消,该步骤目的为使期望信号可以落入模数转换器(analog to digital converter, ADC)动态量化区间内,从而可采集到期望信号,进而在数字域完成进一步的残余干扰信号的抵消。一般,期望信号所占用的 ADC 位数越高,证明模拟自干扰抵消效果越好。常规模拟自干扰抵消方法主要分为三大类,如时域模拟自干扰抵消技术、频域模拟自干扰抵消技术、数字辅助模拟自干扰抵消技术。

时域模拟自干扰抵消技术主要通过不同时延、不同幅度及相位的本地参考信号构成抵消干扰信号,进而通过反相实现干扰信号的抵消。2010 年,B. Radunovic 等人对干扰信号能量进行了测量,并在低噪声放大器(low noise amplifier, LNA)之前通过时域模拟自干扰抵消得到了 30 dB 的抵消效果,但该方法的性能受限于传播信道的复杂度,当多径成分较多,且能量较大时,其自干扰抵消性能较差[102]。

2014 年,S. Hong 等人利用多抽头调节延迟、幅度、相位,通过合并器合并,在接收机 LNA 之前进行抵消,获得了 60 dB 的模拟自干扰抵消效果[103]。

2017 年,Y. Liu 等人研究了模拟多抽头抵消器的性能,该抵消器的抽头系数是基于估计的自干扰信道状态信息计算的,但此种方法过于依赖信道状态信息[104]。

频域模拟自干扰抵消基本架构与时域模拟自干扰抵消技术相类似,但不同的是其由可调窄带滤波器、可变衰减器组成,可以独立改变各子带滤波器的频率、相位,以使与干扰信号相匹配。2016 年,H. Krishnaswamy 等人在 LNA 前端芯片上将 N-path 滤波器应用于频域均衡,在带宽下的全双工无线电系统中实现了极宽带宽的回波抑制效果[105]。

数字辅助模拟自干扰抵消(digitally assisted analog self-interference cancellation, DAA-SIC)方法的结构不同于上述两种方法,最明显的区别在于其可以提供更高数量的滤波器抽头,通过辅助链路将参考信号引入数字域,并在数字域进行传播域信道估计与干扰信号抵消,抵消效果获得了显著的提升。

2017 年,Y. Liu 等人针对现有无线电全双工通信系统结构,提出了一种数字辅助模拟自干扰抵消架构,实验结果证明了该架构的优越性能,特别是对高输出功率和干扰信道较复杂的情况,获得了额外超过 20 dB 的模拟自干扰抵消增益[106]。而对全双工水声通信而言,特别是考虑到浅水信道多途的复杂度及其时变特性,模拟域自干扰抵消采用固定抽头参数滤波器的性能将受到

严重限制。

此外，时域、频域模拟自干扰抵消技术在已知精准自干扰信号传播信道信息的情况下，可以将自干扰信号线性分量去除，但无法抵消自干扰信号中的非线性成分与发射机噪声，而这两种分量将会极大地提升近端接收机本底噪声。其中自干扰信号非线性成分可以通过数字域的非线性失真建模与重构进行抑制与抵消，但需要辅助链路导出功放输出信号以获取非线性失真成分。同时，由于发射机噪声的随机性，无法通过建模手段进行抵消，因此其同样需要通过功放输出辅助链路导入到数字域进行抵消。

而以上两种分量可以通过数字辅助模拟自干扰抵消技术进行抵消，以降低近端接收端本底噪声，因此，在全双工水声通信系统中采用具有一定自适应处理能力的数字辅助模拟自干扰抵消方法是十分必要的。

1.4.3 数字域自干扰抑制技术研究现状

一般，完成传播域干扰信道建模及模拟自干扰抵消后，绝大部分自干扰信号线性分量已经得到抵消，但其能量仍远大于期望信号。此时，近端接收端将接收到残余自干扰信号、环境噪声与期望信号，而数字域自干扰抵消的最终目的就是残余干扰分量剔除，以保证远端期望信号的解调效果。

文献[88]在反相叠加被动干扰抑制的基础上，通过发射信号与接收信号进行相关峰检测，从而获得干扰信号信道，获得了超过 10 dB 的数字自干扰抵消效果。

2011 年，M. Jain 等人提出了一种利用最小二乘(least squares, LS)算法估计信道的数字自干扰抵消方案，可以得到 20 dB 的抵消效果。实验结果表明，该方案可以达到实时自干扰抵消效果[107]。

2016 年，M. Adams 等人为应对快速衰落信道，不采用导频进行信道估计，采用 RLS 算法，相比于 LS 算法其收敛速度更快，性能接近。仿真采用 16-QAM 调制，自干扰信道以瑞利信道为模型建立了主径及 3 个额外抽头的干扰信号信道，证明了算法的有效性[108]。

2018 年，G. Qiao 和 S. Gan 等人提出一种具有稀疏约束的 ML 算法来实现稀疏自干扰信道的估计，进而实现数字自干扰抵消。文献对该算法进行仿真和实验验证，得到最大 43 dB 的数字自干扰抵消效果，相比于 LS 算法其收敛速度更快、抵消效果更好[109]。上述各类算法仅关注于残余干扰信号中的线性分量，没有对自干扰信号中的非线性分量进行处理。非线性分量可以通过辅助链路导出PA输出作为参考信号并结合数字辅助模拟自干扰抵消技术进行处理。同样的,非线性分量的抵消也可以在数字域进行,但需要保证期望信号的获取不会受到非线性分量的影响。

数字域自干扰抵消领域为应对非线性失真分量的影响,信道模型的分析与重构的发展方向逐渐由线性模型拓展到非线性信道模型。类比于基于数字辅助的模拟自干扰抵消方案,2013年,S. Li等人利用功放输出作为参考信号,将非线性问题转化为线性问题,并通过两步数字自干扰抵消方法在天线隔离度达到20 dB的情况下实现了近70 dB的自干扰抵消效果[110]。2013年,L. Anttila等人提出了一种新的采用并行Hammerstein结构的数字非线性干扰消除技术,结合线性多径信道模型可以得到至少10 dB的发射功率提升范围[111]。2015年,D. Korpi等人提出了一种自适应非线性分量数字自干扰抵消算法,相较于线性数字自干扰抵消算法获得了额外32 dB的增益效果[112]。

2017年,F. H. Gregorio等人提出了一种Wiener-Hammerstein模型,该模型相比于文献[111]增加了对线性分量的消除,并提出了一种数字预失真架构,可以使PA响应线性化[113]。文献对各种带内全双工中继节点进行仿真,结果表明这种数字预失真架构与线性和非线性方法相比至少提高了9 dB和3.5 dB的抵消效果,且显著抑制了带外噪声。

2017年,P. Ferrand等人提出了基于单收发器的辅助数字自干扰抵消方法,利用辅助接收信道捕获发射信号的实际噪声和非线性分量,在此基础上结合归一化最小均方(normalized least mean squared, NLMS)滤波器进行干扰抵消,研究结果表明该方法对相位噪声干扰具备更强的鲁棒性,并进一步放宽对计算资源的要求[114]。

2018年,S. Gan等人考虑到带内全双工水声通信系统在正常工作时,收发信号有很大概率存在非交叠区域,因此提出了一种适用于异步全双工通信系统的数字自干扰抵消算法,利用非交叠区域采集非线性失真分量并结合稀疏自适应信道估计算法进行自干扰抵消。实验结果表明,该方法可以有效消除由PA引起的非线性失真[115]。

文献[98]采用PA输出通道信号作为参考信号,采用二分坐标下降递推最小二乘(dichotomous coordinate descent based recursive least squares, DCD-RLS)算法[116],其收敛速度与经典RLS算法近似,数值稳定且复杂度低。实验表明,DCD-RLS算法可实现46 dB的抵消效果,而当采用PA输出通道信号作为参考信号时，可以获得额外 23 dB 的干扰信号抑制性能，并且指出，除功放外的非线性器件对该方法产生了限制作用，如前置放大器等。由于 DCD-RLS 算法的低复杂度特性，使得该算法适用于在工程样机上达到数字域自干扰抵消效果[117]。

需要说明的是，模拟域自干扰抵消完成后，自干扰信号能量已经大幅度下降，导致干信比(interference to signal ratio，ISR)的降低，而在数字域进行进一步的自干扰抵消时，期望信号将在干扰信号信道估计的过程中作为一种"干扰"，而该"干扰"将会导致干扰信道估计精度下降，进而导致带内自干扰抵消效果变差。因此，在模拟域自干扰抵消的基础上，且保证期望信号解调所需信噪比的情况下，如何保证残余带内干扰信道估计的准确性，进而提高数字域自干扰抵消性能，是需要解决的关键问题。

1.4.4 空间域自干扰抑制技术研究现状

为降低模拟域及数字域自干扰抵消需求指标，研究人员考虑对强自干扰源与近端接收端之间进行物理上的隔离，从而实现空间上的干扰抑制，这对简化设备及算法复杂度有着重要的意义。无线电通信领域空间自干扰抑制一般由大衰减传播介质隔离、指向性天线、多源相位控制、收发端交叉极化处理等方法实现。

2010 年，K. Haneda 等人针对中继天线干扰问题进行了实验测量，结果显示紧凑型中继天线在回波消除室内可获得 51 dB 的干扰抑制，而在多途环境中可获得 48 dB，其中 3 dB 的差别来源于多途结构，同时在天线存在指向性且发射天线与接收天线距离 5 m 时，可以获得近 70 dB 的抑制性能[118]。

2014 年，E. Everett 等人针对不同距离下全指向性及多宽度指向性下无线电载频 2.4～2.48 GHz 范围内的被动自干扰抵消效果展开了研究。全指向性发射天线在回波消除房间，50 cm 及 35 cm 下分别获得了 27.9 dB 及 24.5 dB 的干扰衰减效果，在发射天线 90°波束宽度、收发天线 50 cm 距离下获得了额外的 17 dB 的干扰抑制效果，通过结合指向性天线、吸收介质、天线极化这三种手段合计获得了大于 70 dB 的干扰抑制效果，并给出了被动抑制性能受反射路径数量影响与物理隔离会加强信道的频域选择性衰落的结论[119]。

文献[88]采用两个发射天线及一个接收天线，对于波长为 λ 的信号，两发射天线分别被置于距离近端接收天线相差半波长的位置上，以此达到互相抵消的效果，并且在 2.4 GHz 下使用 7 英寸的天线进行了实验。实验结果表明，该方法提供了26 dB的干扰抑制(5 MHz),并且结合噪声抵消和数字自干扰抵消后合计完成了60 dB的自干扰抵消(20 MHz下46.9 dB,85 MHz下34.3 dB),但对于信号带宽超过100 MHz的情况,效果不理想。2016年,H. Nawaz等人设计并实现了一种2.4 GHz双极性微带宽贴片天线,对其进行了隔离性能评估,结果表明该天线可实现40 dB的干扰抑制[120]。

2016年,R. Cacciola和E. Holzman等人将发射阵列与接收阵列完全嵌入金属腔,并平齐安装在地面上,以减少与附近物体和天线的相互作用,该方法获得了大于49 dB的干扰抑制效果[121]。2017年,G. Makar等人提出了一种环状混合T形结构,结构长度35.6 mm,在近似全指向性发射及接收天线下,在多途环境中获得了至少35 dB的干扰抑制效果[122]。

在水声通信领域,特别是在工程实现中,空间自干扰抑制主要通过声障板及指向性收发换能器实现干扰抑制。文献[79]所述的全双工水声通信机利用矢量水听器零点抑制特性降低了接收到的自干扰信号强度。文献[97]所述的全双工水声通信系统发射端采用带指向性发射换能器,获得了约25 dB的干扰抑制效果。在水声通信系统中,大衰减传播介质一般由吸声障板构成,障板上不同的孔径对应不同的吸收频率,如何在宽带通信系统中通过吸声障板与优化的换能器布置策略实现最大程度的被动干扰抑制是值得研究的课题,因研究方向原因,本书不进行深入研讨。

1.5 带内全双工通信系统整体研究趋势分析

结合上述内容,本节将对近年来模拟域自干扰抵消、数字域自干扰抵消、空间域自干扰抑制这三个方面的研究趋势进行梳理与分析。梳理范围截至作者撰写本书之际,梳理结果中所采用的性能数值描述来源于已发表且具有代表性的各类方法的文章,基于此数据得到无线电通信与水声通信领域自干扰抑制与抵消技术相对性能对比归纳图如图1-6所示。

图1-6中,灰色填充部分为采用该技术后在基础算法基础上额外获得的增益效果,可以从归纳图中看出,模拟域自干扰抵消技术可以提供最好的抵消效果,而采用数字辅助模拟自干扰抵消技术可以提供额外20 dB左右的增益效果。数字域自干扰抵消技术与空间域自干扰抑制技术所能提供的抵消或抑制程度效果接近。同时,在数字域上结合非线性模型或辅助链路后能够获得10～30 dB的增益效果,因此完整的带内全双工通信系统必须妥善处理非线性

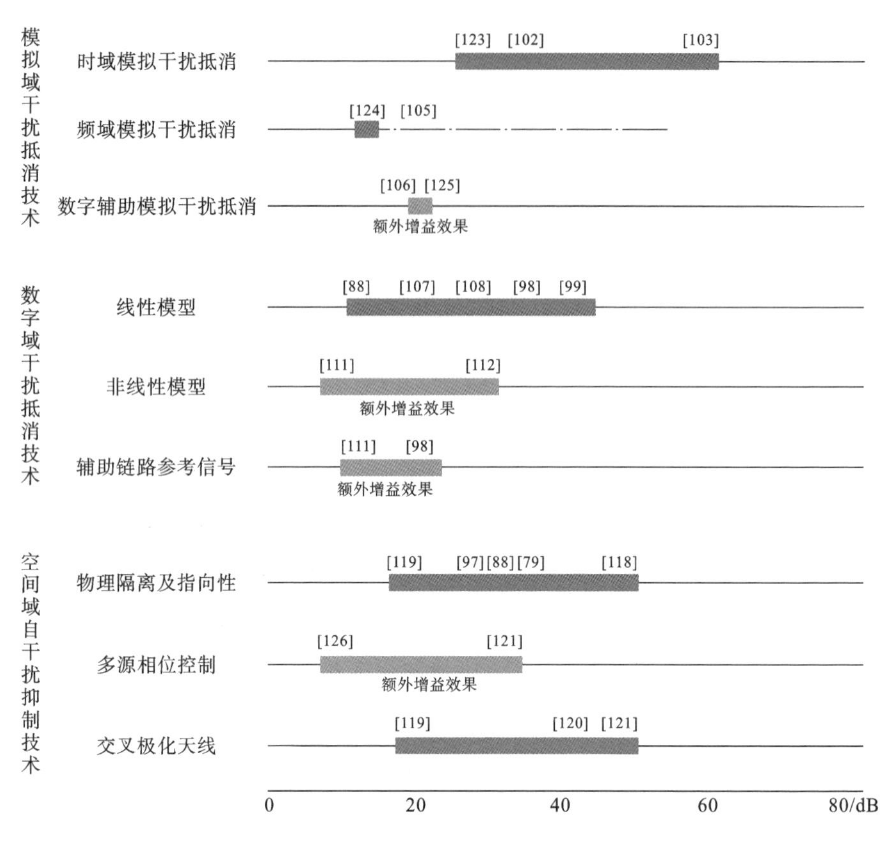

图 1-6 自干扰抑制与抵消技术相对性能对比归纳

自干扰分量的影响。

空间域自干扰抑制技术中的物理隔离、收发指向性的隔离与交叉极化天线方法的效果基本相同，而多源相位控制可以提供额外 10～35 dB 的增益效果。但对全双工水声通信系统来讲，一般难以对近端接收端所采集的信号相位做到精准控制，这是因为在不同应用环境、不同深度下声速变化比例远超无线电通信，若在近端收发端的相对距离固定的情况下仍使用该方法，除达不到理想效果外还可能会增加接收信号的复杂度。因此，可考虑在带内全双工水声通信机的研制过程中采用带指向性发射换能器降低近端接收端处的自干扰信号能量，或采用接收换能器阵列，通过波束形成技术在空间上形成一定指向性，进一步增强信干噪比（signal to interference noise ratio，SINR）。需要注意的是，上述文献中有一部分仅关注于单个域的抵消或抑制性能，未考虑对其他域的影响，因此综合性能不能用直接相加的方法来考量。

根据各域联合的情况来看，在文献[127]对全双工无线电通信系统讨论的基础上，加入带内全双工水声通信相关进展（全双工无线电通信占比较多），可得到各域联合自干扰抑制与抵消技术研究趋势权重气泡图，如图 1-7 所示。

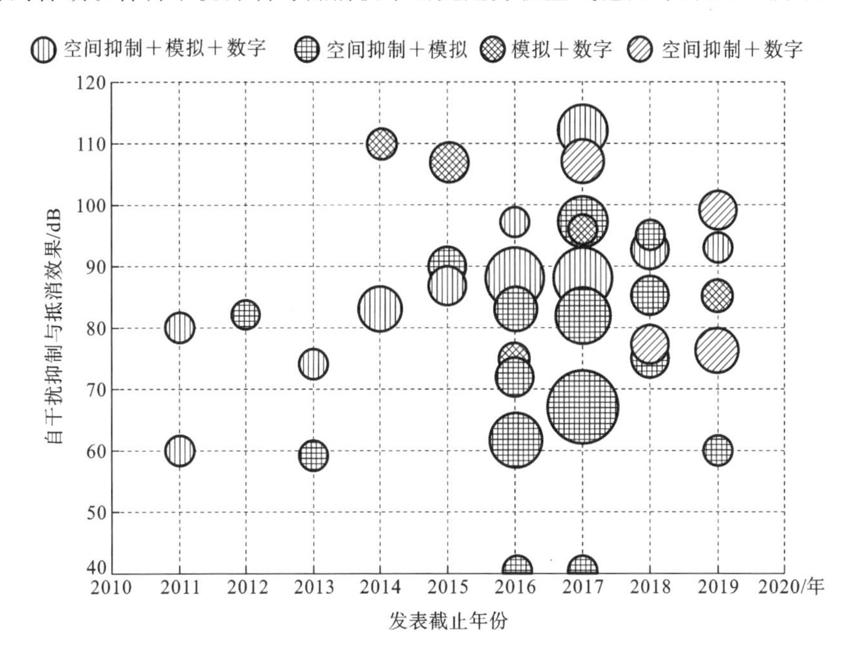

图 1-7　各域联合自干扰抑制与抵消技术研究趋势气泡图

可以从图 1-7 看出，近年来，带内全双工通信领域各域联合技术研究主要集中于这几个方向，即空间抑制与模拟及数字自干扰抵消相结合、空间抑制分别与模拟及数字自干扰抵消相结合、模拟及数字自干扰抵消相结合。

其中，主要以多域联合进行自干扰抑制与抵消为主，且性能呈现明显上升趋势。从稳固发展及性能中位数看，空间抑制与模拟抵消、空间抑制与数字抵消组合的总体性能逊于“空间抑制＋模拟＋数字”三域结合，但在 SINR 较高的情况下最具研究与应用价值。针对不包含空间抑制的模拟与数字联合自干扰抵消方法的研究数量与性能呈现逐年下降趋势，因此该组合需要进一步与空间抑制方法相结合以期达到更高的干扰抑制与抵消性能。

根据国内外研究现状来看，带内全双工通信以陆上无线通信研究为主，带内全双工水声通信技术的研究处于起步阶段，主要聚焦在传播信道估计与测量及数字自干扰抵消技术方面，尚未构成完善的理论体系，不能有效指导开发带内全双工水声通信设备。本书拟基于上述研究基础，重点研究带内全双工水声通信传输域自干扰信道建模、模拟域及数字域上的新型抵消技术，为全双工水声通信技术研究提供理论基础与支撑。

1.6 本书主要内容和结构

本书以 IBFD-UWA 通信工程样机在浅海中的工程应用背景为导向，开展对带内全双工水声通信自干扰抵消的关键技术研究成果进行介绍。针对当前自干扰信号成分及信道结构研究不清晰问题，研究自干扰信号传播信道建模技术，针对模拟域自干扰抵消性能受限问题，提出了新型数字辅助模拟自干扰抵消技术，提升了受硬件因素影响下的模拟自干扰抵消性能，针对时变自干扰传播信道估计与数字域自干扰抵消性能受限问题展开研究，提出了适用于带内全双工水声通信系统的时变自干扰传播信道估计与抵消技术，为实现带内全双工水声通信提供了理论依据与技术支持。

本书主要研究内容和结构安排如下。

第 1 章，首先介绍了水声通信技术发展及研究现状，以及水声通信 modem 及其网络化应用，重点介绍了带内全双工通信系统自干扰抵消与抑制关键技术，分别从传播域自干扰信道建模、模拟域自干扰抵消技术、数字域自干扰抵消技术及空间域自干扰抑制技术这四个方向进行了回顾、总结与分析，对各域所面对关键性技术难题及对水声通信系统而言需重点关注的问题进行了简要概括与分析，同时对带内全双工通信系统各域联合研究趋势进行了简要分析。

第 2 章，针对现有传播域自干扰信道建模缺少对环路自干扰分量信道的研究、信道特征复杂等问题，提出将环路自干扰与海底海面反射造成的多径自干扰通过不同方式进行信道建模。首先，以自研 IBFD-UWA 通信工程样机为基础，建立 1∶1 等效有限元模型，对自由空间下自干扰信号短程复杂传播过程进行了仿真，并通过仿真结果获得了环路自干扰传播信道冲激响应，对环路自干扰信号与信道特性仿真结果进行了分析，结果表明 IBFD-UWA 通信机壳体造成了环路自干扰强度与信道复杂度的增加。基于声传播理论对多径自干扰信道中抽头到达时延及各路径损失进行了建模，结合风成海面影响与统计信道模型，建立浅海下时变近程自干扰信道模型，并通过湖上实验对模型及信道特征进行了验证，结果表明自干扰传播信道具有明显的分簇特征，为模拟及数字域自干扰信号传播信道提供了符合工程应用背景的理论基础。

第 3 章，针对模拟自干扰抵消性能受硬件条件限制的问题，首先结合被动声呐方程、声传播理论给出了一定海洋环境条件不同通信距离下的自干扰抵消需求，并结合近端接收端 ADC 量化位数影响及第 3 章实测信道结果，对固定时延及幅度的多抽头滤波自干扰抵消结构的常规模拟自干扰抵消方案的性能进行了理论与仿真分析。

第 4 章，根据第 3 章分析结果引入了 DAA-SIC 概念。对基于功放输出信号副本采集的 PA-DAA-SIC 方案及基于 Volterra 级数法的记忆多项式(memory polynomial, MP)模型对功放输出重构的 MP-DAA-SIC 方案性能进行了理论与仿真分析，得出了上述两方案在实际应用中的自干扰抵消性能分别受限于辅助链路有效量化位数及发射机噪声的结论，并基于上述结论提出了基于数字预失真(digital pre-distortion, DPD)的 DPD-MP/PA-DAA-SIC 方案。通过理论仿真与实测硬件参数下的电路仿真对上述两种新型 DAA-SIC 方案进行了验证。结果表明在不同辅助链路有效量化位数的影响下，DPD-MP -DAA-SIC 方案相较于 PA-DAA-SIC 方案具备更优的模拟自干扰抵消性能稳定性。同时，该部分研究内容可为数字域自干扰抵消提供合理的残余干扰能量设定。

第 5 章，针对自干扰传播信道的时变性导致自干扰抵消性能下降的问题，从时变信道跟踪的角度，提出了一种时变自干扰信道跟踪与估计技术。首先，以第 3 章时变自干扰信号建模结果为基础，结合实际工程应用中 IBFD-UWA 通信节点部署场景，对 IBFD 时变自干扰传播信道特性进行了分析，得出了其具有局部稳定特征。基于该特征提出了一种分簇路径特征变化驱动的信道结构跟踪技术，通过对各变化分簇最强抽头的信道时延及幅度进行跟踪以实现对时变自干扰信道结构的更新。最后，以信道估计精度、自干扰抵消性能为指标对本章所述方法进行了仿真与结果分析。

第 6 章，针对自干扰传播信道的时变性导致自干扰抵消性能下降的问题，从时变信道影响下自适应滤波器性能改进的角度，提出了一种时变自干扰信道估计与抵消技术。首先，以 RLS 滤波器为主体，对时不变、时变自干扰信道估计性能进行了研究与分析，研究结果表明，在干扰、噪声及测量噪声稳定的情况下，时变信道下的 RLS 滤波器性能将在很大程度上受限于遗忘因子的设定。从变遗忘因子(variable forgetting factor, VFF)角度，讨论了 VFF-RLS 滤波器对 IBFD-UWA 通信系统的作用。最后，以信道估计精度、自干扰抵消性能为指标对常规 RLS、VFF-RLS 进行了仿真与结果分析。

第 7 章，部分总结了本书主要内容，并根据现有研究结果、新思路及问题，提出了几个未来 IBFD-UWA 通信技术可行的研究方向。

参考文献

[1] J. Heidemann, M. Stojanovic, M. Zorzi. Underwater sensor networks: applications, advances and challenges[J]. Philosophical Transactions of the Royal Society A: Mathematical, Physical and Engineering Sciences, 2012, 370(1958): 158-175.

[2] E. Felemban, F. K. Shaikh, U. M. Qureshi, et al. Underwater sensor network applications: A comprehensive survey[J]. International Journal of Distributed Sensor Networks, 2015, 11(11): 1-14.

[3] A. Song, M. Stojanovic, M. Chitre. Editorial underwater acoustic communications: where we stand and what is next? [J]. IEEE Journal of Oceanic Engineering, 2019, 44(1): 1-6.

[4] 尹艳玲. 水声通信网络多载波通信与跨层设计[D]. 哈尔滨:哈尔滨工程大学, 2016.

[5] X. Che, I. Wells, G. Dickers, et al. Re-evaluation of RF electromagnetic communication in underwater sensor networks[J]. IEEE Communications Magazine, 2011, 48(12): 142-151.

[6] M. Stojanovic, J. Preisig. Underwater acoustic communication channels: Propagation models and statistical characterization[J]. IEEE communications magazine, 2009, 47(1): 84-89.

[7] M. C. Domingo. Overview of channel models for underwater wireless communication networks[J]. Physical Communication, 2008, 1(3): 162-182.

[8] P. Qarabaqi, M. Stojanovic. Statistical characterization and computationally efficient modeling of a class of underwater acoustic communication channels[J]. IEEE Journal of Oceanic Engineering, 2013, 38(4): 701-717.

[9] Y. Li, L. Sun, C. Zhao, et al. A digital self-interference cancellation algorithm based on spectral estimation in co-time co-frequency full du-

plex system[C]//International Conference on Computer Science & Education,IEEE, 2015: 412-415.

[10] B. Radunovic, D. Gunawardena, P. Key, et al. Rethinking indoor wireless mesh design: low power, low frequency, full-duplex[C]// 2010 Fifth IEEE Workshop on Wireless Mesh Networks. IEEE, 2010: 1-6.

[11] Y. Xin, M. Ma, Z. Zhao, et al. Co-channel interference suppression techniques for full duplex cellular system[J]. China Communications, 2015, 12: 18-27.

[12] F. Qu, H. Yang, G. Yu, et al. In-band full-duplex communications for underwater acoustic networks[J]. IEEE Network, 2017, 31(5): 59-65.

[13] Z. Zhang, K. Long, A. V. Vasilakos, et al. Full-duplex wireless communications: challenges, solutions, and future research directions[J]. Proceedings of the IEEE, 2016, 104(7): 1369-1409.

[14] M. Chitre, S. Shahabudeen, L. Freitag, et al. Recent advances in underwater acoustic communications & networking[C]//OCEANS 2008 MTS/IEEE Conference, IEEE, 2008: 1654-1663.

[15] Woods Hole Oceanographic Institution. Advancing the frontiers of ocean knowledge[EB/OL]. [2021-03-20]. https://www. whoi. edu/what-we-do/.

[16] R. E. Williams, H. F. Battestin. Coherent recombination of acoustic multipath signals propagated in the deep ocean[J]. The Journal of the Acoustical Society of America, 1971, 50(6A): 1432-1442.

[17] M. Stojanovic, J. Catipovic, J. Proakis. Phase coherent digital communications for underwater acoustic channels[J]. IEEE Journal of Oceanic Engineering, 1994, 19(1): 100-111.

[18] M. Stojanovic, J. Proakis, J. Catipovic. Analysis of the impact of channel estimation errors on the performance of a decision feedback equalizer in multipath fading channels[J]. IEEE Transactions on Communications, 1995, 43: 886-887.

[19] M. Stojanovic, L. Freitag, M. Johnson. Channel-estimation-based adaptive equalization of underwater acoustic signals[C]//OCEANS, IEEE, 1999: 590-595.

[20] X. Ying. Blind equalization for underwater acoustic communication by genetic algorithm optimizing neural network[J]. Applied acoustics, 2006, 25(6): 340-345.

[21] Y. R. Zheng, C. Xiao, T. C. Yang, et al. Frequency-domain channel estimation and equalization for shallow-water acoustic communications [J]. Physical Communication, 2010, 3(1): 48-63.

[22] J. Xi, S. Yan, L. Xu, et al. Frequency-time domain turbo equalization for underwater acoustic communications[J]. IEEE Journal of Oceanic Engineering, 2019,45(2): 1-15.

[23] W. A. Kuperman, W. S. Hodgkiss, H. C. Song, et al. Experimental demonstration of an acoustic time-reversal mirror in the ocean[J]. Journal of the Acoustical Society of America, 1997, 101(5): 25-40.

[24] H. C. Song, W. A. Kuperman, W. S. Hodgkiss. A time-reversal mirror with variable range focusing[J]. Journal of the Acoustical Society of America, 1998, 103(6): 3234-3240.

[25] W. S. Hodgkiss, H. C. Song, W. A. Kuperman, et al. A long-range and variable focus phase-conjugation experiment in shallow water[J]. Journal of the Acoustical Society of America, 1999, 105(3): 1597.

[26] G. F. Edelmann, T. Akal, W. Hodgkiss, et al. An initial demonstration of underwater acoustic communication using time reversal[J]. IEEE Journal of Oceanic Engineering, 2002, 27(3): 602-609.

[27] D. Rouseff, D. R. Jackson, W. L. J. Fox, et al. Underwater acoustic communication by passive-phase conjugation: theory and experimental results[J]. IEEE Journal of Oceanic Engineering, 2001, 26(4): 821-831.

[28] M. Stojanovic. Retrofocusing techniques for high rate acoustic communications[J]. Journal of the Acoustical Society of America, 2005, 117(3): 1172-1185.

[29] T. C. Yang. Temporal resolutions of time-reversal and passive-phase

conjugation for underwater acoustic communications[J]. IEEE Journal of Oceanic Engineering, 2003, 28(2): 229-245.
[30] A. J. Silva, S. M. Jesus. Underwater communications using virtual Time Reversal in a variable geometry channel[C]//OCEANS'02 MTS/IEEE, IEEE,2002, 4: 2416-2421.
[31] Y. Jingwei, W. Yilin, W. Lei, et al. Multiuser underwater acoustic communication using single-element virtual time reversal mirror[J]. 中国科学通报(英文版), 2009, 8: 1302-1310.
[32] 殷敬伟，惠俊英，王燕，等. 虚拟时间反转镜 Pattern 时延差编码水声通信[J]. 系统仿真学报，2007，17：168-171.
[33] 时洁，杨德森，刘伯胜. 基于虚拟时间反转镜的噪声源近场定位方法研究[J]. 兵工学报，2008，29(10)：1215-1219.
[34] J. L. Cimini. Analysis and simulation of a digital mobile channel using orthogonal frequency division multiplexing[J]. IEEE trans commun, 1985, 33(7): 665-675.
[35] S. Coatelan, A. Glavieux. Design and test of a multicarrier transmission system on the shallow water acoustic channel[C]//Proceedings of OCEANS'94. IEEE, 1994: 2065-2070.
[36] M. Stojanovic. Low complexity OFDM detector for underwater acoustic channels[C]//OCEANS 2006 MTS/IEEE Conference, IEEE, 2006: 278-283.
[37] B. Li, S. Zhou, M. Stojanovic, et al. Multicarrier communication over underwater acoustic channels with nonuniform Doppler shifts[J]. IEEE Journal of Oceanic Engineering, 2008, 33(2): 198-209.
[38] L. Ma, G. Qiao, S. Liu. A combined doppler scale estimation scheme for underwater acoustic OFDM system[J]. Journal of Computational Acoustics, 2015, 23(4): 1540004.
[39] B. Li, J. Huang, S. Zhou, et al. MIMO-OFDM for high-rate underwater acoustic communications[J]. IEEE Journal of Oceanic Engineering, 2009, 34(4): 634-644.
[40] M. Stojanovic, J. G. Proarkis, J. A. Rice, et al. Spread spectrum

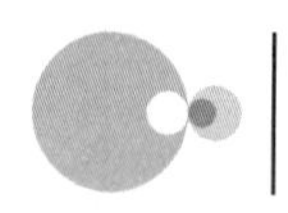

underwater acoustic telemetry[C]//IEEE Oceanic Engineering Society. OCEANS'98. Conference Proceedings, IEEE, 1998, 2: 650-654.

[41] F. Blackmon, E. Sozer, M. Stojanovic, et al. Performance comparison of rake and hypothesis feedback direct sequence spread spectrum techniques for underwater communication applications[C]//OCEANS'02 MTS/IEEE, IEEE,2002, 1: 228-233.

[42] T. C. Yang, W. B. Yang. Performance analysis of direct-sequence spread-spectrum underwater acoustic communications with low signal-to-noise-ratio input signals[J]. The Journal of the Acoustical Society of America, 2008, 123(2): 842-855.

[43] 于洋，周锋，乔钢. 正交码元移位键控扩频水声通信[J]. 物理学报，2013，62(6)：289-296.

[44] Y. Yang, F. Zhou , G. Qiao , et al. Orthogonal M-ary code shift keying spread spectrum underwater acoustic communication[J]. 声学学报(英文版)，2014，33(3)：279-288.

[45] 尹艳玲，周锋，乔钢，等. 正交多载波 M 元循环移位键控扩频水声通信[J]. 物理学报，2013，62(22)：224302-1，224302-10.

[46] G. Qiao, B. Muhammad, S. Liu, et al. Biologically inspired covert underwater acoustic communication—a review[J]. Physical Communication, 2018,30:107-114.

[47] C. Shi, M. Dubois, Y. Wang , et al. High-speed acoustic communication by multiplexing orbital angular momentum[J]. Proceedings of the National Academy of Sciences, 2017, 114(28): 7250-7253.

[48] J. Potter. JANUS, the first digital u/w communications standard[J]. International ocean systems, 2017, 21(5): 16-16.

[49] S. Liu, T. Ma, G. Qiao, et al. Biologically inspired covert underwater acoustic communication by mimicking dolphin whistles[J]. Applied Acoustics, 2017, 120: 120-128.

[50] S. Liu, G. Qiao, A. Ismail, et al. Covert underwater acoustic communication using whale noise masking on DSSS signal[C]//OCEANS - Bergen, 2013 MTS/IEEE. IEEE, 2013:1-6.

[51] S. Liu, G. Qiao, A. Ismail. Covert underwater acoustic communication using dolphin sounds[J]. Journal of the Acoustical Society of America, 2013, 133(4):EL300-EL306.

[52] S. Liu, M. Wang, T. Ma, et al. Covert underwater communication by camouflaging sea piling sounds[J]. Applied Acoustics, 2018, 142(11): 29-35.

[53] J. Jiang, X. Wang, F. Duan, et al. Bio-inspired steganography for secure underwater acoustic communications[J]. IEEE Communications Magazine, 2018, 56(10): 156-162.

[54] C. Shi, M. Dubois, Y. Wang, et al. High-speed acoustic communication by multiplexing orbital angular momentum[J]. Proceedings of the National Academy of Sciences, 2017, 114(28):7250-7253.

[55] J. Potter, J. Alves, D. Green, et al. The JANUS underwater communications standard[C]//Underwater Communications & Networking. IEEE, 2015:1-4.

[56] G. Qiao, Y. Zhao, S. Liu, et al. Doppler scale estimation for varied speed mobile frequency hopped binary frequency-shift keying underwater acoustic communication[J]. The Journal of the Acoustical Society of America, 2019, 146(2): 998-1004.

[57] L. Freitag, M. Grund, S. Singh, et al. The WHOI micro-modem: an acoustic communications and navigation system for multiple platforms [C]//MTS/IEEE OCEANS 2005, Washington, DC, USA, 2005: 1086-1092.

[58] E. Gallimore, J. Partan, I. Vaughn, et al. The WHOI micromodem-2: a scalable system for acoustic communications and networking[C]// IEEE OCEANS 2010 MTS/IEEE SEATTLE, IEEE,2010: 1-7.

[59] E. M. Szer, M. Stojanovic. Reconfigurable acoustic modem for underwater sensor networks[C]//Proceedings of the First Workshop on Underwater Networks, WUWNET 2006, Los Angeles, CA, USA, 2006: 101-104.

[60] M. Aydinlik, A. T. Ozdemir, M. Stajanovic. A physical layer imple-

mentation on reconfigurable underwater acoustic modem [C]//OCEANS 2008, IEEE, 2008: 1-4.

[61] I. Vasilescu, C. Detweiler, D. Rus. Aquanodes: an underwater sensor network[C]//ACM WUWNet, Montréal, Canada, 2007: 85-88.

[62] R. Jurdak, P. Aguiar, P. Baldi, et al. Software acoustic modems for short range mote-based underwater sensor networks[C]//OCEANS 2006-Asia Pacific, IEEE, 2006: 1-7.

[63] D. Torres, J. Friedman, T. Schmid, et al. Software-defined underwater acoustic networking platform[C]//Proceedings of the fourth ACM international workshop on underwater networks. Berkeley, CA, 2009: 1-8.

[64] B. Benson, Y. Li, B. Faunce, et al. Design of a low-cost underwater acoustic modem[J]. IEEE Embedded Systems Letters, 2010, 2(3): 58-61.

[65] H. Yan, L. Wan, S. Zhou, et al. DSP based receiver implementation for OFDM acoustic modems[J]. Elsevier Physical Communication, 2012, 5(1): 22-32.

[66] A. Sanchez, S. Blanc, P. Yuste, et al. A low cost and high efficient acoustic modem for underwater sensor networks[C]//Oceans. IEEE, 2011.

[67] A. Sanchez, S. Blanc, P. Yuste, et al. An ultra-low power and flexible acoustic modem design to develop energy-efficient underwater sensor networks[J]. Sensors, 2012, 12(6): 6837-6856.

[68] G. Cario, A. Casavola, M. Lupia, et al. Seamodem: a low-cost underwater acoustic modem for shallow water communication[J]. Oceans 2015-Genova, 2015:1-6.

[69] J. A. Neasham, G. Goodfellow, R. Sharphouse. Development of the "Seatrac" miniature acoustic modem and USBL positioning units for subsea robotics and diver applications [C]//in Proc. MTS/IEEE Oceans, Genova, 2015:1-8.

[70] M. Chitre, R. Bhatnagar, M. Ignatius, et al. Baseband signal processing with UnetStack[C]//in Proc. UCOMMS, Sestri Levante, 2014:

1-4.
[71] P. van Walree, T. Ludwig, C. Solberg, et al. UUV covert acoustic communications[C]//in Proc. UAM, Nafplion, Greece, 2009: 1-6.
[72] J. Potter, J. Alves, T. Furfaro, et al. Software defined open architecture modem development at CMRE[C]//in Proc. UCOMMS, Sestri Levante, 2014: 1-4.
[73] LinkQuest inc. SoundLink Underwater Acoustic Modems[EB/OL]. [2021-03-22]. http://www.link-quest.com/html/intro1.htm.
[74] Teledyne Benthos. Acoustic Communication[EB/OL]. [2021-03-22]. http://www.teledynemarine.com/benthos/.
[75] Develogic HAM Modem. Compact Hydro Acoustic Modem-HAM. BASE [EB/OL]. [2021-03-25]. http://www.develogic.de/products/underwat-er-communication-systems/ham－base/.
[76] Evologics inc. Underwater Acoustic Modems[EB/OL]. [2021-03-27]. https://evologics.de/acoustic-modems.
[77] 徐立军，鄢社锋，曾迪，等. 全海深高速水声通信机设计与试验[J]. 信号处理，2019,35(9):1505-1512.
[78] L. Ma, G. Qiao, S. Liu, et al. HEU OFDM-modem for Underwater Acoustic Communication and Networking[C]//International conference on underwater networks and systems. ACM, 2014:1-5.
[79] G. Qiao, S. Liu, Z. Sun, et al. Full-duplex, multi-user and parameter reconfigurable underwater acoustic communication modem[C]//2013 OCEANS-San Diego. IEEE, 2013: 1-8.
[80] G. Qiao, Y. Zhao, S. Liu, M. Bilal. Dolphin sounds-inspired covert underwater acoustic communication and Micro-Modem[J]. Sensors, 2017, 17(11): 2447.
[81] 赵云江，刘凇佐，乔钢，等. 一种基于仿生通信算法的微型水声调制解调器[C]//中国声学学会 2017 年全国声学学术会议论文集，2017: 309-310.
[82] J. Rice , B. Creber , C. Fletcher , et al. Evolution of seaweb underwater acoustic networking[C]//OCEANS 2000 MTS/IEEE Conference

and Exhibition. Conference Proceedings (Cat. No. 00CH37158). IEEE, 2002:2007-2017.

[83] S. McGirr, K. Raysin, C. Ivancic, et al. Simulation of underwater sensor networks[C]//Oceans '99. MTS/IEEE. Riding the Crest into the 21st Century. Conference and Exhibition. Conference Proceedings (IEEE Cat. No. 99CH37008). IEEE, 2002:945-950.

[84] J. H. Cui, S. Zhou, Z. Shi, et al. Ocean-TUNE: a Community ocean testbed for underwater wireless networks[C]//Proceedings of the Seventh ACM International Conference on Underwater Networks and Systems. ACM, 2012:1-4.

[85] C. Petrioli, R. Petroccia, J. R. Potter, et al. The SUNSET framework for simulation, emulation and at—sea testing of underwater wireless sensor networks[J]. Ad Hoc Networks, 2015, 34: 224-238.

[86] 朱敏. 水声通信网络节点及组网关键技术[J]. 中国科技成果，2015,5:20-21.

[87] S. Chen, M. A. Beach, J. P. Mcgeehan. Division-free duplex for wireless applications[J]. Electronics Letters, 1998, 34(2): 147-148.

[88] J. I. Choi, M. Jain, K. Srinivasan, et al. Achieving single channel, full duplex wireless communication[C]//Proceedings of the sixteenth annual international conference on Mobile computing and networking. 2010: 1-12.

[89] M. Duarte, A. Sabharwal. Full-duplex wireless communications using off-the-shelf radios: Feasibility and first results[C]//Signals, Systems and Computers (ASILOMAR), 2010 Conference Record of the Forty Fourth Asilomar Conference on. IEEE, 2010:1558-1562.

[90] D. Bharadia, E. Mcmilin, S. Katti. Full duplex radios[J]. Computer communication review, 2013, 43(4): 375-386.

[91] Z. Zhang , Y. Shen, S. Shao, et al. Full duplex 2×2 MIMO radios [C]//2014 Sixth International Conference on Wireless Communications and Signal Processing (WCSP). IEEE, 2014:1-6.

[92] Michael B Porter. The bellhop manual and user's guide: Preliminary

draft[EB/OL]. (2011-01-31)[2021-03-25]. http://oalib. hlsresearch. com/Rays/HL-S-2010-1. pdf.
[93] O. C. RODRÍGUEZ, A. J. Silva, F. Zabel, et al. The TV-APM interface: a web service for collaborative modeling[C]//Acoustics 2010 Istanbul Conference, 2010: 1-6.
[94] M. Stojanovic. OFDM for underwater acoustic communications: Adaptive synchronization and sparse channel estimation[C]//IEEE International Conference on Acoustics. IEEE, 2008:5288-5291.
[95] S. F. Cotter, B. D. Rao. Sparse channel estimation via matching pursuit with application to Equalization[J]. IEEE Trans Wireless Commun, 2002, 50(3): 374-377.
[96] K. B. Smith, A. Larraza, B. Kayali. Scale model analysis of full-duplex communications in an underwater acoustic channel[C]//Oceans. IEEE, 2001:1-6.
[97] L. Li, A. Song, J. C. Leonard, et al. Interference cancellation in in-band full-duplex underwater acoustic systems[C]//Oceans. IEEE, 2015:1-6.
[98] L. Shen, B. Henson, Y. Zakharov, et al. Digital self-interference cancellation for full-duplex underwater acoustic systems[J]. Circuits and Systems Ⅱ: Express Briefs, IEEE Transactions on, 2019,67(1): 1-1.
[99] C. T. Healy, B. A. Jebur, C. C. Tsimenidis, et al. Experimental measurements and analysis of in-band full-duplex interference for underwater acoustic communication systems [C]//MTS/IEEE OCEANS. IEEE, 2019:1-5.
[100] M. Towliat, Z. Guo, L. J. Cimini, et al. Self-interference channel characterization in underwater acoustic in-band full-duplex communications using OFDM[C]//Global Oceans 2020: Singapore U. S. Gulf Coast, 2020: 1-7.
[101] G. Qiao, Y. Zhao, S. Liu, et al. The effect of acoustic-shell coupling on near-end self-interference signal of in-band full-duplex underwater acoustic communication modem[C]//2020 17th International Bhurban

Conference on Applied Sciences and Technology (IBCAST), 2020: 606-610.

[102] B. Radunovic, et al. Rethinking indoor wireless mesh design: low power, low frequency, full-duplex[C]//in Proc. 5th IEEE Workshop Wireless Mesh Netw., 2010: 1-6.

[103] S. Hong, J. Brand, J. I. Choi, et al. Applications of self-interference cancellation in 5G and beyond[J]. IEEE Communications Magazine, 2014, 52(2): 114-121.

[104] Y. Liu, P. Roblin, X. Quan, et al. A full-duplex transceiver with two-stage analog cancellations for multipath self-interference [J]. IEEE Transactions on Microwave Theory and Techniques, 2017, 65 (12): 5262-5273.

[105] H. Krishnaswamy, G. Zussman. 1 Chip 2× the bandwidth[J]. IEEE Spectrum, 2016, 53(7): 38-54.

[106] Y. Liu, X. Quan, W. Pan, et al. Digitally assisted analog interference cancellation for in-band full-duplex radios[J]. IEEE Communications Letters, 2017,21(5): 1-1.

[107] M. Jain, J. I. Choi, T. Kim. Practical, real-time, full duplex wireless[C]//The 17th annual international conference on Mobile computing and networking Proceeding, 2011: 301.

[108] M. Adams, V. K. Bhargava. Use of the recursive least squares filter for self interference channel estimation[C]//in Proc. IEEE Veh. Technol. Conf. (VTC), 2016: 1-4.

[109] G. Qiao, S. Gan, S. Liu, et al. Self-interference channel estimation algorithm based on maximum-likelihood estimator in in-band full-duplex underwater acoustic communication system[J]. IEEE Access, 2019, 6: 62324-62334.

[110] S. Li, R. D. Murch. An investigation into baseband techniques for single-channel full-duplex wireless communication systems[J]. IEEE Transactions on Wireless Communications, 2014, 13(9): 4794-4806.

[111] L. Anttila, D. Korpi, V. Syrjälä, et al. Cancellation of power ampli-

fier induced nonlinear self-interference in full-duplex transceivers[C]// in Proc. Asilomar Conf. Signals, Syst. Comput., Nov. 2013: 1193-1198.

[112] D. Korpi, Y. S. Choi, T. Huusari, et al. Adaptive nonlinear digital self-interference cancellation for mobile in-band full-duplex radio: Algorithms and RF measurements[C]//2015 IEEE Global Communications Conference. IEEE, 2015: 1-7.

[113] F. H. Gregorio, G. J. Gonzalez, J. Cousseau, et al. Predistortion for power amplifier linearization in full-duplex transceivers without extra RF chain[C]//ICASSP 2017 - 2017 IEEE International Conference on Acoustics, Speech and Signal Processing (ICASSP). IEEE, 2017: 6563-6567.

[114] P. Ferrand, M. Duarte. Multi-tap digital canceller for full-duplex applications[C]//2017 IEEE 18th International Workshop on Signal Processing Advances in Wireless Communications. IEEE, 2017: 1-5.

[115] G. Qiao, S. Gan, S. Liu. Digital self-interference cancellation for asynchronous in-band full-duplex underwater acoustic communication [J]. Sensors, 2018, 18(6): 1700.

[116] Y. V. Zakharov, G. P. White, J. Liu. Low-complexity RLS algorithms using dichotomous coordinate descent iterations[J]. IEEE Transactions on Signal Processing, 2008, 56(7): 3150-3161.

[117] J. Liu, Y. V. Zakharov, B. Weaver. Architecture and FPGA design of dichotomous coordinate descent algorithms[J]. IEEE Transactions on Circuits and Systems I: Regular Papers, 2009, 56(11): 2425-2438.

[118] K. Haneda, E. Kahra, S. Wyne, et al. Measurement of loop-back interference channels for outdoor-to-indoor fullduplex radio relays [C]//in Proc. 2010 European Conference on Antennas and Propagation: 1-5.

[119] E. Everett, A. Sahai, A. Sabharwal. Passive self-interference suppression for full-duplex infrastructure nodes[J]. IEEE Trans. Wireless Commun., 2014, 13(2): 680-694.

[120] H. Nawaz, I. Tekin. Three dual polarized 2.4 GHz microstrip patch antennas for active antenna and in-band full duplex applications[C]//in Proc. Medit. Microw. Symp. (MMS), 2016: 1-4.

[121] R. Cacciola, E. Holzman, L. Carpenter, et al. Impact of transmit interference on receive sensitivity in a bi-static active array system [C]//in Proc. IEEE Int. Symp. Phased Array Syst. Technol. (PAST), 2016: 1-5.

[122] G. Makar, N. Tran, T. Karacolak. A high-isolation monopole array with ring hybrid feeding structure for in-band full-duplex systems[J]. IEEE Antennas Wireless Propag. Lett., 2017, 16: 356-359.

[123] Y. S. Choi, H. Shirani-Mehr. Simultaneous transmission and reception: algorithm, design and system level performance [J]. IEEE Transactions on Wireless Communications, 2013, 12(12): 5992-6010.

[124] H. Krishnaswamy, G. Zussman, J. Zhou, et al. Full-duplex in a hand-held device — from fundamental physics to complex integrated circuits, systems and networks: An overview of the Columbia FlexICoN project [C]//Conference on Signals, Systems & Computers. IEEE, 2017:1563-1567.

[125] A. Kiayani, L. Anttila, M. Valkama. Active RF cancellation of nonlinear TX leakage in FDD transceivers[C]//in Proc. IEEE Global Conf. Signal Inf. Process. (GlobalSIP), 2016: 689-693.

[126] M. A. Elmansouri, E. A. Etellisi, D. S. Filipovi, et al. Ultra-wideband circularly-polarized simultaneous transmit and receive (STAR) antenna system[C]//in Proc. IEEE Int. Symp. Antennas Propag. IEEE, 2015: 508-509.

[127] K. E. Kolodziej, B. T. Perry, J. S. Herd. In-band full-duplex technology: techniques and systems survey[J]. IEEE Transactions on Microwave Theory and Techniques, 2019: 3025-3041.

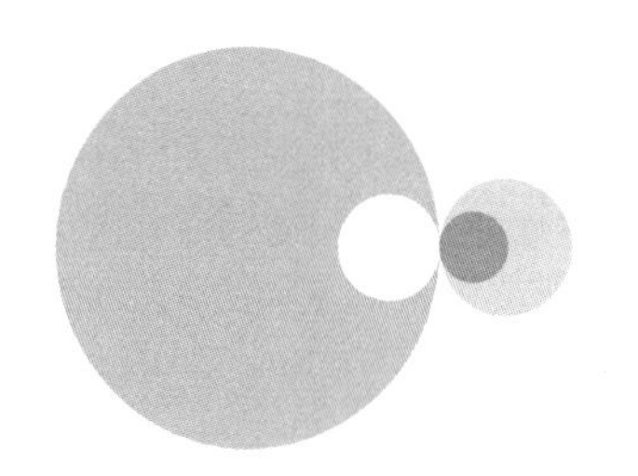

第2章 传播域自干扰信道建模与特性分析

在传统水声通信系统中，通常利用通信信号帧结构中的同步信号或导频对传播信道进行估计，进而实现对期望信号的信道均衡等操作，以提高通信系统稳健性。对 IBFD-UWA 通信系统而言，其关键问题在于如何实现自干扰抵消，在该过程中信道估计的对象不是期望信号而是自干扰信号。

2.1 自干扰信号传播过程分析

传播域上，带内全双工自干扰信号由本地发射端发射并由近端接收端进行接收，其传播路径主要分为两种类型，即收发两端间的直达环路自干扰(self-loop interference, SLI)与多次海面、海底反射造成的多径自干扰(self-multipath interference, SMI)。以在频分全双工水声通信 modem[1] 的结构基础上预制的 IBFD-UWA 通信工程样机为例，自干扰信号具体传播过程如图 2-1 所示。

在理想情况下，直达环路自干扰可被视为单抽头，如文献[2]及文献[3]中对 SLI 的假设。但在实际应用中，带内全双工水声通信技术以通信 modem 为载体而实现，发射换能器与接收水听器一般置于通信机的两端，而通信机壳体的存在，对自干扰信号传播过程有着不可忽视的影响。而该影响由于收发两端距离过近，且发射声源与壳体间的声-固耦合过程复杂，与壳体材料、结构形状与尺寸等参数有关，使得该部分信道无法通过解析获得，这为自干扰信号的

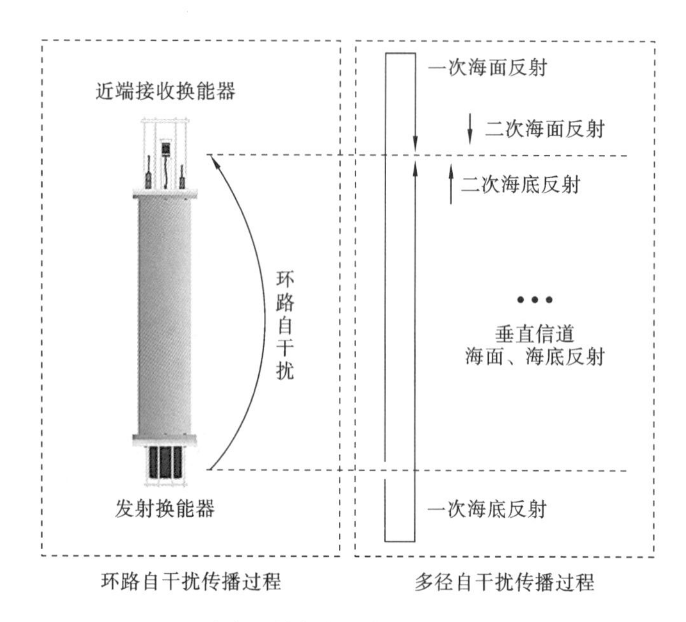

图 2-1　环路自干扰与多径自干扰传播过程示意图

认知和传播过程的信道建模带来了困难。针对这一问题,本章将通过不同方法分别对这两种不同途径的干扰进行建模。

2.2　带内全双工水声通信环路自干扰信道建模

为进一步了解并获得环路自干扰信号,并在此基础上得到环路自干扰信道估计结果,本节将基于预制的 IBFD-UWA 通信工程样机结构建立 1∶1 简化模型,通过有限元仿真软件对直达环路自干扰传播过程进行仿真,并获得近端接收端所采集的信号。对于多径自干扰,将基于射线理论,以获取各抽头到达时延,通过扩展损失、吸收损失及反射损失获取各路径能量衰减。

2.2.1　带内全双工通信节点简化模型

在简化模型的建立过程中,考虑到壳体直径与所用通频带范围内的对应波长接近,而换能器外部保护结构的直径与对应波长的差异较大,因此可认为壳体是影响直达环路自干扰的最主要因素,省略了发射换能器与接收换能器外部具有保护作用的机械结构,忽略了工艺孔等结构的影响。

以点声源代替发射换能器进行信号的发射,同时该点位置设置于发射换能器物理尺度中心以近似代替等效声中心,接收端部分以观测点的形式代替近端接收端以获取直达环路自干扰信号。同时，考虑到传播过程与通信机结构在空间上的对称性，本节在有限元仿真软件中采用二维轴对称模型，进行声-固耦合时域瞬态分析。IBFD-UWA 通信节点简化结构及其有限元模型如图 2-2 所示。

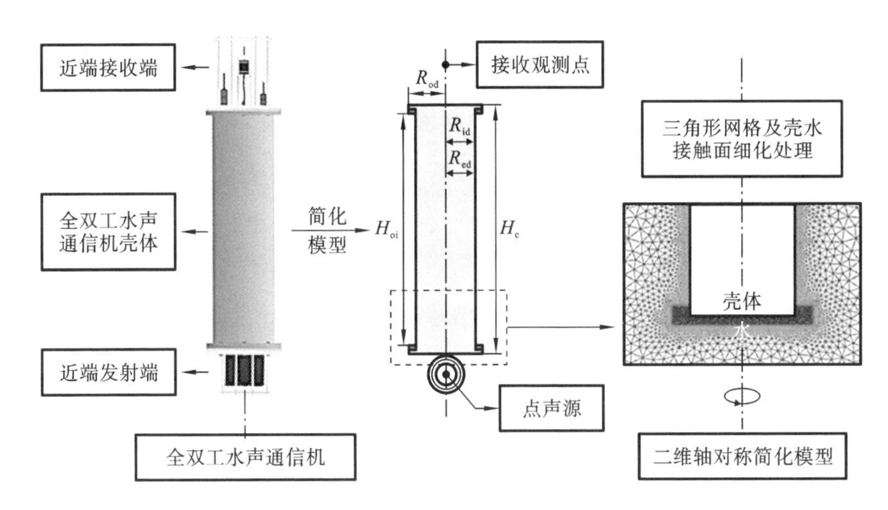

图 2-2　带内全双工水声通信节点简化结构及其有限元模型

在发射换能器发射声波后，声波传播到壳体并与其产生相互作用，部分能量将被壳体反射，而另外一部分能量将引起壳体受迫振动，这种由壳体振动产生的弹性波将散射到壳体周围的水中，并由近端接收端接收。同时，还有一部分能量将通过绕射绕过壳体传播到接收端，成为直达分量。直达声波能量与弹性波能量组合叠加在接收端，形成了壳体影响下的环路自干扰信号。可以通过上述分析得知，与关于自干扰信道建模的已发表文献不同在于，以往研究没有考虑环路自干扰信号的复杂构成，没有考虑声-固耦合后的散射波对环路自干扰信号的影响。

为准确仿真上述过程，在有限元仿真软件中利用多物理场耦合边界将流体域中的声学压力变化与固体域中的结构变形建立了连接，在声场中计算声压，在固体域计算结构位移(基于牛顿第二定律)，并基于二维时域求解器完成声-固耦合过程的计算，具体过程为

$$\frac{1}{\rho_w c^2}\frac{\partial^2 p_t}{\partial t^2}-\frac{\nabla^2 p_t}{\rho_w}=\frac{4\pi}{\rho_w c}S[\delta(x)] \tag{2-1}$$

式中：p_t 为总声压；ρ_w 为水的密度；c 为水中声速；S 为单极性点声源所发射声

波的幅度；$\delta(x)$为单位脉冲函数。

$$\rho_s \frac{\partial^2 \mathbf{u}}{\partial t^2} = \nabla \mathbf{C}_{au} + \mathbf{F}_V \tag{2-2}$$

式中：ρ_s 为水与壳体的密度；$\mathbf{C}_{au}$ 为柯西应力；$\mathbf{u}$ 为惯性项的位移矢量；$\mathbf{F}_V$ 为体积力矢量。为保证传播过程有限元仿真的准确性，下面将详细介绍简化模型仿真误差控制与参数配置。

2.2.2 简化模型仿真误差控制与参数配置

为便于通过实验验证本简化模型，模型中的结构参数（材料、尺寸等）与预制 IBFD-UWA 通信节点保持一致。同时，为避免环路自干扰在传播过程中受到仿真空间边界的影响，完美匹配层（perfectly matched layer, PML）被置于仿真空间外部，以避免散射波与测试信号在边界反射导致反射波叠加在接收观测点的现象。

在有限元计算过程中，特别是时域瞬态传播问题，时域求解步长的高分辨率是十分必要的。在模型设置中，采用库朗条件（Courant Friedrichs Lewy condition, CFL condition）[4]与网格尺寸对仿真过程时域求解器步长进行控制，具体控制方法为

$$\Delta t = \frac{\mathrm{CFL} \cdot h}{c} \tag{2-3}$$

式中：Δt 为求解器时间步长；h 为网格尺寸；c 为声速。在本仿真中，为保证精度，CFL 具体数值被设定为 0.2（在多次仿真结果对比过程中发现，比此设定的更小的 CFL 数值对仿真结果基本无影响）。

同时，为提高网格整体质量，水域网格的最大单元尺寸被设定为测试信号最小波长的 1/6，而壳体结构的最大网格尺寸被设定为测试信号最小波长的 1/60。由于水域的非结构化特征，在本仿真中采用自由三角形生成水体非结构化网络，划分结果如图 2-2 右侧所示。

为控制瞬态求解器误差，将相对容差设定为 1e－5，以保证误差的控制与仿真过程的顺利进行。考虑到设备耐腐蚀及结构重量的问题，在预制 IBFD-UWA 通信节点设计之初，决定采用铝材 6062-T83 制作节点的壳体，各类仿真参数具体配置如表 2-1 所示。

因本仿真仅关注 IBFD-UWA 通信机壳体影响，同时进一步降低模型的计算复杂度，我们忽略了壳体的内部设备，将其作为空气处理，而由于空气和壳体

表 2-1　仿真参数配置

参数名称	配置值/描述
壳体材料	铝材 6062-T83
发射信号频率范围	6.0～12.0 kHz
仿真空间内声波传播速度	1500 m/s
相对容差	1e−5
瞬态求解器时间步进	2.777e−6 s
CFL 条件	0.2
网格形式	自由三角形
观测点时域采样率	96 kHz
仿真空间类型	二维轴对称
水体网格最大尺寸	0.02084 m
结构网格最大尺寸	0.002 m
完美匹配层厚度	500 mm
完美匹配层分布层数	15
点声源与壳体距离	5 cm
观测点与壳体距离	10 cm
壳体端盖外径 R_{od}	105 mm
壳体内径 R_{id}	74 mm
壳体外径 R_{ed}	80 mm
壳体长度(不含端盖)H_c	500 mm
壳体长度(含端盖)H_{ci}	560 mm

的声阻抗相差较大，在本模型中将空气部分进一步省略。

为便于在观测信号处理阶段获得环路自干扰传播信道，考虑到线性调频(linear frequency modulation, LFM)信号良好的时域相关性等特性，本仿真采用 LFM 信号作为信道测试信号。

同时，为减少能量泄漏，并使实验和模拟结果中的直达和散射成分更容易识别[5]，本节对测试信号进行了加窗处理，即

$$S(t)=A\cos\left[2\pi f_l t+\frac{\pi(f_h-f_l)t^2}{T_B}\right]W_H(t),\quad 0\leqslant t<T_B \tag{2-4}$$

式中：A 为信号幅度；$W_H(t)$ 为窗函数系数；T_B 为发射信号持续时间，在本仿真中，设定 T_B 为 0.5 ms。

由于信号持续时间较短，96 kHz 采样率下无法细致地描述发射信号波形，为解决该问题，在全局定义中采用三次样条插值方法对测试信号进行插值，加窗前后测试信号波形与频域对比图如图 2-3 所示。

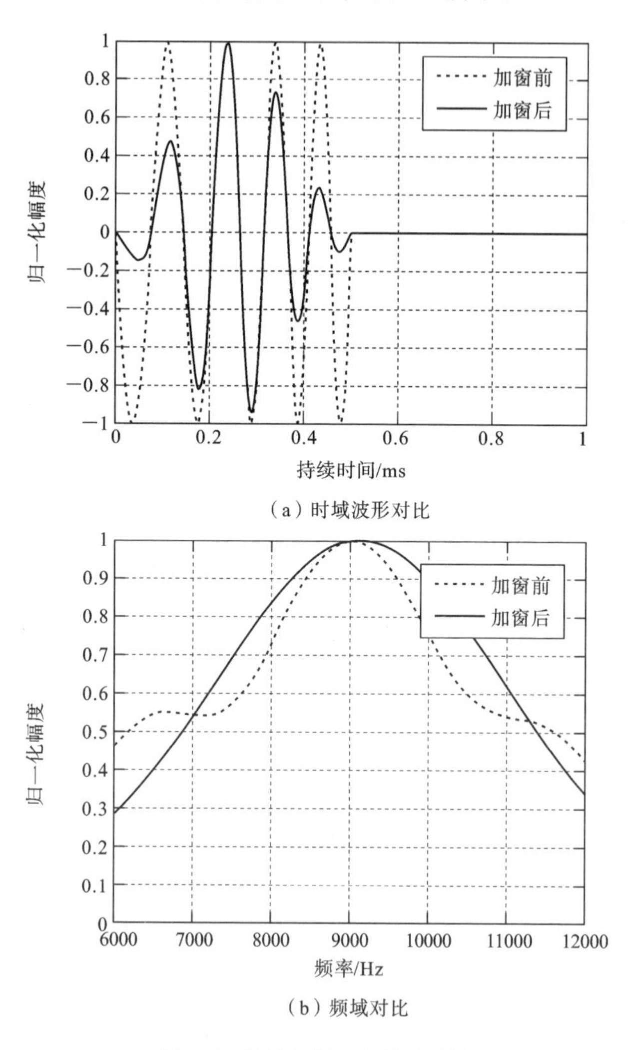

（a）时域波形对比

（b）频域对比

图 2-3　测试信号加窗前后对比

由于散射波与直达波在时间上存在重叠，难以单独分离提取，为对环路自干扰信号成分进行说明，在本仿真内容之外同步进行了两个辅助仿真，辅助仿真的参数与上述模型参数保持一致。一个辅助仿真仅将结构体从网格中删除，以获得存在遮挡作用下的直达分量；另一个辅助仿真将壳体删除，保留网格，以获得无壳体情况下的环路自干扰信号。

2.3 带内全双工水声通信多径自干扰信道建模

除上述环路自干扰外，近端接收端还将接收到与海面、海底进行了多次反射的多径自干扰信号，虽然经过反射后的多径自干扰相较于发射信号已经衰减了几十分贝，但相比于期望信号，仍然是过强的。考虑到多径自干扰主要以垂直方向进行传播后对近端接收端造成影响，对于多径自干扰信道，将以垂直声信道为基础进行建模。

2.3.1 多径自干扰信道基本模型

声波在海洋的传播过程中，其能量的衰减主要来源于由波阵面扩展引起的有规律衰减的扩展损失，由于海水介质的黏滞吸收、弛豫过程及热传导吸收效应造成的吸收损失，以及界面反射造成的反射损失。为描述多径自干扰各传播路径在时间上的分布与路径能量衰减情况，本节将在多径到达时延、扩展损失、吸收损失及边界损失的基础上完成准静态多径自干扰信道的建模。

1. 多径自干扰到达时延

自干扰信号在发射端发射后，将经历海面、海底的反射后继续传播至近端接收端，这是造成多径自干扰的原因。假设环境水深为 D_a，IBFD-UWA 通信节点发射端距水面为 D_t，近端接收端距离水面距离为 D_r，则多径自干扰传播过程如图 2-4 所示。

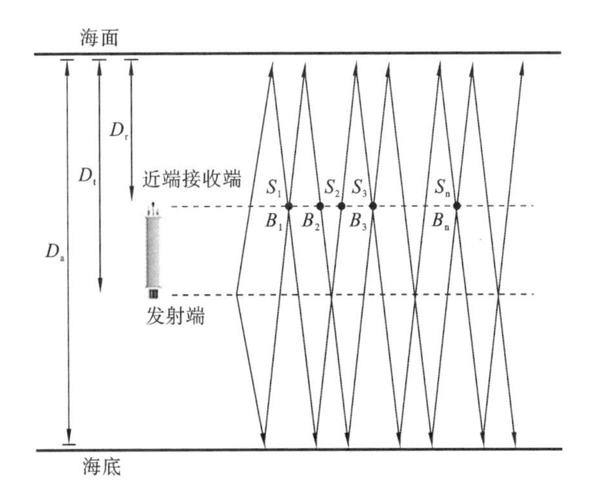

图 2-4　多径自干扰传播过程

第一次经历海面反射后到达近端接收端的多径自干扰到达时延 $\tau_{s,1}$ 及第一次经历海底反射后到达近端接收端的多径自干扰到达时延 $\tau_{b,1}$ 分别为

$$\tau_{s,1}=\frac{D_t+D_r}{c} \tag{2-5}$$

$$\tau_{b,1}=\frac{2D_a-D_t-D_r}{c} \tag{2-6}$$

式中：c 为水中声速。以第一次经历反射处于海面或海底对两方向传播路径进行区分，则下一次经反射再次传播至近端接收端的时延 $\tau_{s,2}$ 及 $\tau_{b,2}$ 分别为

$$\tau_{s,2}=\frac{2D_a+D_t-D_r}{c} \tag{2-7}$$

$$\tau_{b,2}=\frac{2D_a-D_t+D_r}{c} \tag{2-8}$$

经递推可得，经过 n 次反射后到达近端接收端的时延 $\tau_{s,n}$ 及 $\tau_{b,n}$ 分别为

$$\tau_{s,n}=\frac{D_t+2D_a\left\lfloor\frac{n}{2}\right\rfloor+D_r[2\cdot(n \bmod 2)-1]}{c} \tag{2-9}$$

$$\tau_{b,n}=\frac{-D_t+2D_a\left\lfloor\frac{n+1}{2}\right\rfloor-D_r[2(n \bmod 2)-1]}{c} \tag{2-10}$$

式中：$\lfloor\ \rfloor$ 为向下取整；mod 为取余操作。通过式(2-9)和式(2-10)可获得多径自干扰信号两种初始传播方向的路径到达近端接收端所经历的时延，按到达时间顺序对 $\tau_{s,n}$ 及 $\tau_{b,n}$ 进行组合可获得所有路径到达时延 τ_n，在此基础上结合各路径损失可获得多径自干扰信道基本模型。

2. 扩展损失

扩展损失是声波传播过程中最主要的损失来源，理想情况下扩展损失与传播距离的平方成正比，但由于海洋不均匀特性、声波的折射及散射等现象，实测值一般大于理想情况，一般，扩展损失为[6]

$$\mathrm{TL}=k\cdot 10\lg(l_d) \tag{2-11}$$

式中：TL 为扩展损失；k 为扩展系数；l_d 为传播距离。

当声波以球面波形式进行近距离传播时，扩展损失为

$$\mathrm{TL}=20\lg(l_d) \tag{2-12}$$

当声波以柱面波形式进行远距离传播时，扩展损失为

$$\mathrm{TL}=10\lg(l_d) \tag{2-13}$$

对于浅海信道传播过程，考虑到在实际应用中海水不均匀特性及声波的折射等现象，在本模型中扩展系数 k 取 1.5。

3. 吸收损失

吸收损失主要来源于与频率的平方成正比的黏滞效应及声波在海洋中传播时的弛豫吸收作用。由于影响参数较多，这两种损失主要通过经验公式表述。在本仿真中，采用 Thorp 经验公式[7]对其进行计算，声吸收系数为

$$a_s(f)=0.11\times\frac{f^2}{1+f^2}+44\times\frac{f^2}{4100+f^2}+2.75\times10^{-4}f^2+0.003 \quad (2\text{-}14)$$

式中：$a_s(f)$ 为声吸收系数(dB/km)，即每千米传播下声波经吸收效应损失的分贝数；f 为载波频率(kHz)。本模型所设置的发射信号频带内声吸收系数变化曲线如图 2-5 所示。

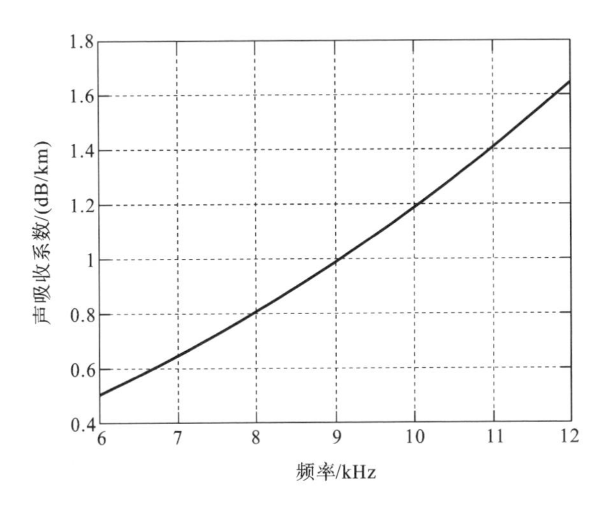

图 2-5 测试频带内声吸收系数变化曲线

作为最主要的两种声波传播损失来源，扩展损失及吸收损失可进一步组合表示为[6]

$$A(l_d,f)=A_r l_d^k a(f)^{l_d} \quad (2\text{-}15)$$

$$10\log[a(f)]=a_s(f) \quad (2\text{-}16)$$

式中：A_r 为标度常数。浅海信道传播下结合扩展损失及吸收损失的路径损失随传播距离变化曲线(粗附加损耗下)如图 2-6 所示。

4. 反射损失

在声波传播过程中，经过海面、海底反射后，会对声波能量造成损耗，对于

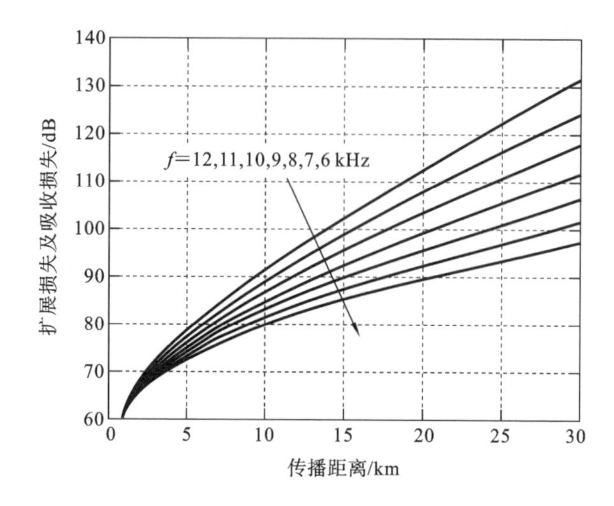

图 2-6　扩展损失及吸收损失随传播距离变化曲线

理想平整海面，其反射系数可视为−1，即入射声强与反射声强基本相当，而此时海面反射损失为 0 dB。但对于不平整海面，将造成声波在海面的散射，入射方向上的反射声强将降低，反射损失为

$$R_{\mathrm{fr}}=-20\lg\left|\frac{p_{\mathrm{r}}}{p_{\mathrm{i}}}\right|=-20\lg|\gamma_{\mathrm{r}}| \tag{2-17}$$

式中：R_{fr} 为海面反射损失(dB)；p_{r} 与 p_{i} 分别为反射与入射声压幅值；γ_{r} 为海面反射系数。

海底反射损失是海底沉积层的重要声学特性之一，海底底质种类众多，存在如岩石、砂石及多种混合物等情况，且存在多层结构，海底反射损失可类比式(2-17)定义为

$$R_{\mathrm{br}}=-20\lg\left|\frac{p_{\mathrm{r}}}{p_{\mathrm{i}}}\right|=-20\lg|\gamma_{\mathrm{b}}| \tag{2-18}$$

式中：R_{br} 为海底反射损失(dB)；γ_{b} 为海底反射系数。因此，基于扩展损失、吸收损失及反射损失下得到的多径自干扰各路径损耗 P_n 为

$$P_n=10\lg A(l_{\mathrm{d},n},f)+\eta_{\mathrm{b},n}R_{\mathrm{br}}+\eta_{\mathrm{s},n}R_{\mathrm{fr}} \tag{2-19}$$

式中：$l_{\mathrm{d},n}$ 为第 n 个路径传播距离；$\eta_{\mathrm{b},n}$ 为第 n 个路径经历海底反射次数；$\eta_{\mathrm{s},n}$ 为第 n 个路径经历海面反射次数。通过发射声源级减去各路径损耗 P_n 可获得各路径增益 g_n，结合多径达到时延 τ_n，可将多径自干扰信道表述为

$$h(\tau,t)=\sum_{n=0}^{N-1}g_n\delta(t-\tau_n) \tag{2-20}$$

式中：多径自干扰信道 $h(\tau,t)$ 合计共有 N 个路径。至此，多径自干扰静态基本模型建立完毕，考虑到海面波动影响造成的时变多径自干扰，则其信道模型变化为

$$h(\tau,t)=\sum_{n=0}^{N-1}g_n(t)\delta[t-\tau_n(t)] \tag{2-21}$$

海面波动造成的多径自干扰传播声程变化将造成各路径到达时延、扩展损失及吸收损失的改变。对于海底反射损失，在水平距离无变化的情况下海底介质不变，因此可视其特性不存在时变，进而可认为海底反射损失固定，但海面反射系数会发生明显改变。下面详细介绍海面波动引起的时变多径自干扰信道建模。

2.3.2 时变多径自干扰信道建模

当海面受风浪影响产生波动时，直达的环路自干扰因收发两端距离固定，其传播信道将不发生变化，考虑到海洋波浪的随机性运动特性，多径自干扰各路径到达时延及能量将产生随机变化。

一般，由海洋表面风引起的海面波动变化多采用 Pierson-Moskowitz 风动重力波谱[8]进行描述，但该方法一般只适用于深海区域，无法精细地描述浅水海面粗糙程度。基于信道统计特征，P. Qarabaqi 和 M. Stojanovic 等人建立了具有广泛应用的水声信道模型[9]，利用大尺度衰落与小尺度衰落分别描述不同影响因素对信道造成的影响。本节将基于多径自干扰传播过程的特殊性、风成海面特性并基于该信道模型提出了带内全双工水声通信时变多径自干扰信道模型。

不同于浅海水平通信信道建模过程针对多个发射角度且各路径相对独立，多径自干扰信道建模主要针对初始的向上和向下传播的这两个路径。这两个路径在海面与海底间反复传播，因此，在时间上先行到达路径与后续到达路径存在关联性，为更好地描述这种关联性，需要首先获取一段时间内 IBFD-UWA 通信节点上方局部海面波动情况及海面反射系数变化情况。

当海洋表面受海风影响出现随机起伏时，可假设海面与海底间的距离变化服从均值为 0、方差为 σ_{h}^2 的高斯分布，则

$$\sigma_{\mathrm{h}}^2=\frac{1}{N_{\mathrm{f}}}\sum_{i=1}^{N_{\mathrm{f}}}(\overline{H}_{\mathrm{s}}-H_{\mathrm{i}})^2 \tag{2-22}$$

式中：N_{f} 为观测次数；$\overline{H}_{\mathrm{s}}$ 为平均距离；H_{i} 为观测距离。水平通信信道仿真过

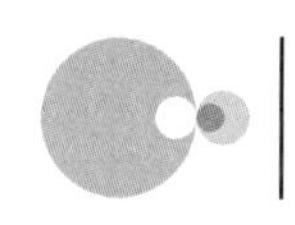

程中，不同海面反射位置相隔较远，且在波高上相互独立，但对全双工多径自干扰信道来讲，仅需关注 IBFD-UWA 通信节点上方小范围的海面波动情况，海面、海底距离波动存在连续性，且在时间上存在一定的相干性，因此引入一阶马尔可夫模型对前后时刻海面高度变化进行限制，则任意时刻海面高度可表示为

$$H_s(t+1)=\mu H_s(t)+\varepsilon(t) \tag{2-23}$$

式中：μ 为一阶马尔可夫系数，代表前后时刻海面高度的相关程度；$\varepsilon(t)$ 为自然因素导致的随机误差，且服从均值为 0、方差为 σ^2 的高斯分布。假设自干扰信号传播至海面时，反射及散射过程瞬间海面高度保持不变，且 IBFD-UWA 通信节点通过重物与玻璃浮球悬浮于海中，其与海底距离不变，则时变多径自干扰到达时延 $\tau_n(t)$ 可表示为

$$\tau_n(t)=\begin{cases}\dfrac{\tau_{s,n}+2\sum\limits_{i=1}^{k}\Delta H_i(t)}{c}, & n=2k-1,2k\\[2ex] \dfrac{\tau_{b,n}+2\sum\limits_{i=1}^{j}\Delta H_i(t)}{c}, & n=2j+1,2j\end{cases} \tag{2-24}$$

式中：k 和 j 分别为向上传播路径和向下传播路径与海面反射次数。在已获得到达时延的基础上可计算时变情况下各路径传播声程，结合式(2-15)可获得时变情况下各主路径传播过程中的扩展损失及吸收损失组合。

不同于常规水平通信信道，当信号传播至海面发生散射时，继续向接收端方向传播的角度会发生变化，由于收发两端距离相对较远，路径传播途径将会出现明显的区别，因此声程差将会扩大。具体表现为准静态模型下的单个路径将分散成数量不定小路径，但当自干扰信号传播至海面发生散射时，各分簇内小路径间声程不会出现明显变化，其各分簇到达延迟变化方差将小于水平通信信道的，此时，时变多径自干扰信道模型可表示为

$$h_v(\tau,t)=\sum_{n=0}^{N-1}\sum_{i=0}^{L_n-1}g_{n,i}(t)\delta[t-\tau_{n,i}(t)] \tag{2-25}$$

式中：$g_{n,i}(t)$ 为第 n 簇路径的第 i 个分支的路径增益；L_n 为每分簇散射路径数目。对于各路径散射路径时延 $\tau_{n,i}(t)$，可假设为均值为 0、方差为 σ_τ^2 的高斯分布，当 IBFD-UWA 通信节点以潜标形式置于海洋中时，σ_τ^2 可表示为

$$\sigma_{\tau}^{2}=\frac{n_{\mathrm{s},n}\sigma_{\mathrm{h}}^{2}}{c^{2}}[2\sin(\theta_{\mathrm{p},n})]^{2} \tag{2-26}$$

式中：$\theta_{\mathrm{p},n}$ 为第 n 簇路径入射角，对于 IBFD-UWA 通信系统，由于自干扰信号垂直传播关系，该入射角总是约为 $\pi/2$。在随机起伏海面的理论研究与经验公式中，常通过风速来对应一定的有效波高[10]，有效波高的定义为海面所有波中最大的前 1/3 的波的波峰到波谷高度的平均值，且一般随机起伏海面有效波高与波动高度均方根存在 4 倍关系，因此，可根据风速估计值来获取波动海面变化高度均方根值(经验表)。

在本模型中，将利用风速对应的有效波高来确定海面波动变化范围。随机波动海面反射系数取决于海面的粗糙度，当粗糙度变大时，海面反射系数的绝对值将减小，可通过瑞利参数表征不平整海面特性，其定义为[11]

$$P_{\mathrm{s}}=2k\sigma_{\mathrm{s}}\sin\theta_{0} \tag{2-27}$$

式中：$k=2\pi f_{0}/c$；θ_{0} 为入射掠射角；σ_{s} 为海面波高均方根。当海面高度起伏服从高斯分布且入射角较大时，海面平均反射系数 $\bar{\gamma}_{\mathrm{r}}$ 的近似值为

$$|\bar{\gamma}_{\mathrm{r}}|\approx\exp(-2k^{2}\sigma_{\mathrm{s}}^{2}Y\sin\theta_{0}) \tag{2-28}$$

海底反射系数为

$$\gamma_{\mathrm{b}}=\frac{\dfrac{\rho_{\mathrm{b}}}{\rho_{\mathrm{c}}}\sin\theta_{0}-\sqrt{\left(\dfrac{c}{c_{\mathrm{b}}}\right)^{2}-\cos^{2}\theta_{0}}}{\dfrac{\rho_{\mathrm{b}}}{\rho_{\mathrm{c}}}\sin\theta_{0}+\sqrt{\left(\dfrac{c}{c_{\mathrm{b}}}\right)^{2}-\cos^{2}\theta_{0}}} \tag{2-29}$$

式中：ρ_{b} 为海底介质均匀密度；ρ_{c} 为海水密度；c_{b} 为海底声速。对 IBFD-UWA 通信系统而言，无主动运动的状态下，海底反射发生位置基本不发生改变，此时 γ_{b} 仅与角度有关。综合上述各参数变化情况，信道传输函数可由式(2-25)经傅里叶变换得到，即

$$H(f,t)=H_{0}(f)\sum_{n=0}^{N-1}\sum_{i}P_{n,i}(t)\exp\{-\mathrm{j}2\pi f[\tau_{n}(t)+\tau_{n,i}(t)]\} \tag{2-30}$$

式中：$P_{n,i}(t)$为基于上述路径声程变化导致的传播损失、吸收损失及界面反射系数变化的综合影响下的时变路径增益函数；$H_{0}(f)$为参考传输函数。

2.4 传播域自干扰信道仿真结果分析

2.4.1 环路自干扰信号传播过程与构成分析

如 2.1 节所述，因自干扰信道传播过程不同，本节将分别对 SLI 信道与

SMI 信道进行仿真结果分析。基于 IBFD-UWA 通信节点简化模型下的环路自干扰信号波形及传播过程快拍图如图 2-7 所示。

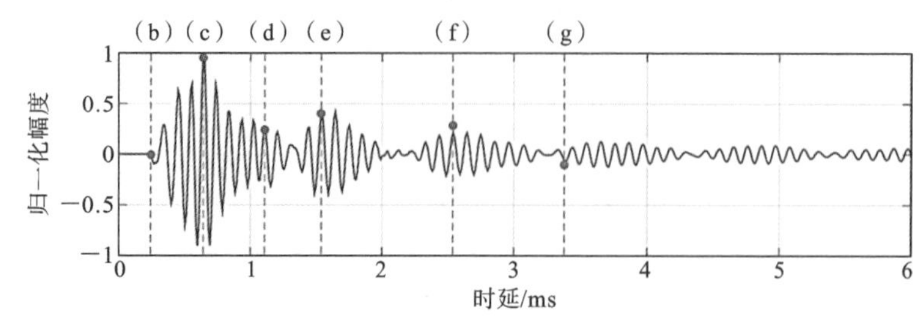

(a) 环路自干扰接收信号时域波形

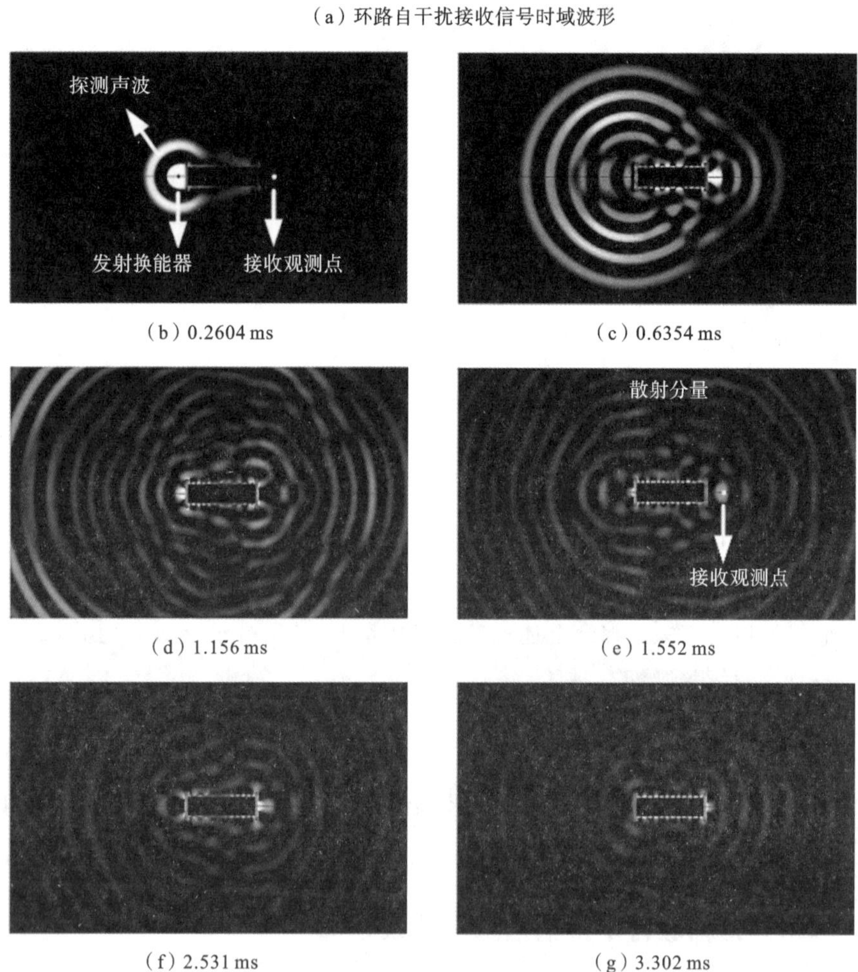

(b) 0.2604 ms (c) 0.6354 ms

(d) 1.156 ms (e) 1.552 ms

(f) 2.531 ms (g) 3.302 ms

图 2-7 环路自干扰信号波形及传播过程快拍图

图 2-7(a)所示的为接收观测点处的环路自干扰接收信号时域波形，其中标记了 6 个典型状态对应位置，(b)～(g)对应的观测时间分别为 0.2604 ms、0.6354 ms、1.156 ms、1.552 ms、2.531 ms 及 3.302 ms。

根据图 2-7(a)和图 2-7(b)可知，当测试信号未传播到接收观测点时，该观测点已开始存在声压，该声压来源于壳体影响，因此环路自干扰出现时间将早于收发端距离与声速计算得出的理论值。

图 2-7(b)所示的为测试信号通过直达到达接收观测点，在本模型仿真参数的限定下，此时该峰值为壳体散射分量与直达分量的叠加，达到了环路自干扰信号的峰值。

图中 2-7(d)～图 2-7(g)所示的时刻，接收观测点仅收到壳体散射分量，这部分能量虽然随时间逐渐衰弱到消失，但在该过程中其能量仍远大于期望信号能量。

2.4.2　环路自干扰信道特性分析

结合 2.2.2 节所述的两个辅助仿真实验，可得到无壳体影响下短程传播后的自干扰信号与无壳体影响下的直达分量，在此基础上结合直达分量与散射分量混合信号可获得壳体影响下散射分量成分，上述分量时域波形图对比如图 2-8 所示。

图 2-8 中的时域波形信号以环路自干扰信号最大幅度为归一化参考幅度，其中，图 2-8(b)所示的为辅助仿真中得到的短程传播后的无壳体影响下的衍射分量，对比可发现在，壳体遮挡效应的影响下，通过衍射到达近端接收端的信号能量较低。

图 2-9 所示的为环路自干扰信号在受到壳体影响下纯散射分量时域波形及各分量在频域上的对比。图 2-9(a)所示的为 IBFD-UWA 通信节点在壳体影响下的散射分量。对比图 2-8(b)及图 2-9(a)可知，散射分量的强度及持续时间大于衍射分量的强度及持续时间，通过计算可知峰值处能量强度相差近 25 dB。环路自干扰、散射分量及衍射分量频域对比如图 2-9(b)所示，其中直达分量频域以本身频域计算结果做归一化处理。

当近端发射端进行信号发射时，出现声-固耦合现象，壳体进入受迫振动状态，向外辐射壳体散射波，于近端接收端接收，在该仿真参数下，可见分别在 9 kHz、10 kHz 及 11 kHz 附近出现明显峰值。该频域特性可以在一定程度上反映壳体的所用材料、厚度及形状等参数。此外，通过对比散射分量频域与发

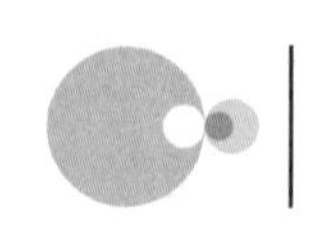

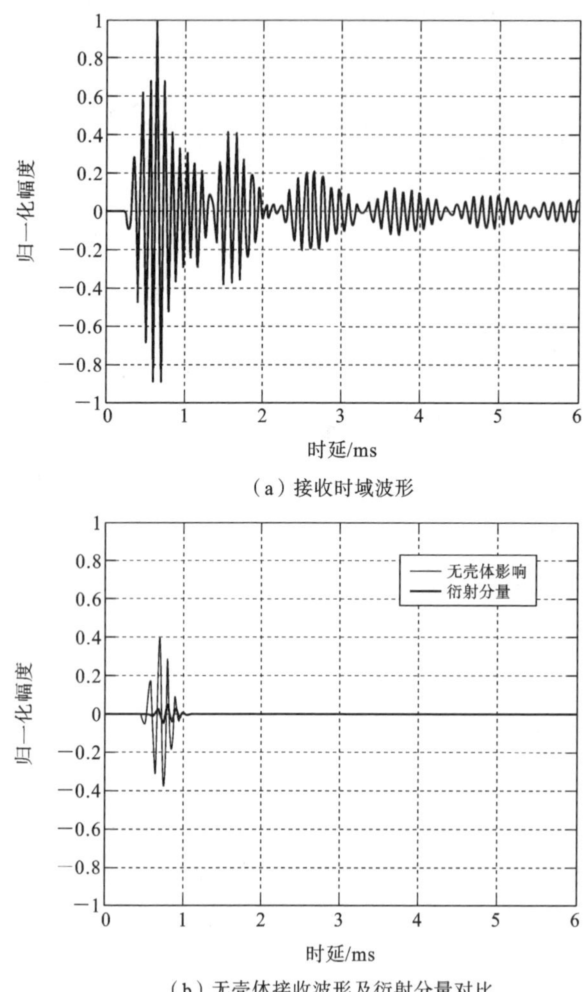

（a）接收时域波形

（b）无壳体接收波形及衍射分量对比

图 2-8　环路自干扰信号各分量时域对比图

射信号频域，可发现低频部分能量增加而高频能量降低，原因是波长较长的声波能量更易克服壳体遮挡效果进行传播。若仅从收发信号及传播信道的角度考虑，将环路自干扰信号与发射信号频域特性相比较，可认为自干扰信号经历了频率选择性衰落信道。

为进一步分析环路自干扰信号瞬时频率随时间变化情况，作环路自干扰与散射分量 Wigner-Ville 分布（WVD）图，如图 2-10 所示。由图 2-10 可知，环路自干扰信号去除衍射分量前后 WVD 没有明显的变化，因此，可判定环路自干扰信号成分以散射分量为主，在衍射分量传播完成后，后续环路自干扰信号

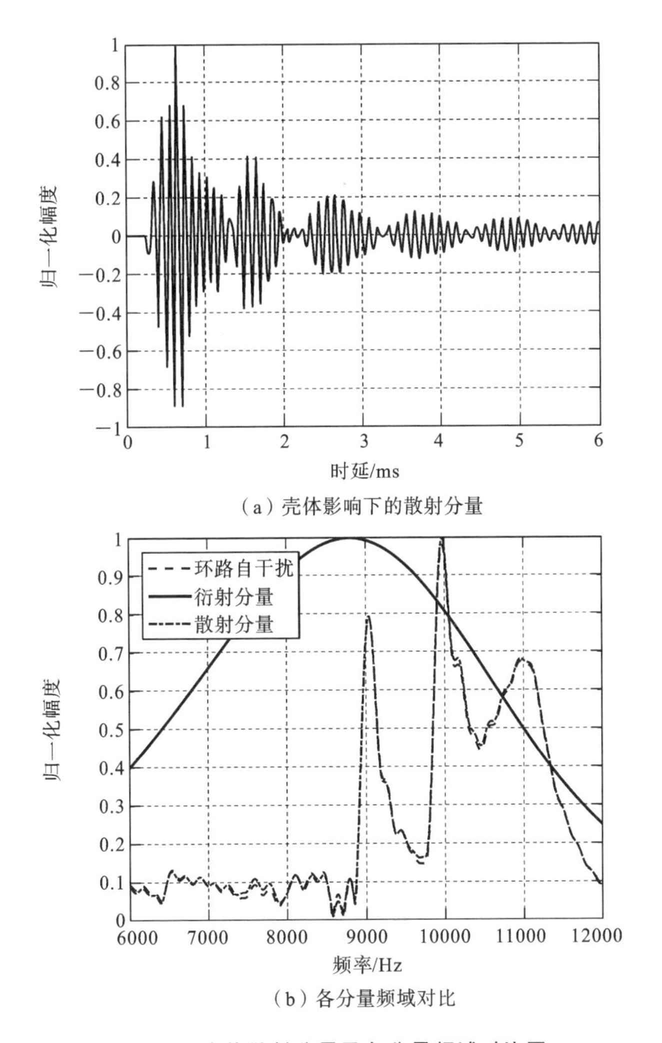

（a）壳体影响下的散射分量

（b）各分量频域对比

图 2-9　壳体散射分量及各分量频域对比图

频率以上述 9 kHz、10 kHz 及 11 kHz 三种频率分量为主。

在进行自干扰抵消时，一般将所发射信号作为本地参考信号以进行信道估计，基于上述环路自干扰时域波形仿真结果，以发射信号作为参考信号，采用 RLS 算法对环路自干扰信道进行估计，遗忘因子设定为 0.998，可得环路自干扰信道及对数尺度下幅度变化趋势，如图 2-11 所示。

由图 2-11(a)可看出环路自干扰信道在 IBFD-UWA 通信机壳体的影响下的复杂度，因此，以信道抽头分布稀疏性作为假设前提的自干扰信道估计方法（如基于压缩感知等）在实际工程应用中的性能将极其有限（因自干扰抵消过

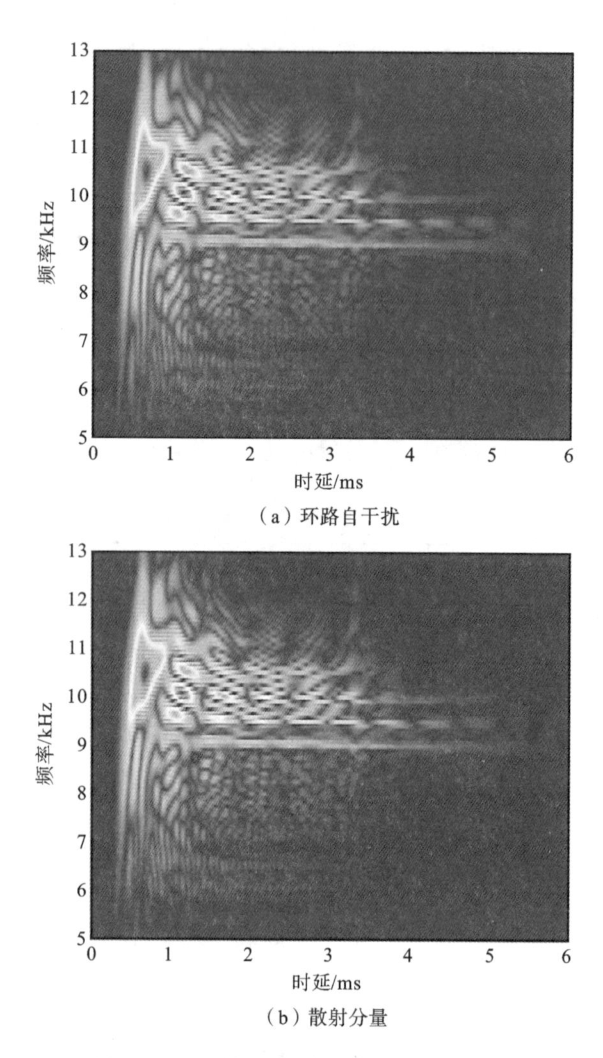

（a）环路自干扰

（b）散射分量

图 2-10　环路自干扰与散射分量 WVD 图

程需考虑所有抽头，包括小幅度抽头）。由图 2-11(b)可知，信道抽头幅度在短时间内快速衰落，但当路径幅度为 10^{-4}时，相较于主径能量仅下降 80 dB。

2.4.3　静态多径自干扰信道仿真与特性分析

本节对静态多径自干扰信道进行仿真与分析，为方便与实测结果对比，本仿真参数与实验参数设定保持一致，具体为：水域深度 38 m，发射端所在深度 14.7 m，接收深度 14 m，取中心频率 9 kHz 计算等效声吸收系数，均匀声速 1467 m/s。准静态模型下，水面反射系数为－1，多径自干扰信道路径损失及

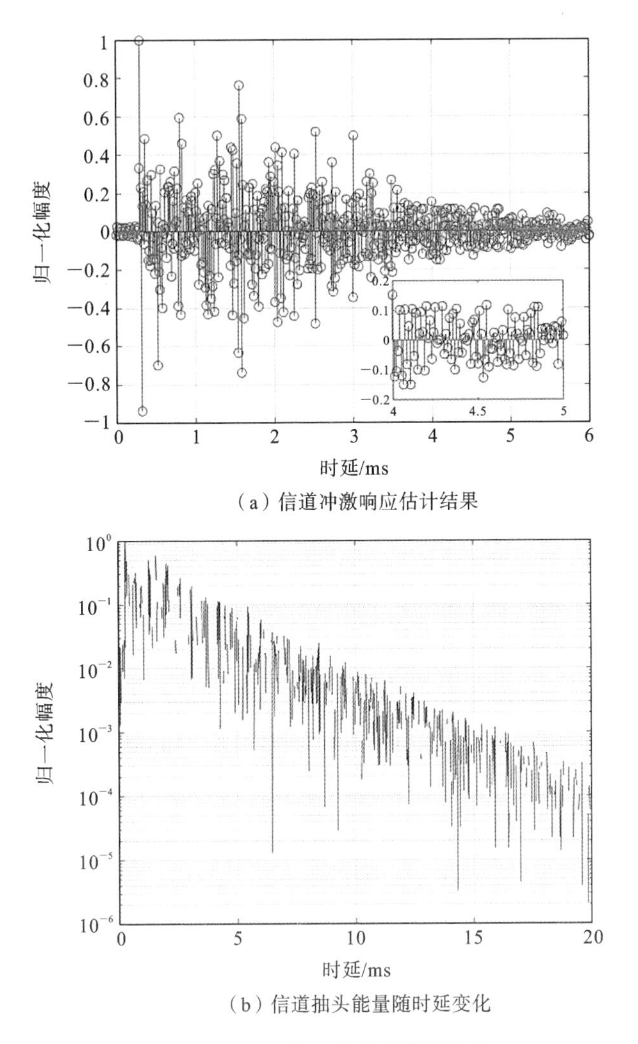

（a）信道冲激响应估计结果

（b）信道抽头能量随时延变化

图 2-11　环路自干扰信道估计结果

到达时延如图 2-12 所示。

图 2-12 中，粗线圆形标记为直达声路径损失，方块及星号标记为不包含界面损失，圆形及五角星形标记为包含界面的总路径损失。

由图 2-12 可知，在该仿真参数下，当多径自干扰传播时间超过 200 ms 后相较于声源强度仅下降约 50 dB，其能量仍处于较高水平，这对期望信号的获取造成影响。无线全双工通信系统中，多径自干扰到达时延及持续时间极短，可以通过在电路板上腐刻反馈支路实现各路径自干扰抵消，但对 IBFD-UWA 通信系统而言，该时延过长，同时对滤波器长度也提出了要求。

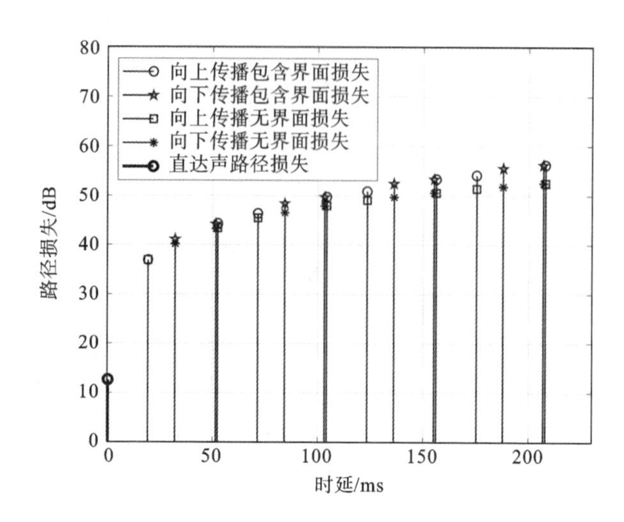

图 2-12 准静态模型下多径自干扰信道路径损失及到达时延

2.4.4 时变多径自干扰信道仿真

时变多径自干扰信道仿真结果如图 2-13 所示。

本部分对时变多径自干扰信道进行仿真，除海面反射系数与波动变化的海面高度外，仿真参数与 2.4.3 节所述一致，初始海面高度为准静态模型下海面高度一致，通过风速及式(2-27)及式(2-28)得到当前海面平均反射系数，选取对比风速(距离海面 19.5 m 处)分别为 3 m/s、5 m/s、7 m/s 及 9 m/s。图 2-13 中，x 轴表示时延(ms)，y 轴表示统计时间(s)，图中各路径亮暗程度体

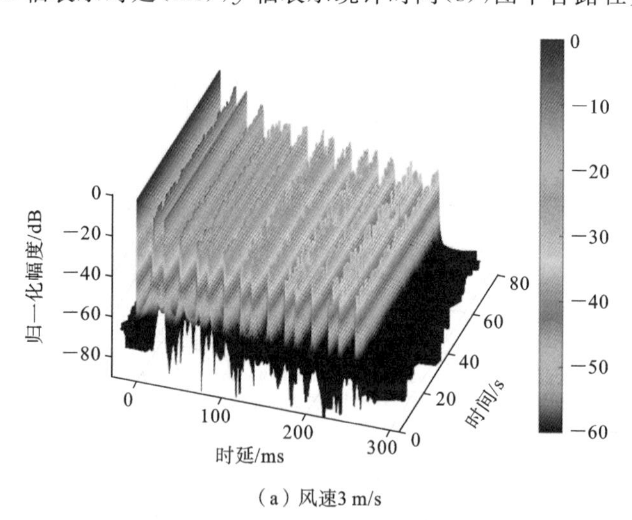

(a) 风速3 m/s

图 2-13 时变多径自干扰信道仿真结果

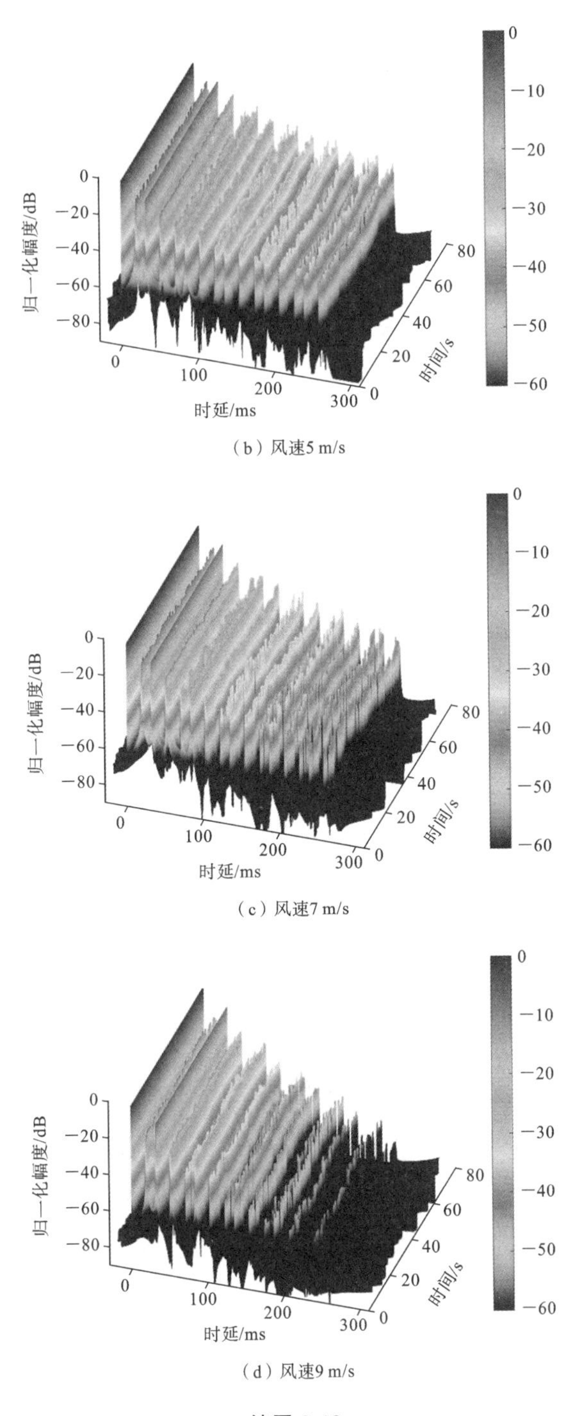
0
−20
−40
−60
−80
归一化幅度/dB
0
100
200
300
时延/ms
0
20
40
60
80
时间/s
0
−10
−20
−30
−40
−50
−60
(b) 风速5 m/s
0
−20
−40
−60
−80
归一化幅度/dB
0
100
200
300
时延/ms
0
20
40
60
80
时间/s
0
−10
−20
−30
−40
−50
−60
(c) 风速7 m/s
0
−20
−40
−60
−80
归一化幅度/dB
0
100
200
300
时延/ms
0
20
40
60
80
时间/s
0
−10
−20
−30
−40
−50
−60
(d) 风速9 m/s

续图 2-13

现能量强度。由图 2-12 所示，0 ms 时延时刻存在一个直达路径，同时，由于直达路径与第三个路径(初次海底反射)没有经过海面，因此上述两个传播路径不受风成波动海面的影响，在观测时间上基本不发生变化。

第 4、7、10 及 13 个路径为向上与向下传播路径经过多次海面海底反射基本同时到达近端接收端，与图 2-12 相同。如图 2-13(a)所示，3 m/s 海风造成的风浪对多径自干扰影响较小，各路径时延位置基本与准静态模型下位置一致，波动较小，仅存在能量强度的微弱变化。而如图 2-13(b)～图 2-13(d)所示，随着风速的增大，多径自干扰各路径到达时延变化剧烈程度增加，由于平均海面损失的增加，到达能量强度逐渐减弱。

2.5　外场验证实验结果分析

该部分外场验证实验于 2019 年 12 月在浙江省杭州千岛湖实验站完成，IBFD-UWA 通信工程样机及具体实验场景示意图如图 2-14 所示。外场实验验证过程采用预制 IBFD-UWA 通信工程样机实现数据的同时收发，且接收数据存储于 SD 卡中，便于实验完毕后的数据处理，可通过串口上传某次实验结果进行观测，验证设备的同时发射与采集功能。

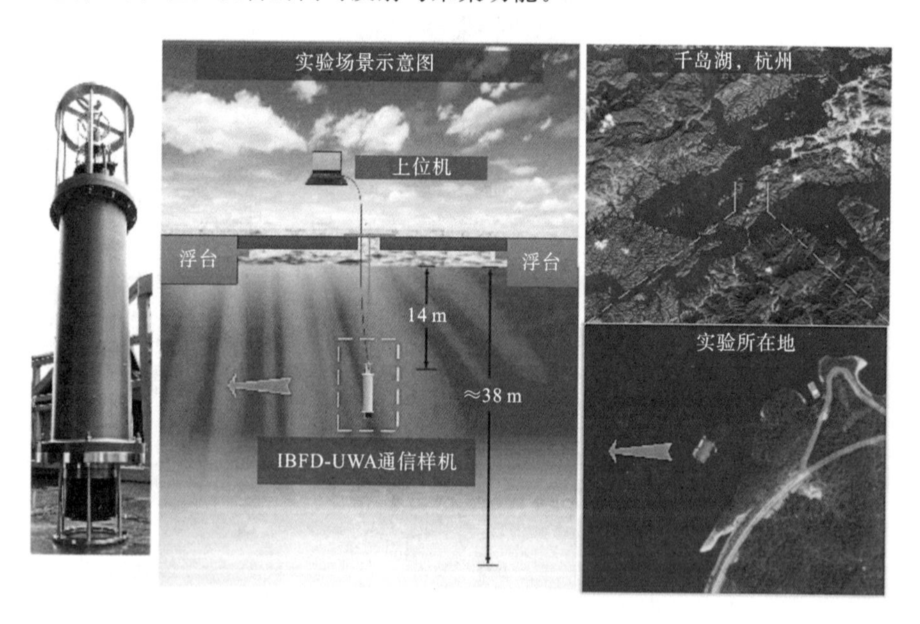

图 2-14　千岛湖实验场景示意图

实验期间，实验站处水深约为 38 m，为保证在实验过程中可观测环路自干扰与多径自干扰不发生混叠，将近端接收端置于 14 m，发射端深度 14.7 m，可保证在十余毫秒内不受水面与水底反射影响，同时，为避免过往船只及其他噪声影响，验证实验于凌晨 1 点进行。

单日内连续对声速进行等时间间隔测量(包含实验前)，测量结果如图 2-15 所示。实验站当天声速剖面测量结果无明显变化，实验期间，水面至 30 m 深度内声速基本保持不变，约为 1468 m/s，当深度超过 30 m 时，明显呈负梯度分布。

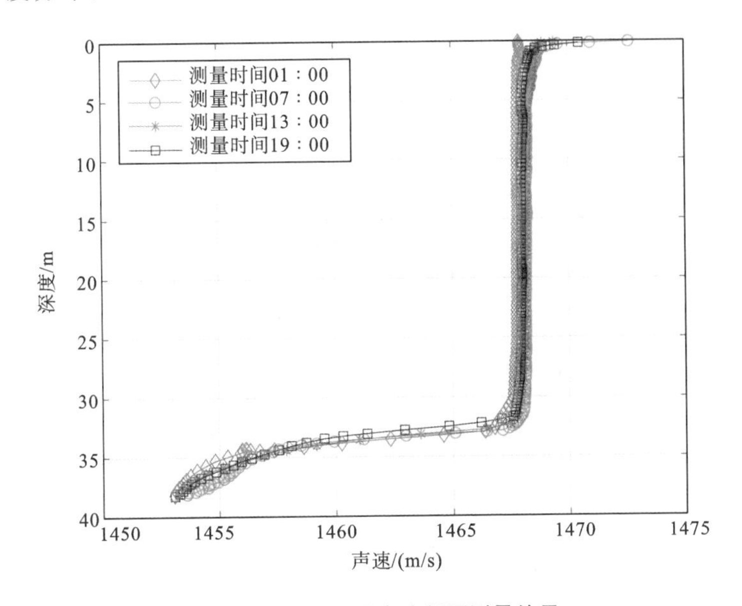

图 2-15　实验位置声速剖面测量结果

2.5.1　实测环路自干扰信号特性分析

验证实验发射信号与仿真测试信号一致，因 IBFD-UWA 通信节点采样率为 48 kHz，与仿真中观测点时域采样率不同，为便于对比，将实验采集数据进行 2 倍升采样。

环路自干扰信号仿真结果与实测结果时域对比及其 WVD 对比如图 2-16 所示。如图 2-16(a)所示，前 1.2 ms 内仿真结果与实测结果基本一致，但在 1.2 ms 后实测结果中的散射分量衰减速度大于仿真结果中的速度，前 1.2 ms 两信号的互相关度为 0.94，但前 6 ms 信号互相关度降为 0.79。

从图 2-16(b)和图 2-16(c)所示的仿真与实测的自干扰信号 WVD 对比结

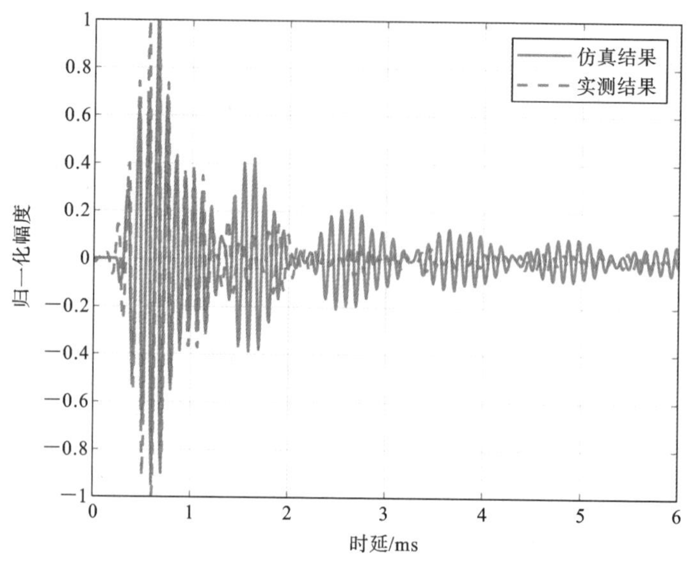

（a）仿真与实测自干扰信号时域波形对比

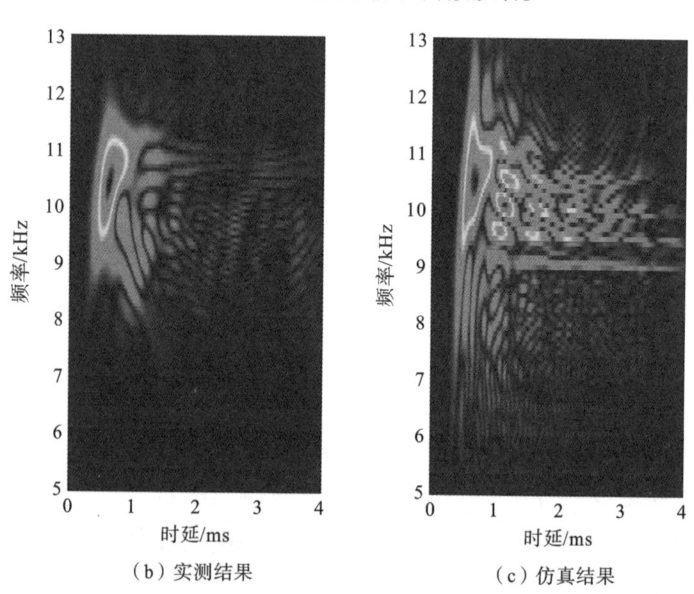

（b）实测结果　　（c）仿真结果

图 2-16　环路自干扰信号仿真结果与实测结果时域对比及其 WVD 对比

果可明显发现，相较于仿真结果，实测结果 1.2 ms 后缺少周期性壳体散射分量影响。环路自干扰信号仿真结果与实测结果频域对比如图 2-17 所示。

如图 2-17 所示，与时域对比情况相同，前 1.2 ms 频域吻合度较高，但在 6 ms 的频域计算结果中可发现，原仿真结果中的峰值在实测结果中体现不明

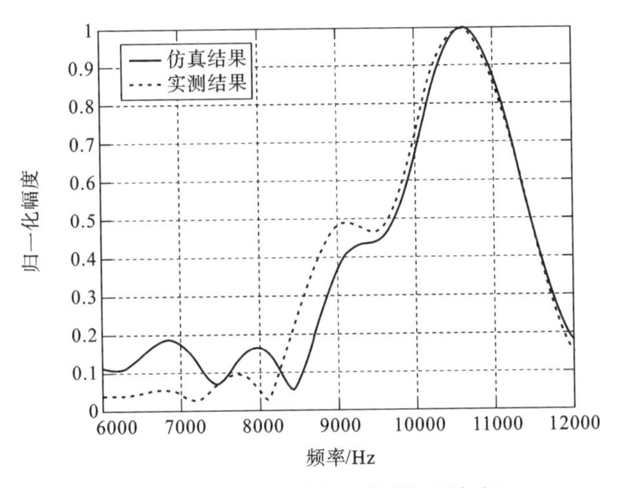

（a）前1.2 ms环路自干扰信号频域对比

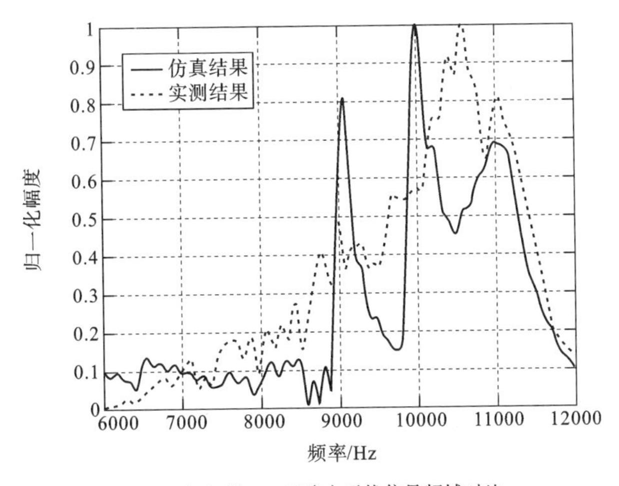

（b）前6 ms环路自干扰信号频域对比

图 2-17　环路自干扰信号仿真结果与实测结果频域对比

显。该误差来源除存在发射换能器与接收换能器的频响影响外，还包括在实验过程中，IBFD-UWA 通信节点由绳索牵引，固定在水面上方的固定栏杆，绳索拉力与壳体自身重力反向（这两向拉力在一定程度上抑制了壳体的振动，使其衰减过快，在有限元仿真中没有考虑到上述两向力的影响），上述各种因素与有限元法固有误差共同造成了仿真结果与实测结果的差异。

2.5.2　实测环路自干扰信道特性分析

通过 2.4.2 节所述相同信道估计方法及参数，对实测环路自干扰信号进

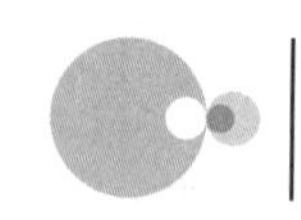

行信道估计，得到环路自干扰信道估计如图 2-18 所示。

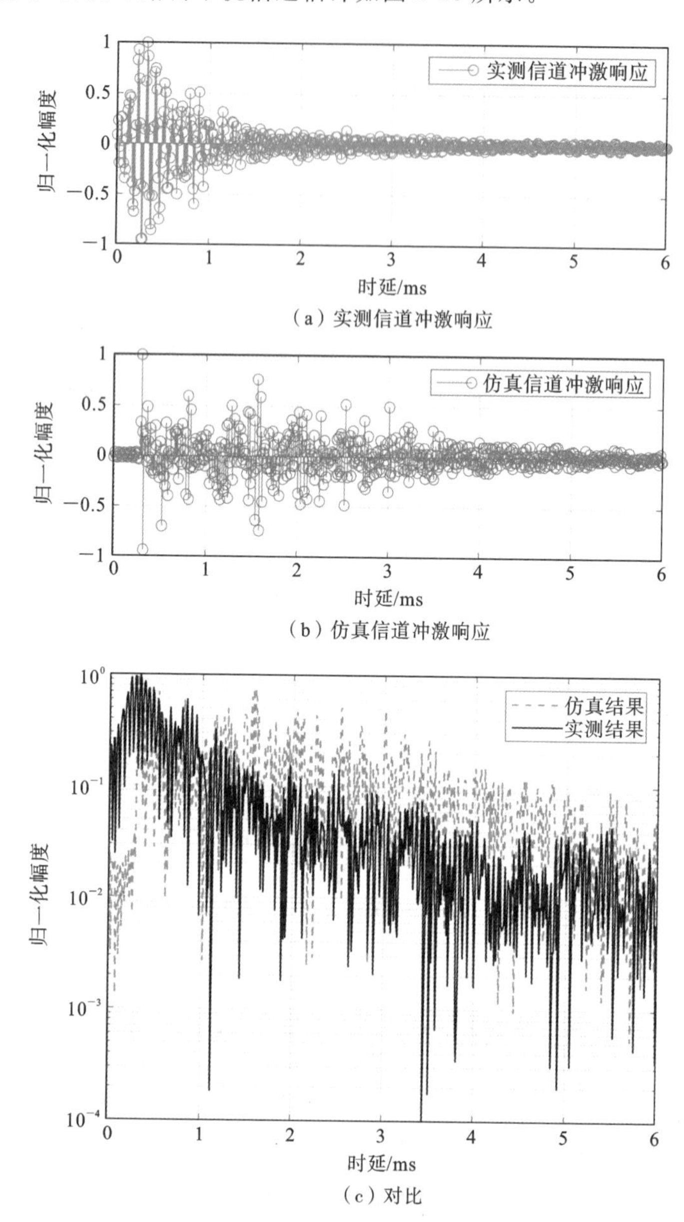

（a）实测信道冲激响应

（b）仿真信道冲激响应

（c）对比

图 2-18　实测环路自干扰信道估计结果及仿真对比

结合图 2-18(c)并对比图 2-18(a)和图 2-18(b)中实测与仿真信道冲激响应处理结果，可发现虽然实测环路自干扰信道仍保持着一定的复杂度，但在 1.2～4 ms 间少了由散射分量造成的系列大幅度抽头，且在实测信号的信道估计结果中 4～5 ms 部分的系列小抽头整体幅度明显小于仿真结果的，约降低了 6 dB。

综上可知，当信道实测信号完成由近端发射端到近端接收端的传播后的壳体振动时长及振幅小于仿真结果的，因此造成了环路自干扰信号的强度与信道的复杂度降低，但需要注意的是，即使 1.2 ms 后的散射分量的持续时间与强度也小于仿真结果，但环路自干扰信道的复杂度仍高于已发表文献中的假设情况。

2.5.3 实测多径自干扰信道特性分析

在实测多径自干扰信道仿真结果与实测结果进行拟合时发现实测多途到达能量与仿真结果相比存在较大差异，仿真结果的各路径损失皆小于实测结果，由此推测仿真参数中底部反射系数设定存在问题，由于测量手段有限，无法清晰获知底部介质特性，故采用逆推法进行验证。

在仿真中修正原本设定的海底反射系数，使拟合达到预期效果。当仿真中海底反射系数修改约为－0.75 时，仿真结果与实测结果达到了较高的拟合度，此时对应的海底沉积层 Hamilton 分类为砂质淤泥，与千岛湖底质[12]实际测量成分一致，基于该参数，修正后的多径自干扰信道实测结果与仿真结果拟合图如图 2-19 所示。

图 2-19(a)和图 2-19(b)所示的分别为 SMI 实测结果及对其取包络后的结果。由图 2-19 可知，实测结果与仿真结果具有极高的拟合度，且变化趋势相同，可认为在 IBFD-UWA 通信机壳体的影响下近端接收端声强与发射端声强基本一致(声能在壳体中传播损失较小)。

同时需要注意的是，在图 2-19(a)和图 2-19(b)的 16～26 ms 处(子图)可见明显多径结构，结合 2.2 节至 2.4 节内容可知，环路自干扰信号经过近端接收端后，作为传播主体经历了在水面与水底间传播的多径信道，也就是说多径自干扰实际上是环路自干扰经过多径信道后的结果，即 SMI 信道同样存在分簇特征。因此，可认为 IBFD-UWA 通信机壳体同样影响了多径自干扰传播信道，具体表现为各路径到达时延的展宽与各散射能量强度变化。

2.5.4 IBFD-UWA 通信节点设计策略

基于本小节研究内容，可以得出下列结论。

(1) 仿真与湖上实验表明，环路自干扰信道受 IBFD-UWA 通信机壳体影

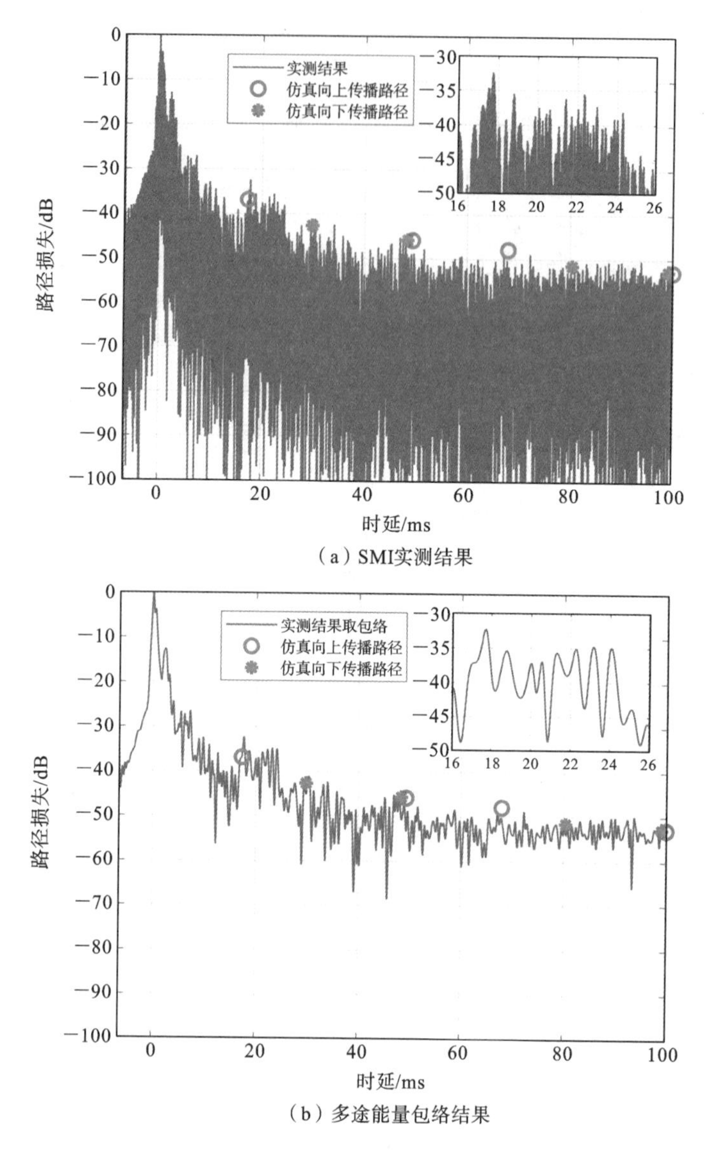

（a）SMI实测结果

（b）多途能量包络结果

图 2-19　多径自干扰信道仿真与实测结果拟合图

响导致其复杂度较高，且由于自干扰抵消过程需考虑所有抽头系数，因此若仅采用稀疏信道估计方法对环路自干扰信道进行估计，将无法达到理想的干扰抵消水平。

（2）仿真结果表明在本章所述材料制备的通信机壳体的影响下，环路自干扰峰值能量强度增大了约 6 dB，且散射分量能量峰值强度大于直达分量约

25 dB,因此散射分量是环路自干扰的主体,这对系统自干扰抵消性能提出了更高的要求。

(3) 湖上实验结果表明,环路自干扰中的散射分量将参与到发射机与近端接收端的多径传播过程中,这也导致了多径自干扰信道复杂度将大于常规垂直水声信道仿真结果。

2.6 设计策略

基于理论仿真结果、实测结果及上述结论,结合 IBFD-UWA 通信节点在实际应用中的情况,给出几种 IBFD-UWA 通信节点设计策略。

(1) 在壳体设计阶段,有必要根据选定的壳体结构与材料采用本章所述方法进行环路自干扰传播过程仿真,调整厚度、结构等参数以减少散射分量强度,从而降低 SLI 能量,降低后续模拟域及数字域自干扰抵消压力。

(2) 除更改壳体材料及结构外,还可在壳体与近端接收端采用被动干扰抑制方法以降低 SLI 强度,如增加声障板或其他高声吸收材料等物理隔离手段,还可利用矢量水听器零点抑制特性,将零陷范围对准环路自干扰来源方向。

(3) 考虑到实际应用情况,独立运行的全双工水声通信机受电子舱壳体影响。除策略(1)外,可根据本章所述方法调整发射端及近端接收端位置、接收端与壳体间的距离等,选出 SLI 强度最低位置,减少散射分量对 SLI 强度的影响。

传播域自干扰信道建模是模拟域及数字域自干扰抵消的基础。本章分别针对环路自干扰与多径自干扰信号提出了相应的传播域自干扰信道建模方法,通过有限元模型模拟环路自干扰在 IBFD-UWA 通信机壳体影响下的传播过程,基于射线声学理论对时变多径自干扰信道进行建模。

2.7 内容与结论

(1) 本章提出了基于有限元法的环路自干扰信号传播过程仿真方法,以自研 IBFD-UWA 通信工程样机为基础,建立 1∶1 等效有限元模型,对自由空间下全双工水声通信机的近程自干扰信道进行建模,并对环路自干扰信号与信道特性仿真结果进行了分析,结果表明 IBFD-UWA 通信体壳体造成了环路自干扰强度与信道复杂度的增加，这与已公开发表的研究结果有明显区别。

(2) 建立了静态多径自干扰信道模型，并基于多径自干扰传播过程的特殊性、风成海面起伏特性及统计信道模型，建立了风成海面时变多径自干扰传播信道模型，通过理论仿真与实测结果对所提出的环路及多径自干扰信道建模方法性能进行了验证，体现了本章所述自干扰信道模型的有效性，并进一步证实了自干扰信道的复杂性。

(3) 为后续研究模拟域及数字域自干扰抵消过程中的信道假设提供了更符合浅海工程应用情景的依据，同时基于仿真结果与实测结果，以降低环路自干扰强度为目的出发，提出了几种 IBFD-UWA 通信节点设计策略。

2.8 内容凝练

针对通信机壳体干扰对全双工水声通信影响问题，提出了一种自干扰传播信道建模方法，利用该方法建立了更贴合真实应用情况的 IBFD-UWA 通信系统的环路自干扰及时变多径模型，为后续研究提供了依据，通过湖上实验验证了方法的有效性。

参考文献

[1] G. Qiao, S. Liu, Z. Sun, et al. Full-duplex, multi-user and parameter reconfigurable underwater acoustic communication modem[C]//2013 OCEANS-San Diego. IEEE, 2013: 1-8.

[2] L. Li, A. Song, J. C. Leonard, et al. Interference cancellation in in-band full-duplex underwater acoustic systems[C]//Oceans. IEEE, 2015:1-6.

[3] C. T. Healy, B. A. Jebur, C. C. Tsimenidis, et al. Experimental measurements and analysis of in-band full-duplex interference for underwater acoustic communication systems[C]//MTS/IEEE OCEANS. IEEE, 2019:1-5.

[4] P. D. Lax, B. Wendroff. The courant friedrichs lewy (CFL) condition [J]. Communications on Pure & Applied Mathematics, 2012, 15(4): 362-371.

[5] D. Alleyne. A two-dimensional Fourier transform method for the meas-

urement of propagating multimode signals[J]. Journal of the Acoustical Society of America，1991，89(3)：1159-1168.

[6] M. Stojanovic，J. Preisig. Underwater acoustic communication channels：propagation models and statistical characterization[J]. IEEE communications magazine，2009，47(1)：84-89.

[7] L. M. Brekhovskikh. Fundamentals of ocean acoustics[J]. Journal of the Acoustical Society of America，1998，90(6)：566-567.

[8] W. J. Pierson，L. Moskowitz. A proposed spectral form for fully developed wind seas based on the similarity theory of S. A. Kitaigorodskii [J]. Journal of Geophysical Research Atmospheres，1964，69(24)：5181-5190.

[9] P. Qarabaqi，M. Stojanovic. Statistical characterization and computationally efficient modeling of a class of underwater acoustic communication channels[J]. IEEE Journal of Oceanic Engineering，2013，38(4)：701-717.

[10] M. A. Ainslie. 声呐性能建模原理[M]. 张静远，颜冰，译. 北京：国防工业出版社，2015.

[11] R. Daniel，B. Mohsen，S. Aijun. Effect of reflected and refracted signals on coherent underwater acoustic communication：results from the Kauai experiment (KauaiEx 2003)[J]. Journal of the Acoustical Society of America，2009，126(5)：2359-2366.

[12] 张驰，马晓川，李璇，等. 千岛湖复杂地形条件下传播损失的估计与现场测量[J]. 信号处理，2017，33(3)：367-373.

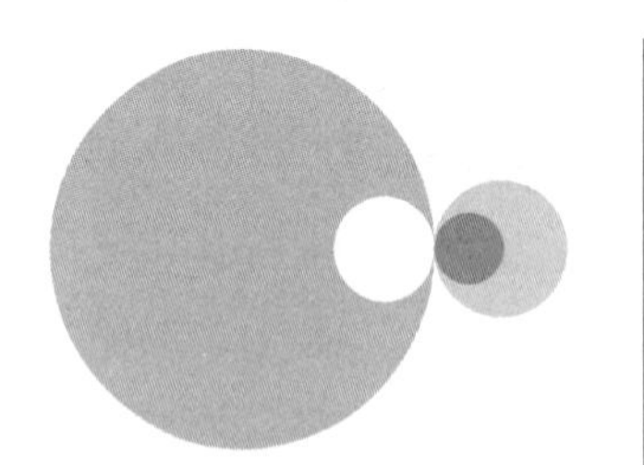

第3章 模拟域自干扰抵消方案及影响因素分析

模拟域自干扰抵消作为IBFD-UWA通信系统自干扰抵消过程的第一阶段，为使期望信号落入ADC动态量化范围之内，需要将大部分自干扰信号能量进行抵消。由第2章的理论仿真及实验结果可知，若在模拟域采用数量较少的固定时延及衰减的手段进行自干扰抵消，其性能将极其有限，无法实现高效模拟域自干扰抵消。因此，需要采用具有一定自适应信道估计能力的数字辅助模拟域自干扰抵消技术来满足模拟域自干扰抵消需求。

此外，现有研究表明，在本地通信信号大功率发射的情况下，模拟电路中的非线性器件如功放等将引入额外的非线性失真分量[1,2]，而非线性分量是限制模拟域及数字域性能的重要因素[3,4]，因此，如何实现对非线性失真分量的抵消是需要解决的关键问题。考虑到发射机噪声[5]相对于期望信号仍过强的因素，有必要将发射机噪声样本采集到IBFD-UWA通信系统数字域中并做进一步处理。针对上述问题，本章对模拟域自干扰抵消需求进行了分析，并对模拟域自干扰抵消的基本方案进行了性能仿真，根据对实测信号的处理结果，提出需要引入无线电全双工中的数字辅助概念，同时需要应对硬件设备带来的影响。

3.1 模拟域自干扰抵消基本方案性能分析

常规模拟域自干扰抵消的基本原理如图1-5所示，由固定数量的衰减器、延时器及移相器构成，在模拟域重构反相的、经过线性时不变(linear time invariant, LTI)传播信道后的自干扰信号，在合并器处实现强自干扰抵消，但该方法可进行抵消的抽头数量受到设备复杂度限制。另一种方法在数字域完成自干扰信道的预测与重构后，通过辅助链路在模拟域合并器处进行反相抵消[6,7]，该方法需要对信道状态信息有精准的预测，但对于空时特异复杂的水下声信道，该方法的性能将受到限制。本节将对 IBFD-UWA 通信系统自干扰抵消需求与模拟域自干扰抵消性能进行仿真与分析。

3.1.1 自干扰抵消需求分析

自干扰信号从发射端发出后，部分能量不经过界面反射直接传播至近端接收端进而形成环路自干扰信号，而经过与界面的反射后反复传播至近端接收端的能量成为多径自干扰，由第 2 章的仿真研究与实验结果可知，自干扰信号中能量最强的部分为环路自干扰分量。因此，在本节将到达近端接收端的环路自干扰声强作为需要抵消的干扰能量上限，以环境噪声级作为抵消效果上限，并通过被动声呐方程的变形来描述强自干扰、期望信号、传播损失能量关系，被动声呐方程变形为

$$\mathrm{SL}-\mathrm{TL}-(\mathrm{NL}-\mathrm{DI})=R_s \tag{3-1}$$

式中：SL 为发射声源级；TL 为传播损失；NL 为环境噪声级；DI 为接收阵的接收指向性指数；R_s 为接收端期望信号信噪比。其中，对传播损失的讨论已经在第 2 章进行了讨论，可通过式(2-15)求得，假设 IBFD-UWA 通信系统应用场景为浅海，则传播损失计算公式中扩展系数 k 可定义为 1.5。若不考虑接收端的指向性，则发射声源级将由通信距离、通信体制及海洋环境噪声级决定。

对于全双工 BPSK 水声通信系统，在误码率小于 10^{-4} 的情况下，接收端期望信号信噪比 R_s 需要大于 10 dB；而对于全双工 OFDM 水声通信系统，需要更高的检测阈将峰均比影响包含在内，R_s 需要大于 15 dB。

海洋环境噪声成分复杂，一般可视为各种噪声源综合叠加后的结果，海洋环境噪声按来源可分为四大类，即风浪噪声 N_s、航运噪声 N_c、湍流噪声 N_t、热噪声 N_h。式(3-2)为各类来源导致环境噪声的功率谱密度函数表达式[8]，函数计算结果的单位为 dB re μPa/Hz，频率单位为 kHz。

$$
\begin{aligned}
&10\lg N_s(f)=50+7.5w^{0.5}+20\lg(f)-40\lg(f+0.4)\\
&10\lg N_c(f)=40+20(s-0.5)+26\lg(f)-60\lg(f+0.03)\\
&10\lg N_t(f)=17-30\lg(f)\\
&10\lg N_h(f)=-15+20\lg(f)\\
&N(f)=N_s(f)+N_c(f)+N_t(f)+N_h(f)
\end{aligned}
\tag{3-2}
$$

式中：s 为航运活跃因子，范围为[0,1]，代表船只运行状态从稀疏状态到密集的活跃状态；w 为风速，单位为 m/s；$N(f)$ 为总环境噪声谱级，以 8～16 kHz 为通频带范围。在 10 m/s 风速及航运繁忙状态下的环境噪声级为

$$
\mathrm{NL}=\mathrm{NL}_0+10\lg(\Delta f) \tag{3-3}
$$

式中：NL 为海洋环境噪声级；NL_0 为环境噪声谱级；Δf 为通频带宽。可通过式(3-2)及式(3-3)计算得到不同海洋环境条件下的海洋环境噪声级。不同频率下噪声功率谱密度经验模型如图 3-1 所示。

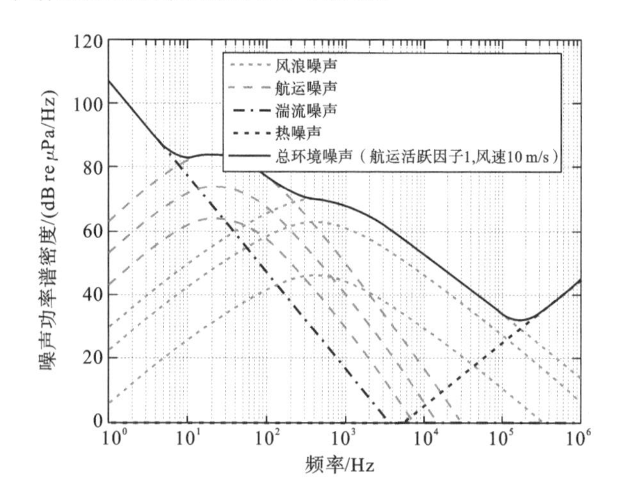

图 3-1　海洋环境噪声功率谱密度经验模型

基于上述计算结果，可推算出不同距离下保证通信质量的声源级。由于短程(<1 m 量级)传播损失难以计算，无法用球面波扩展来计算[9](预制 IBFD-UWA 通信节点收发两端距离仅 0.7 m)，结合第 2 章湖上实验结果(见图 2-18)，可认为近端接收端处的声压级在壳体的影响下与发射端声压级基本一致(该假设目的为保留部分自干扰抵消能力冗余)。

在保证接收端期望信号信噪比的条件下，若环境噪声级提高了，则需提高发射声源级。此时，若不考虑节点内部设备等因素带来的影响，发射端与远端接收端的能量之比仅与传播损失有关,可认为海洋环境噪声级对 IBFD-UWA 通信系统自干扰抵消需求没有影响。

假设不考虑 ADC 及 DAC 位数影响,且 IBFD-UWA 通信系统频带范围为 8～16 kHz,则根据式(3-2)和式(3-3),可计算出通频带内的海洋环境噪声级约为 83 dB,其中心频率 12 kHz 对应的海洋环境噪声谱级约为 44 dB(航运活跃因子为 1,风速为 10 m/s)。基于上述分析,通过计算不同距离下的传播损失,结合远端接收端期望信号正确解调所需信噪比可分别得到自干扰抵消需求、发射端所需声源级与通信距离间变化关系,如图 3-2 所示。

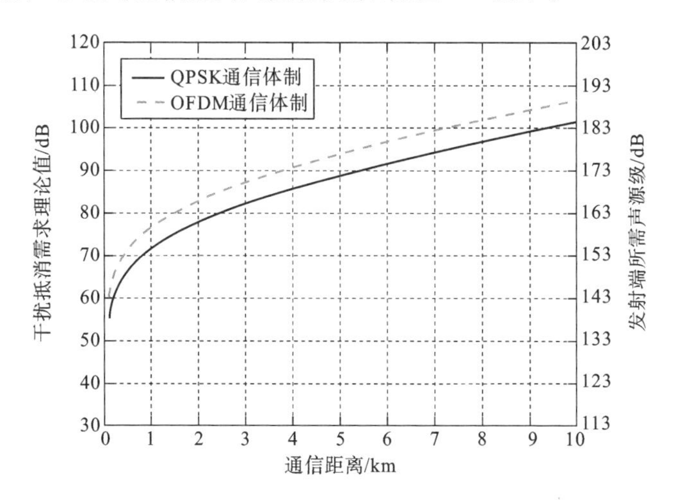

图 3-2　IBFD-UWA 通信距离、自干扰抵消需求及发射声源级理论关系图

从图 3-2 可看出,当总自干扰抵消能力超过 80 dB 时,抵消性能每提高 10 dB,所增加的可通信距离增大将会超过一倍。但需要注意的是,若考虑节点内部设备因素影响,当通信距离或海洋环境噪声级增加时,需要提高发射端声源级,而此时设备模拟端高功率器件的非线性失真与发射机噪声的影响将会加大,因此自干扰信号中非线性干扰分量强度将增加,实现全双工水声通信所需要完成的自干扰抵消需求与难度会进一步增大。

3.1.2　模数转换位数对模拟域自干扰抵消需求影响分析

模拟域自干扰抵消的目的为初步降低自干扰信号能量,避免因自干扰信号能量过强而导致的 ADC 阻塞效应使得期望信号落入 ADC 动态量化范围之外,因此极限状态为 ADC 所采集到的信号能量范围最大值为自干扰信号峰值能量,最小值为期望信号满足解调需求信噪比下对应的噪声能量。理想情况下，对于等幅正弦波信号，接收信号信噪比 SNR_{es} 与其在 ADC 中表示的比特位数 N_{es} 的关系可以通过经验公式表示，即

$$\begin{aligned} SNR_{es} &= 20\lg(2^{N_{es}}) + 20\lg\left(\sqrt{\frac{3}{2}}\right) \\ &= 6.02N_{es} + 1.76 \end{aligned} \tag{3-4}$$

式中：SNR_{es} 的单位为 dB。

若 IBFD-UWA 通信系统所用通信体制为 OFDM，则需要考虑 OFDM 信号的峰均功率比(peak to average power ratio，PAPR)对 ADC 的影响，此时，PAPR 与期望信号信噪比关系为[10]

$$SNR_{es} = 6.02N_{es} + 4.76 - PAPR \tag{3-5}$$

若假设 OFDM 通信系统 PAPR 为 12 dB(保留冗余)，根据 3.1.1 节中 OFDM 水声通信系统理想解调信噪比假设，则所需比特位数 N_{es} 应向上取整 4 位。通常情况下量化噪声近乎均匀分布于全采样频带内[11]，当通过 AGC(automatic gain control)使得 ADC 适应自干扰信号达到最大峰值时，对应的自干扰信号与量化噪声能量之比(简称干量噪比，interference to quantization noise ratio，IQNR)为

$$IQNR = 10\lg[12 \times (2^{(2\times N-2)})] \tag{3-6}$$

式中：IQNR 的单位为 dB；N 为 ADC 最大量化位数，但该结果与实际工程应用中的结果差距过大，此时所有 ADC 量化位均为有效位，这在工程应用中难以实现。

科研人员通过理论推导与 ADC 独立实测验证，将 PAPR 等因素考虑在内，得出了线性最小二乘(least squares，LS)拟合下的干量噪比计算公式[12]，此时，IQNR 可表示为

$$IQNR \approx 5.54N - 3.26 \tag{3-7}$$

理想状态、考虑 PAPR 及实测结果拟合的 IQNR 与不同 ADC 量化位数关系对比图如图 3-3 所示。

进一步的，基于实测结果拟合的经验公式，信量噪比(signal to quantization noise ratio，SQNR)与信干比(signal to interference ratio，SIR)的关系如图 3-4 所示。

图 3-4 所示的为当期望信号所需解调信噪比为 15 dB 时，不同 SIR(从 −100 到 0，步进 10 dB)下的 SQNR 仿真结果。若不考虑其他器件对通信系

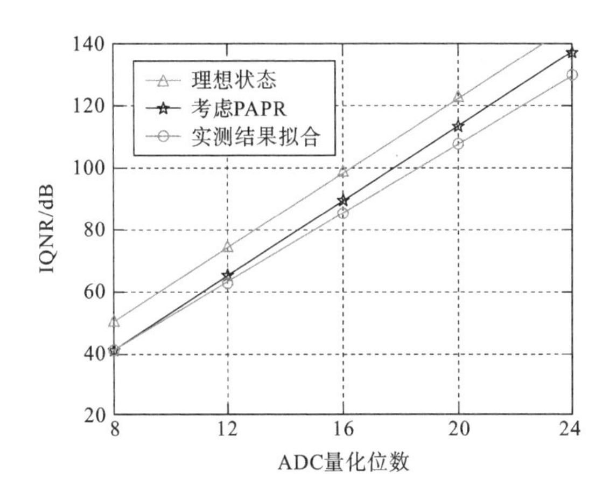

图 3-3 不同经验公式下 IQNR 与不同 ADC 量化位数关系对比图

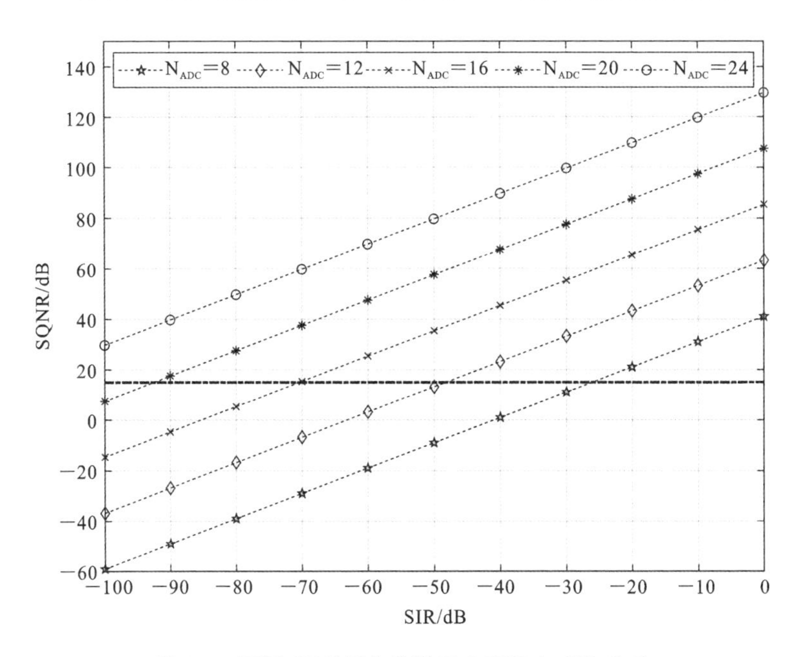

图 3-4 不同 ADC 量化位数下 SQNR 与 SIR 关系

统及干扰抵消过程的影响，则当 SIR 为−70 dB 时，在 16 位量化型 ADC 下，SQNR 为 15 dB，此时满足期望信号所需解调信噪比。而若采用 12 位 ADC，由图 3-4 可知，不进行模拟域干扰抵消，则 SQNR 约为−8 dB，为使期望信号信噪比达到可正常解调水平，需要进行约为 23 dB 的模拟域自干扰抵消。

但在实际工程应用中，受模拟电路部分器件影响，ADC 将采集到电路噪声，若假设 ADC 量化位中的后 4 位受该影响，则保证期望信号解调信噪比下，

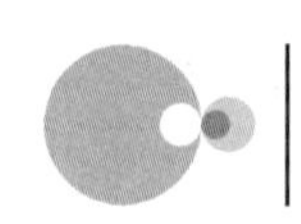

不同通信体制、不同位数 ADC、通信距离需要达到的模拟域自干扰性能需求如图 3-5 所示。

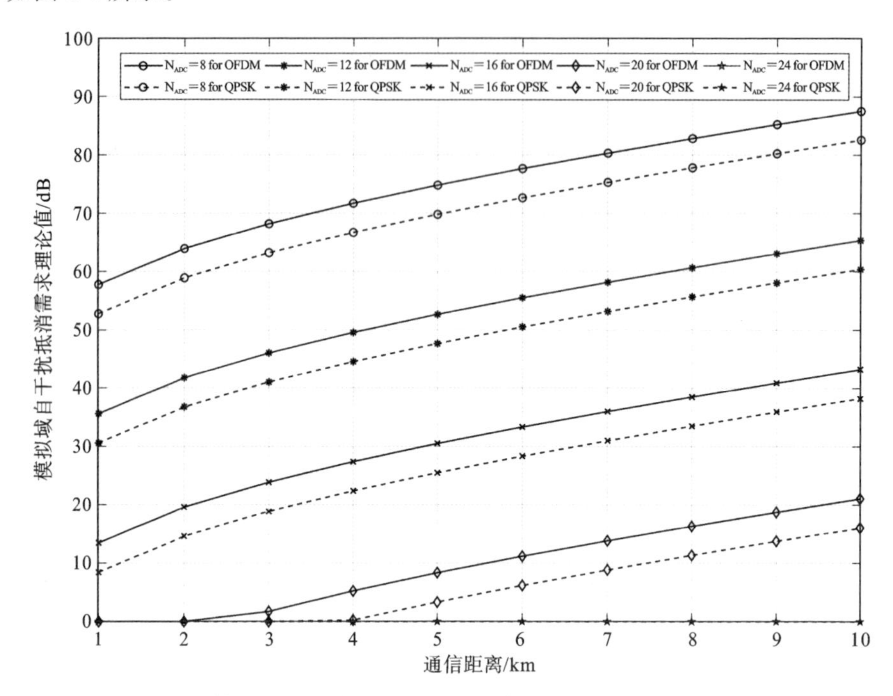

图 3-5　不同通信体制、不同位数 ADC、通信距离需要达到的模拟域自干扰性能需求

如图 3-5 所示，若采用 24 位 ADC，则理论上在 10 km 通信距离下不需要模拟域自干扰抵消可直接在数字域完成自干扰抵消，但由于发射信号除信道影响外，还将受到模拟电路高功率组件如功率放大器非线性失真影响及发射机噪声影响，因此必须在干扰信号进入数字域之前在模拟域完成初步处理，最大程度消除干扰信号中的非线性分量及发射机噪声分量。

3.1.3　常规模拟域自干扰抵消方案性能理论分析

若采用固定时延及幅度的多抽头滤波自干扰抵消结构（简称固定抽头系数自干扰抵消结构）进行模拟域上的自干扰抵消，且不考虑非线性失真的影响，假设自干扰信号传播信道为 LTI 信道，则残余自干扰信号与固定参数的多抽头延迟滤波自干扰抵消结构及功放输出自干扰信号的关系可表示为

$$h_{\mathrm{SI}}^{\mathrm{LTI}}(\tau,t)=h_{\mathrm{SI}}^{\mathrm{LTI}}(\tau)=\sum_{i=0}^{K-1}a_{\mathrm{p}i}\delta(\tau-\tau_i) \tag{3-8}$$

$$h_{\mathrm{af}}(\tau)=G_{\mathrm{a}}\sum_{j=0}^{J-1}a_{\mathrm{f}j}\delta[t-\tau_j-\tau_{\varepsilon}(j,t)] \tag{3-9}$$

$$r_{SI}(t)=\sum_{i=0}^{K-1}a_{pi}x_{p}(t-\tau_i)-G_a\sum_{j=0}^{J-1}a_{fj}\hat{x}_{p}[t-\tau_j-\tau_{\varepsilon}(j,t)]+n_{\varepsilon}(t) \quad (3\text{-}10)$$

式中：$h_{SI}^{LTI}(t)$为 LTI 自干扰信号传播信道；a_{pi}为综合因素影响下第 i 个抽头归一化增益；τ_i 为自干扰传播信道第 i 个抽头的到达时延；G_a 为衰减器等比例增益；经过 G_a 调整后，a_{pi}与 a_{fj}的范围被限定为[-1，1]；$r_{SI}(t)$为残余自干扰信号；$x_p(t)$为功放输出自干扰信号；$\hat{x}_p(t)$为经过衰减器后的参考自干扰信号；$h_{af}(\tau)$ 为衰减归一化下的固定抽头系数自干扰抵消结构重构的自干扰信道；τ_j为自干扰抵消结构中第 j 个支路的延时器延时量；$n_{\varepsilon}(t)$为自干扰抵消结构电路产生的随机噪声；$\tau_{\varepsilon}(j,t)$为受到电路各器件影响，造成的不同时间下各抽头的额外时延。若在不考虑细节影响下，可认为自干扰抵消结构中各支路电路器件造成的时延不随时间变化且保持一致，即 $\tau_{\varepsilon}(j,t)\approx\tau_{\varepsilon}$，$K$ 与 J 分别为自干扰信道非零抽头与延迟滤波自干扰抵消结构支路个数。

当 K 与 J 相同且固定抽头系数自干扰抵消结构中重构的幅度、时延与自干扰信号传播信道一致时，理论上可以将自干扰进行彻底抵消，但是由于自干扰传播信道的估计误差，以及模拟电路的复杂度（一般 $K\gg J$），导致该情况难以实现。

第二种方案示意图如图 3-6 所示，相较于第一种方案，可以在数字域实现更多抽头数量的传播信道预处理，即可使 $K\approx J$，虽然可以省略固定抽头结构，但需要在发射端增加一套与发射电路部分相同配置的电路，这给硬件设备一

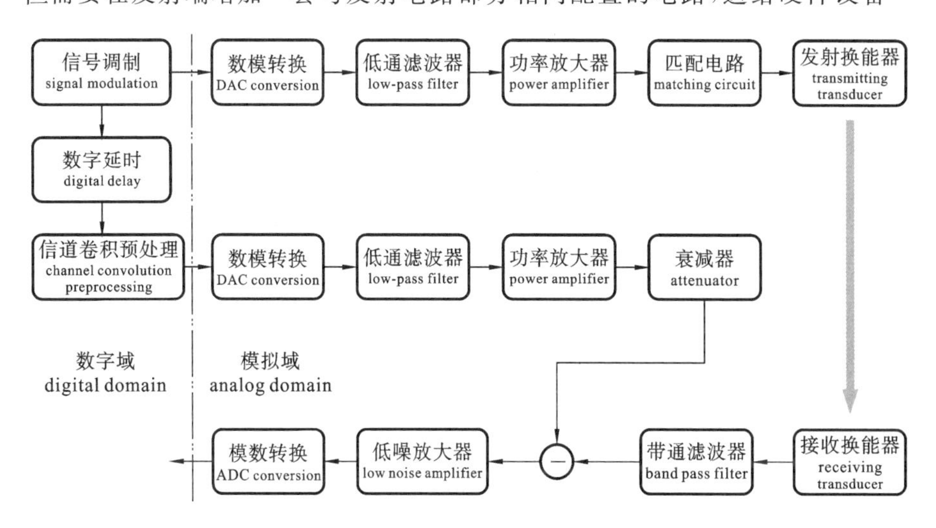

图 3-6　辅助链路支持下的模拟域自干扰抵消方法

致性提出了新的要求。

这两种方案都对自干扰信道状态信息(channel state information, CSI)提出了要求,同时,第二种辅助链路方案在数字域可实现的信道预处理过程中的抽头个数远大于第一种固定方案。完成模拟域自干扰抵消后,经过ADC采集到数字域的残余自干扰信号相对于未进行抵消的自干扰信号的能量变化可以通过归一化均方误差(normalized mean squared error, NMSE)来表示,即

$$\mathrm{NMSE_{dB}} = 10\lg\left[\frac{\sum_{n=1}^{N+L-1}\left|\sum_{i=0}^{K-1}x_{\mathrm{p}}(n-n_{\tau i})a_{\mathrm{p}i} - G_{\mathrm{a}}\sum_{i=0}^{J-1}\hat{x}_{\mathrm{p}}(n-n_{\tau j}-n_{\varepsilon})a_{\mathrm{f}j}\right|^2}{\sum_{n=1}^{N+L-1}\left|\sum_{i=0}^{K-1}x_{\mathrm{p}}(n-n_{\tau i})a_{\mathrm{p}i}\right|^2}\right] \tag{3-11}$$

式中:$n_{\tau i}$与$n_{\tau j}$分别为数字量化后自干扰信道抽头及多抽头抵消结构固定延迟对应的时延点数;n_{ε}为电路延迟等效采样点数;N为发射信号经数字量化后的采样点数;L为自干扰传播信道长度。

3.1.4 常规模拟域自干扰抵消方案性能仿真分析

本节将结合第2章自干扰信道实测结果对3.1.3节所述两种方案进行性能仿真与分析,通信信号调制方式选择为OFDM,具体仿真参数如表3-1所示。

表3-1 仿真参数设定

参数名称	配置值/描述	参数名称	配置值/描述
采样频率	48 kHz	FFT点数	8192
通信频带范围	8~16 kHz	子载波个数	1365
子载波调制方式	QPSK	循环前缀比	0.2

为避免设备影响,在本仿真中,收发端假设为非指向性,且不考虑ADC及DAC位数影响,通频带范围假设与3.1.1节的保持一致。根据式(3-1)可计算出通信系统在OFDM为调制方式及浅海信道条件下,进行5 km距离通信时,若在良好水文条件下接收端达到理想信噪比,所需的发射声源级至少为180 dB(理论值未包含信噪比冗余),此时,要获得理想情况下的带内全双工通信效果,需要完成的自干扰抵消约为94 dB。固定抽头系数自干扰抵消结构下不同抽头数量与模拟域自干扰抵消后残余自干扰信号能量变化关系如图3-7

所示。图3-8所示的为采用Welch谱分析法(窗长为256个点,滑动交叠为128个点)得到的接收、重构及残余自干扰信号功率谱密度估计值的平滑结果。

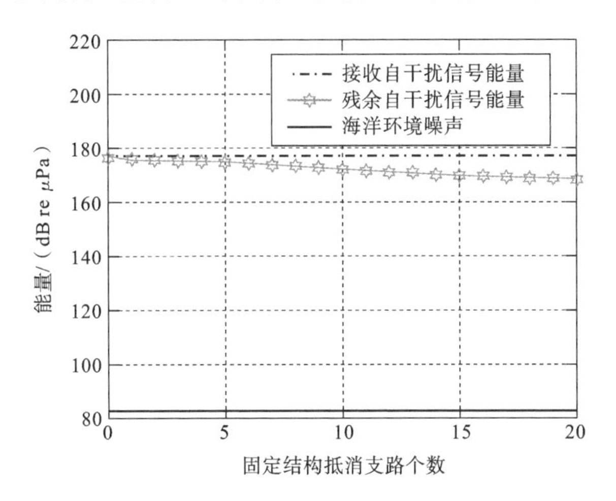

图3-7 自干扰抵消后残余自干扰信号能量随抵消抽头数量变化

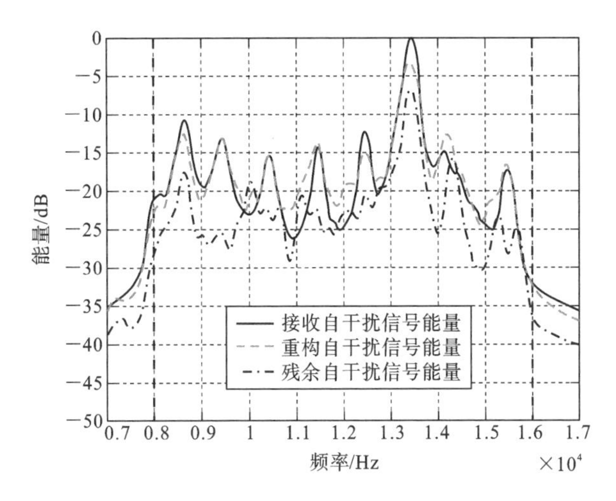

图3-8 固定结构模拟域自干扰抵消后各类型自干扰能量变化关系

由图3-7和图3-8可知,在利用实测信道进行自干扰信号仿真时,当多抽头延迟滤波自干扰抵消结构中的支路个数达到20个,仅能实现近10 dB自干扰抵消效果时,电路结构就已经相当复杂了,难以针对小能量传播路径进一步增加抽头个数。因此,固定多抽头延迟滤波结构自干扰抵消方案在本假设条件下性能有限,无法满足工程实现需求。

由于水声信道的时变特性,特别是受到风成海面影响较大,自干扰信道各

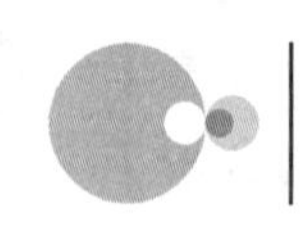

路径到达时延及幅度将发生改变。为进一步探究辅助链路方案的性能，本节将采用第3章完成的不同风速下时变SMI信道仿真结果对该方案进行性能仿真与分析，通信信号参数与表3-1保持一致。

初始时刻信道为精准估计状态，不同风速下辅助链路方案性能随信道观测次数变化情况如图3-9所示。

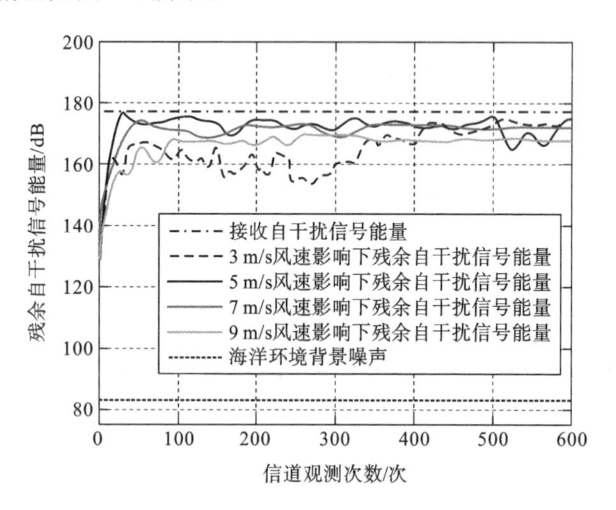

图3-9　不同风速下辅路链路方案性能变化情况

自干扰信道精准估计状态下可做到完全的干扰消除，但自干扰信道一旦出现细微变化，即会出现如图3-9初始位置所示的情况，自干扰抵消效果仅剩余近40 dB，且干扰性能随着信道的时变而逐渐递减。

从图3-9还可以看出，在海风作为信道时变的主要驱动因素时，各风速下的残余自干扰信号能量波动剧烈情况随着风速的升高反而降低，原因是随着风速的升高，海面粗糙度增大，使得海面反射损失逐渐增大，因此经历了多次海面反射的自干扰传播路径的能量将大大降低，进而使其多次反射路径对整体影响效果降低，此时自干扰信道抽头的主要成分是经历反射次数较少的部分。

即使辅助链路方案可以进行极高抽头数量的信道重构，但该方案严重受限于对时变自干扰信道的预估精度，而一般时变信道，仅能在统计学上进行拟合，无法做到所有路径的时延及幅度的精准预测，因此对信道的估计主要以被动的形式进行，为解决该问题，本书在第5章引入数字辅助模拟域自干扰抵消概念。

3.2 自干扰非线性分量特征及预失真补偿技术

在常规半双工水声通信系统理论仿真过程中，一般并未考虑发射机内功率放大器对通信系统整体性能的影响，其谐波在信号传播的过程中因高损耗而快速衰落，使其对远端接收端无明显影响。但对于带内全双工水声通信系统，PA带来的非线性失真影响将直接作用于近端接收端，这在一定程度上加大了自干扰信号的复杂性，同时其强度相较于远端期望信号仍是过强的，因此为实现带内全双工水声通信，需要对自干扰信号中的非线性分量进行抵消或抑制。

3.2.1 功率放大器非线性失真特性分析

目前，已发表文献中IBFD-UWA通信系统的调制方式主要以OFDM、BPSK及QPSK等数字调制方式为主，而此类通信体制都具有非恒定包络及高峰均比的特征，往往通过PA后的通信信号携带着非线性失真，表现形式为谐波失真、互调失真、幅度失真(AM/AM)及相位失真(AM/PM)。其中，AM/AM与AM/PM的具体表现为输出信号幅度与相位随着输入信号的变化而发生改变，上述变化为功放非线性失真的主要表现。

在常规半双工通信系统中带外失真经过发射换能器频响作用及传播信道后，对通信系统基本不产生影响，但对带内全双工水声通信来讲，带外能量仍然会被近端接收端接收，因此仍需要采取一定手段对其进行抵消。同时，研究结果表明PA的输出也与之前时刻的输入有关，存在一定的记忆效应，而该效应在窄带与宽带系统中表现不同。

对于窄带系统，PA无记忆行为可通过无记忆Saleh、Rapp及幂级数模型[13]进行描述，无记忆Saleh模型在进行PA模型描述时所需参数较少。Saleh及Rapp模型的AM/AM及AM/PM效应仿真结果如图3-10所示，其数学表达式为

$$y(n)=A[r(n)]\exp\{j\phi(n)+\varphi[r(n)]\} \tag{3-12}$$

式中：$y(n)$为功放输出；$A[r(n)]$为无记忆效应下功放输出的实际幅度；$j\phi(n)+\varphi[r(n)]$为实际输出相位。其具体表达式为

$$\begin{aligned} A[r(n)]&=a_{\mathrm{AM}}r(n)\{1+b_{\mathrm{AM}}[r(n)]^2\}^{-1} \\ \varphi[r(n)]&=a_{\varphi}r(n)^2\{1+b_{\varphi}[r(n)]^2\}^{-1} \end{aligned} \tag{3-13}$$

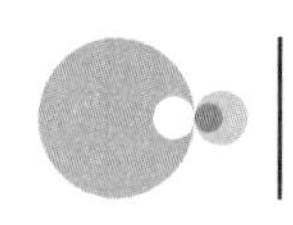

式中：a_{AM} 及 b_{AM} 都为实测 AM/AM 特性曲线拟合参数；a_{φ} 及 b_{φ} 都为实测 AM/PM 特性曲线拟合参数，可看出该模型需要实测数据进行支撑。

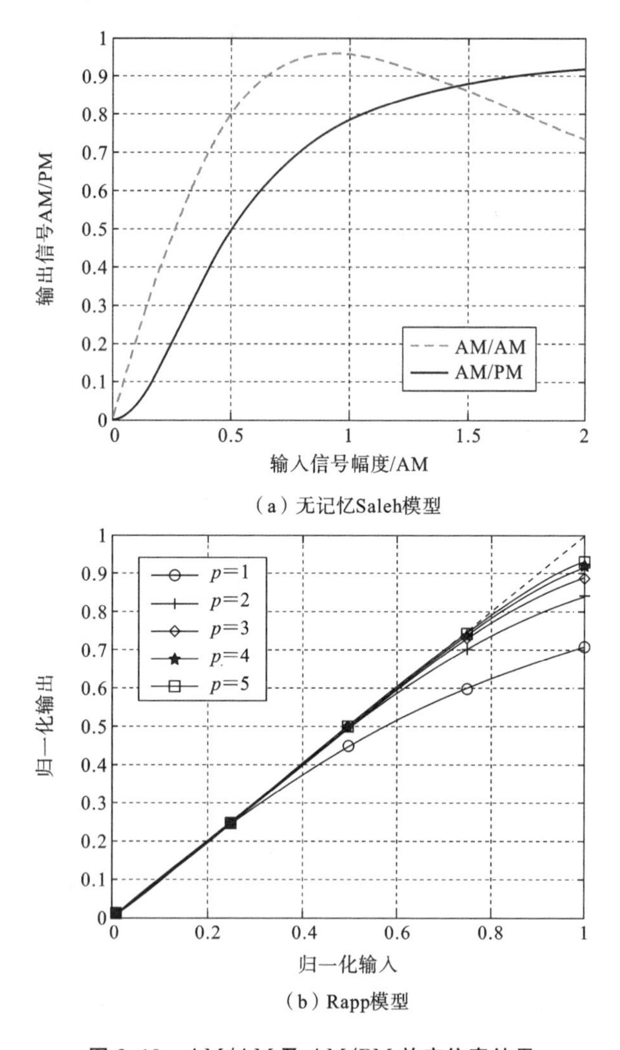

（a）无记忆Saleh模型

（b）Rapp模型

图 3-10　AM/AM 及 AM/PM 效应仿真结果

Rapp 模型数学表达式与 Saleh 模型的一致，但不同的是，其 $\varphi[r(n)]\approx 0$，实际输出幅度与饱和输出电压有关，其输出幅度表达式为

$$A[r(n)]=r(n)\left\{1+\left[\frac{r(n)}{V_s}\right]^{2p}\right\}^{-(1/2p)} \tag{3-14}$$

式中：V_s 为 PA 饱和输出电压；p 为光滑因子，其值越大表明 PA 线性度越高。该模型主要功能为拟合固态功放，该类型功放相位失真较小。

不同于上述两种模型，幂级数模型数学表达式为

$$y(n)=\sum_{k=1}^{K}a_k x(n)\left|x(n)\right|^{k-1} \tag{3-15}$$

式中：K 为非线性阶数；a_k 为模型各阶系数。该模型简单，易于计算，但一般阶数 K 的取值较低，造成拟合效果较差，但该模型是广泛应用的记忆行为模型的基础。

受 PA 中的储能器件影响，电路将会产生记忆效应。记忆效应主要分为电记忆效应与热记忆效应，其中电记忆效应与匹配电路阻抗和偏置网络阻抗有关。对水声通信机来讲，匹配电路是发射机重要的组成部分，但一般仅对中心频率做匹配或对多个频率点进行多点匹配，由于成品设备受体积限制影响，一般都无法达到完美匹配效果。例如，在进行外场水声通信实验时，采用美国 Instruments 公司的 L2 或 L6 型功率放大器，需要在实验开始前完成多挡匹配测试，选取最佳匹配挡位进行实验。

根据通信系统选取的通频带不同，其相应的发射换能器不同，相应的阻抗不同，导致对应的匹配电路不同，而不同种类发射换能器还将影响 PA 的选取（如无法用 L6 型功放配合弯张型换能器），且目前水声通信领域尚无业内标准对匹配电路、PA 种类、参数等相应的内容进行限定，因此在本章中，PA 相关内容主要以自研 IBFD-UWA 通信工程样机中的功放 PA 模块与成品 PA 设备如 Brüel & Kjær 2713 等为主。

为了避免上述影响因素对 IBFD-UWA 通信系统的影响，需要采用有记忆行为模型进行描述并加以补偿。Volterra 级数模型[14]在一定程度上可克服幂级数的不足，引入了记忆效应，在离散时间域上可等效为一种多变量的多项式模型，适用于描述混合非线性及记忆效应的系统，此时 PA 输入与输出的数学表达式为

$$\begin{aligned}y(t)=&\int_{-\infty}^{+\infty}h_1(\tau_1)x(t-\tau_1)\mathrm{d}\tau_1+\iint_{-\infty}^{+\infty}h_2(\tau_1,\tau_2)x(t-\tau_1)x(t-\tau_2)\mathrm{d}\tau_1\mathrm{d}\tau_2\\&+\cdots+\iiint\cdots\iint_{-\infty}^{+\infty}h_n(\tau_1,\tau_2,\cdots,\tau_n)x(t-\tau_1)x(t-\tau_2)\cdots\\&x(t-\tau_n)\mathrm{d}\tau_1\mathrm{d}\tau_2\cdots\mathrm{d}\tau_n\end{aligned} \tag{3-16}$$

式中：$x(t)$ 为输入信号；$y(t)$ 为输出信号；$h_n(\tau_1,\tau_2,\cdots,\tau_n)$ 为第 n 阶非线性 Volterra 冲激响应；τ_n 为第 n 阶相应的时延。

在实际应用时，常采用 Volterra 级数模型的有限阶数 K 及有限长记忆 M

来表示非线性和记忆效应，其带通下的等效表达式为[15]

$$y(n)=\sum_{k=1}^{K}\sum_{m_1=0}^{M-1}\cdots\sum_{m_{2k+1}=0}^{M-1}h_{2k+1}(m_1,m_2,\cdots,m_{2k+1})\prod_{i=1}^{2k+1}x(n-m_i) \tag{3-17}$$

式(3-17)仅保留 $2k+1$，这是因为该式在描述带通模型时，信号经过非线性功率放大器后的输出信号中仅包含通带信号的奇数阶非线性项，偶数阶可以被省略。

Volterra 级数法可以对非线性系统中的各阶分量分别进行描述；对于非线性较弱的系统，级数中的项可以减少；但对于非线性较强的系统，所需求解的参数过多，这也限制了 Volterra 级数法的应用。

3.2.2　基于 MP 模型的非线性失真影响分析

为在实际应用中改善 Volterra 级数法参数过多的特性，L. Ding 等人提出了一种基于 Volterra 级数法的记忆多项式（memory polynomial，MP）模型[16]，该模型仅保留了 Volterra 级数中的对角项，这可使模型中的参数数量大大降低，更易于实现。MP 基带模型可以表示为

$$y_{\mathrm{pa}}(n)=\sum_{k=0}^{K-1}\sum_{m=0}^{M-1}a_{k,m}x(n-m)\left|x(n-m)\right|^{k} \tag{3-18}$$

式中：$x(n)$ 及 $y_{\mathrm{pa}}(n)$ 分别为模型输入及输出；K 及 M 分别为模型的非线性阶数与记忆深度。

由于所需参数较少，结构相对简单，对 MP 模型估计时收敛速度较快，在预失真补偿方面得到了广泛的应用。受非线性失真、多径自干扰信道影响下的自干扰信号星座图及频域对比如图 3-11 所示。其中 MP 模型中非线性阶数与记忆深度分别设定为 5 和 3，自干扰信号参数与表 3-1 一致。

可由图 3-11(a)看出，经过 PA 后自干扰信号星座图已呈现发散状态，因此即使对半双工水声通信体制，PA 的非线性失真也存在一定影响。

通过图 3-11(b)和图 3-11(c)对比可知，多径自干扰传播信道是影响自干扰信号的主要因素。

通过对比图 3-11(d)中的各影响因素可以看出，与本地发射自干扰信号相比，经过 PA 后的 SI 信号在频域上带外出现明显干扰，其在频域上的能量分布已出现明显改变，且经过多径自干扰传播信道后，已出现明显频率选择性衰落，受非线性失真影响下的自干扰抵消效果仿真结果详见第 4 章具体内容。

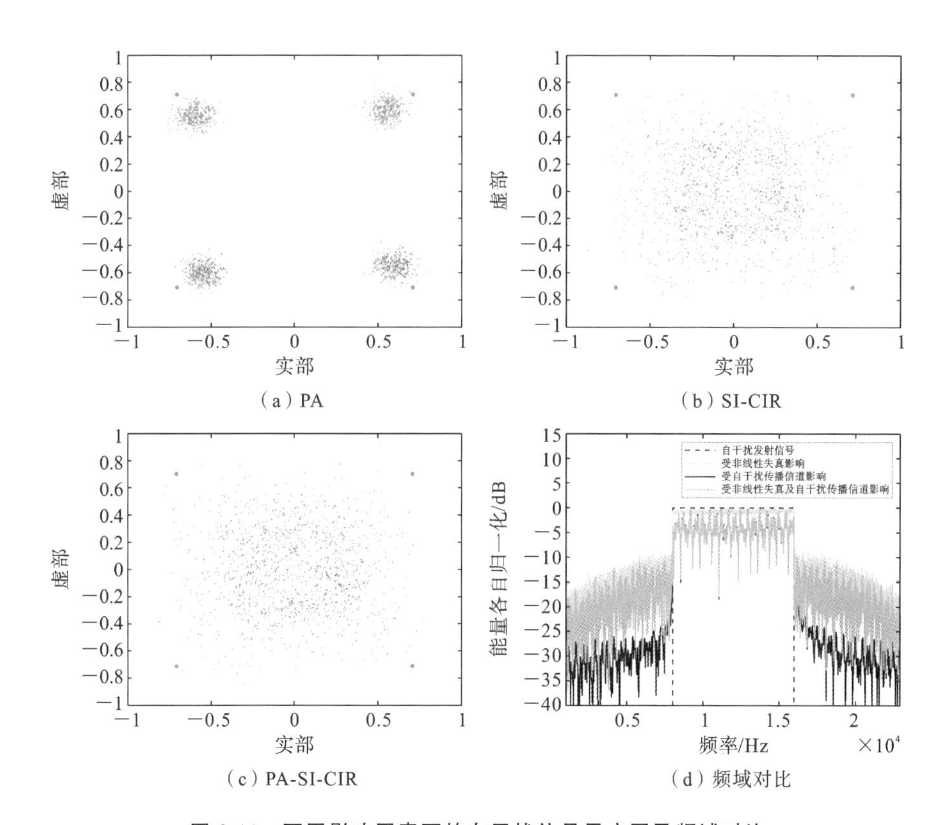

图3-11 不同影响因素下的自干扰信号星座图及频域对比

3.2.3 功放输出重构与数字预失真补偿技术

为了提高自干扰抵消性能，拟通过三种不同的方案来降低非线性分量对自干扰抵消的影响：其一为基于辅助链路的非线性失真获取，通过"功放—衰减器—ADC—数字域"辅助链路得到线性分量与非线性分量混合信号；其二为非线性分量重构，通过对发射机功放的细致测量，得到完备的功放模型及系数信息，并在发射信号从数字域输出至模拟域之前在数字域通过功放模型得到经过功放后的实际发射信号，并以此作为参考信号进行下一步的干扰抵消操作；其三为数字预失真(digital pre-distortion, DPD)处理，在对功放进行细致测量的基础上，反向求解预失真系数，对发射信号进行功放非线性失真预补偿，以使发射信号经过功放后不存在非线性分量的影响，进而降低非线性分量对自干扰抵消的影响。

3.2.3.1 功放模型建模与输出重构

考虑到重构复杂度、设备核心处理器频率、水声通信设备低功耗需求方面

的矛盾性，拟通过3.2.2节所述MP模型对功放进行描述与建模。通过衰减器后采集到的功放的输出值 $y_{\mathrm{pa}}(n)$（假设衰减器为完美衰减，无失真效应），可由指定 K 及 M 阶数将其表示为

$$y_{\mathrm{pa}}(n)=\sum_{k=0}^{K-1}\sum_{m=0}^{M-1}\alpha_{k,m}P(n,k,m) \tag{3-19}$$

若 $P(n,k,m)=x(n-m)|x(n-m)|^{k}$，则对长度为 L 的输出值进一步表示为

$$\begin{bmatrix} y_{\mathrm{pa}}(n) \\ y_{\mathrm{pa}}(n+1) \\ \vdots \\ y_{\mathrm{pa}}(n+L-1) \end{bmatrix} = \begin{bmatrix} P(n,0,0) & P(n,0,1) & \cdots & P(n,K-1,M-1) \\ P(n+1,0,0) & P(n+1,0,1) & \cdots & P(n+1,K-1,M-1) \\ \vdots & \vdots & \vdots & \vdots \\ P(n+L-1,0,0) & P(n+L-1,0,1) & \cdots & P(n+L-1,K-1,M-1) \end{bmatrix} \begin{bmatrix} \alpha_{0,0} \\ \alpha_{0,1} \\ \vdots \\ \alpha_{K-1,M-1} \end{bmatrix} \tag{3-20}$$

进一步，该过程可表示为

$$\boldsymbol{Y}_{\mathrm{pa}}=\boldsymbol{\Phi}\boldsymbol{\alpha}_{K,M} \tag{3-21}$$

其中，各量具体为

$$\boldsymbol{Y}_{\mathrm{pa}}=[y_{\mathrm{pa}}(n) \quad y_{\mathrm{pa}}(n+1) \quad \cdots \quad y_{\mathrm{pa}}(n+L-1)]^{\mathrm{T}} \tag{3-22}$$

$$\boldsymbol{\Phi}=[\boldsymbol{P}(n) \quad \boldsymbol{P}(n+1) \quad \cdots \quad \boldsymbol{P}(n+L-1)]^{\mathrm{T}} \tag{3-23}$$

$$\boldsymbol{P}(n)=[P(n,0,0) \quad P(n,0,1) \quad \cdots \quad P(n,k,m)] \tag{3-24}$$

$$\boldsymbol{\alpha}_{K,M}=[\alpha_{0,0} \quad \alpha_{0,1} \quad \cdots \quad \alpha_{K-1,M-1}]^{\mathrm{T}} \tag{3-25}$$

对于式(3-21)，在功放测量阶段可以通过最小二乘(least squares，LS)算法求解得到相应指定 K 及 M 阶数下的系数估计值 $\hat{\boldsymbol{\alpha}}_{K,M}$

$$\hat{\boldsymbol{\alpha}}_{K,M}=(\boldsymbol{\Phi}^{\mathrm{T}}\boldsymbol{\Phi})^{-1}\boldsymbol{\Phi}^{\mathrm{T}}\boldsymbol{Y}_{\mathrm{pa}} \tag{3-26}$$

对于不同阶数下获得的 $\hat{\boldsymbol{\alpha}}_{K,M}$，可通过式(3-27)进行模型阶数扫描式性能验证，阶数选取需要使系数较少且获得最小NMSE值。

$$\underset{[K,M,\boldsymbol{\alpha}_{K,M}]}{\arg\min}\text{NMSE}_{\text{dB}}=10\lg\left[\frac{(\hat{\boldsymbol{Y}}_{\text{pa}}-\boldsymbol{Y}_{\text{pa}})^{\text{T}}(\hat{\boldsymbol{Y}}_{\text{pa}}-\boldsymbol{Y}_{\text{pa}})}{\boldsymbol{Y}_{\text{pa}}{}^{\text{T}}\boldsymbol{Y}_{\text{pa}}}\right] \tag{3-27}$$

$$\hat{\boldsymbol{Y}}_{\text{pa}}=[\hat{y}_{\text{pa}}(n)\quad \hat{y}_{\text{pa}}(n+1)\quad \cdots \quad \hat{y}_{\text{pa}}(n+L-1)]^{\text{T}} \tag{3-28}$$

对 3.3.2 节所用模型参数通过上述过程进行反向估计，估计过程中不同阶数与参数所得 NMSE 变化趋势图及最小 NMSE 下的功放建模阶数与参数估计结果下得到的星座图对比如图 3-12 所示。

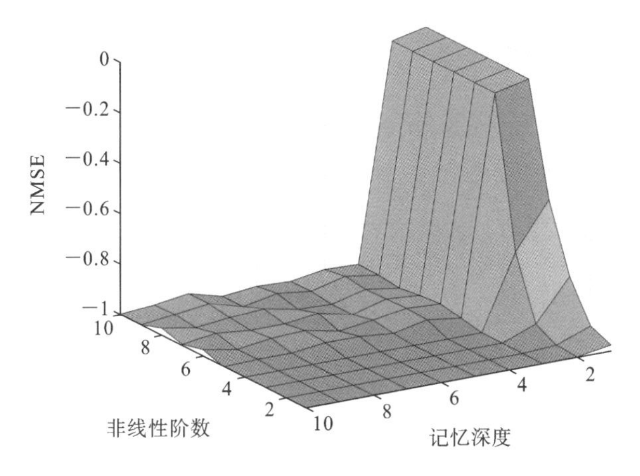

(a) NMSE变化趋势图

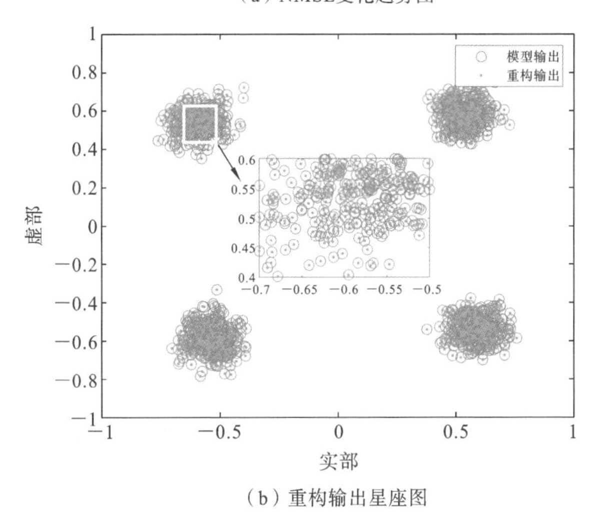

(b) 重构输出星座图

图 3-12　指定模型输出及建模重构结果 NMSE 及星座图

图 3-12(a)所示的为不同阶数及参数下通过上述过程得到的重构输出归一化 NMSE 变化趋势图，可看出当非线性阶数与记忆深度分别为 5 及 3 时，

NMSE 出现大梯度下降，且局部为最小值，与 3.3.2 节中的仿真假设相符，同时从图 3-12(b)中可知模型输出与重构输出星座图吻合，验证了该重构方法的有效性。

通过该方法可利用实际功放输出求解功放模型参数，以用于干扰输出重构与进一步模拟域自干扰抵消过程。

3.2.3.2 数字预失真补偿与非精准阶数效果分析

DPD 补偿中所采用的参数获取方法一般分为两种，即直接与间接学习方法[17]，考虑到系统实时性要求、算法与设备结构复杂度及设备实际使用过程中 PA 参数受温度等影响因素变化情况，拟采用间接学习方法求得数字预失真参数。该方法的核心思想为将功放输入与输出在定义上进行交换，以类似 3.2.3.1节所述过程求解出模型各指定阶数下的模型"逆"参数，其具体过程为

$$x_{\mathrm{in}}(n)=\sum_{k=0}^{K-1}\sum_{m=0}^{M-1}d_{k,m}Q(n,k,m) \tag{3-29}$$

式中：$x_{\mathrm{in}}(n)$为功放输入信号；$Q(n,k,m)=y_{\mathrm{pa}}(n-m)\left|y_{\mathrm{pa}}(n-m)\right|^{k}$。

对于长度为 L 的输入值可进一步表示为

$$\begin{bmatrix} x_{\mathrm{in}}(n)\\ x_{\mathrm{in}}(n+1)\\ \vdots \\ x_{\mathrm{in}}(n+L-1)\end{bmatrix}=$$

$$\begin{bmatrix} Q(n,0,0) & Q(n,0,1) & \cdots & Q(n,K-1,M-1)\\ Q(n+1,0,0) & Q(n+1,0,1) & \cdots & Q(n+1,K-1,M-1)\\ \vdots & \vdots & \vdots & \vdots\\ Q(n+L-1,0,0) & Q(n+L-1,0,1) & \cdots & Q(n+L-1,K-1,M-1)\end{bmatrix}\cdot$$

$$\begin{bmatrix} d_{0,0}\\ d_{0,1}\\ \vdots\\ d_{K-1,M-1}\end{bmatrix} \tag{3-30}$$

该过程还可表示为

$$\boldsymbol{X}_{\mathrm{in}}=\boldsymbol{\Psi}\boldsymbol{d}_{K,M} \tag{3-31}$$

式中：各量具体为

$$\boldsymbol{X}_{\mathrm{in}}=[x_{\mathrm{in}}(n)\quad x_{\mathrm{in}}(n+1)\quad \cdots\quad x_{\mathrm{in}}(n+L-1)]^{\mathrm{T}} \tag{3-32}$$

$$\boldsymbol{\Psi}=[\boldsymbol{Q}(n)\quad \boldsymbol{Q}(n+1)\quad \cdots \quad \boldsymbol{Q}(n+L-1)]^{\mathrm{T}} \tag{3-33}$$

$$\boldsymbol{Q}(n)=[Q(n,0,0)\quad Q(n,0,1)\quad \cdots \quad Q(n,k,m)] \tag{3-34}$$

$$\boldsymbol{d}_{K,M}=[d_{0,0}\quad d_{0,1}\quad \cdots \quad d_{K-1,M-1}]^{\mathrm{T}} \tag{3-35}$$

对于式(3-31),类比于式(3-26)同样可以通过LS算法求解得到相应指定K及M阶数下的系数估计值$\hat{\boldsymbol{d}}_{K,M}$,即

$$\hat{\boldsymbol{d}}_{K,M}=(\boldsymbol{\Psi}^{\mathrm{T}}\boldsymbol{\Psi})^{-1}\boldsymbol{\Psi}^{\mathrm{T}}\boldsymbol{X}_{\mathrm{in}} \tag{3-36}$$

考虑到实时性需求、设备端运算量、核心处理器能力限制,为避免求逆运算,拟采用RLS算法完成指定K及M阶数下的DPD系数求解,基于RLS算法的代价函数为

$$\begin{aligned}J(n)&=\sum_{i=1}^{n}\beta(n,i)\left|e(i)\right|^{2}=\sum_{i=1}^{n}\lambda^{n-i}\left|e(i)\right|^{2}\\&=\sum_{i=1}^{n}\lambda^{n-i}\left|x_{\mathrm{in}}(i)-\boldsymbol{Q}(i)\boldsymbol{d}_{K,M}(n)\right|^{2}\end{aligned} \tag{3-37}$$

式中:$\beta(n,i)$为加权因子,等效为遗忘因子λ的$n-i$次方;$e(i)$为i时刻期望响应$x_{\mathrm{in}}(i)$与抽头输入向量为$\boldsymbol{Q}(i)$的FIR滤波器输出之差;$\boldsymbol{d}_{K,M}(n)$为n时刻的抽头权向量系数。进一步,使式(3-37)对$\boldsymbol{d}_{K,M}$求偏导为0,可得

$$\frac{\partial J(n)}{\partial \boldsymbol{d}_{K,M}}=\sum_{i=1}^{n}\lambda^{n-i}\boldsymbol{Q}^{\mathrm{T}}(i)\boldsymbol{Q}(i)\boldsymbol{d}_{K,M}(n)-\sum_{i=1}^{n}\lambda^{n-i}\boldsymbol{Q}^{\mathrm{T}}(i)x_{\mathrm{in}}(i)=0 \tag{3-38}$$

观察到式(3-38)中的自相关项$\boldsymbol{Q}^{\mathrm{T}}(i)\boldsymbol{Q}(i)$与互相关项$\boldsymbol{Q}^{\mathrm{T}}(i)x_{\mathrm{in}}(i)$,进一步令

$$\boldsymbol{\sigma}(n)=\sum_{i=1}^{n}\lambda^{n-i}\boldsymbol{Q}^{\mathrm{T}}(i)\boldsymbol{Q}(i) \tag{3-39}$$

$$\boldsymbol{\chi}(n)=\sum_{i=1}^{n}\lambda^{n-i}\boldsymbol{Q}^{\mathrm{T}}(i)x_{\mathrm{in}}(i) \tag{3-40}$$

式中:$\boldsymbol{\sigma}(n)$为抽头输入向量$\boldsymbol{Q}(i)$的$L\times L$自相关矩阵;$\boldsymbol{\chi}(n)$为FIR滤波器抽头输入向量与期望响应$x_{\mathrm{in}}(i)$之间的$L\times 1$互相关向量。进一步,可得到相关矩阵及互相关向量的递归与更新公式,即

$$\boldsymbol{\sigma}(n)=\lambda\boldsymbol{\sigma}(n-1)+\boldsymbol{Q}^{\mathrm{T}}(n)\boldsymbol{Q}(n) \tag{3-41}$$

$$\boldsymbol{\chi}(n)=\lambda\boldsymbol{\chi}(n-1)+\boldsymbol{Q}^{\mathrm{T}}(n)x_{\mathrm{in}}(n) \tag{3-42}$$

结合式(3-38)、式(3-39)及式(3-40)可得

$$\boldsymbol{\sigma}(n)\hat{\boldsymbol{d}}_{K,M}(n)=\boldsymbol{\chi}(n) \tag{3-43}$$

将式(3-43)左右各乘$\boldsymbol{\sigma}^{-1}(n)$,可得代价函数最小值下的抽头权向量最优

估计值 $\hat{\boldsymbol{d}}_{K,M}(n)$，根据 Woodbury 恒等式，$\boldsymbol{\sigma}^{-1}(n)$的递归方程可表示为

$$\boldsymbol{\sigma}^{-1}(n)=\lambda^{-1}\boldsymbol{\sigma}^{-1}(n-1)-\frac{\lambda^{-2}\boldsymbol{\sigma}^{-1}(n-1)\boldsymbol{Q}^{\mathrm{T}}(n)\boldsymbol{Q}(n)\boldsymbol{\sigma}^{-1}(n-1)}{1+\lambda^{-1}\boldsymbol{Q}(n)\boldsymbol{\sigma}^{-1}(n-1)\boldsymbol{Q}^{\mathrm{T}}(n)} \tag{3-44}$$

令 $\boldsymbol{\sigma}^{-1}(n)=\boldsymbol{P}(n)$，$\boldsymbol{k}(n)=\lambda^{-1}\boldsymbol{P}(n-1)\boldsymbol{Q}^{\mathrm{T}}(n)[1+\lambda^{-1}\boldsymbol{Q}(n)\boldsymbol{P}(n-1)\boldsymbol{Q}^{\mathrm{T}}(n)]^{-1}$为增益向量，$\boldsymbol{P}(n)$为逆相关矩阵，则式(3-44)可化简为

$$\boldsymbol{P}(n)=\lambda^{-1}\boldsymbol{P}(n-1)-\lambda^{-1}\boldsymbol{k}(n)\boldsymbol{Q}(n)\boldsymbol{P}(n-1) \tag{3-45}$$

整理增益向量定义与式(3-45)可得

$$\boldsymbol{k}(n)=\boldsymbol{P}(n)\boldsymbol{Q}^{\mathrm{T}}(n) \tag{3-46}$$

则估计值 $\hat{\boldsymbol{d}}_{K,M}(n)$可表示为

$$\hat{\boldsymbol{d}}_{K,M}(n)=\boldsymbol{P}(n)\boldsymbol{\chi}(n)=\lambda\boldsymbol{P}(n)\boldsymbol{\chi}(n-1)+\boldsymbol{P}(n)\boldsymbol{Q}^{\mathrm{T}}(n)x_{\mathrm{in}}(n) \tag{3-47}$$

利用式(3-45)代替 $\boldsymbol{P}(n)$，则有

$$\begin{aligned}\hat{\boldsymbol{d}}_{K,M}(n)&=\boldsymbol{P}(n-1)\boldsymbol{\chi}(n-1)-\boldsymbol{k}(n)\boldsymbol{Q}(n)\boldsymbol{P}(n-1)\boldsymbol{\chi}(n-1)+\boldsymbol{P}(n)\boldsymbol{Q}^{\mathrm{T}}(n)x_{\mathrm{in}}(n)\\&=\hat{\boldsymbol{d}}_{K,M}(n-1)-\boldsymbol{k}(n)\boldsymbol{Q}(n)\hat{\boldsymbol{d}}_{K,M}(n-1)+\boldsymbol{k}(n)x_{\mathrm{in}}(n)\end{aligned} \tag{3-48}$$

即

$$\begin{aligned}\hat{\boldsymbol{d}}_{K,M}(n)&=\hat{\boldsymbol{d}}_{K,M}(n-1)+\boldsymbol{k}(n)[x_{\mathrm{in}}(n)-\boldsymbol{Q}(n)\hat{\boldsymbol{d}}_{K,M}(n-1)]\\&=\hat{\boldsymbol{d}}_{K,M}(n-1)+\boldsymbol{k}(n)e(n-1)\end{aligned} \tag{3-49}$$

通过式(3-49)即可完成对估计值 $\hat{\boldsymbol{d}}_{K,M}(n)$的迭代过程。完成指定阶数下的参数估计后，通过式(3-29)即可完成本地发射信号 DPD 补偿过程。本地发射信号经过 DPD 补偿后与经过 DPD-PA 后的星座图如图 3-13 所示。

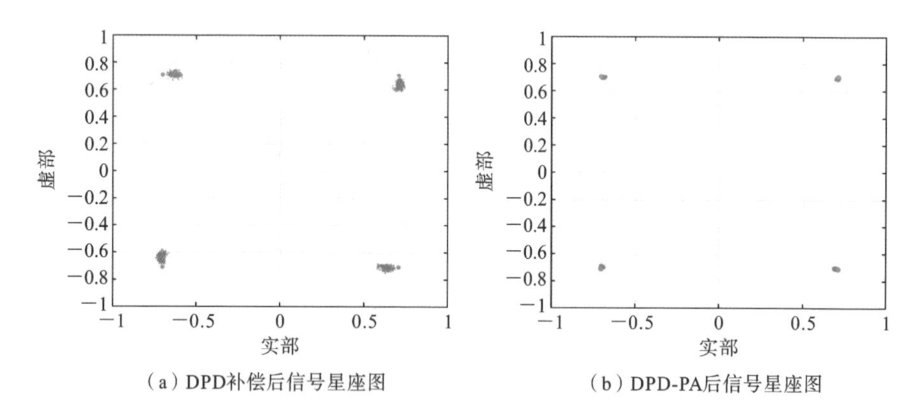

（a）DPD补偿后信号星座图　（b）DPD-PA后信号星座图

图 3-13　本地发射信号 DPD 补偿后及经过功放后星座图对比

与图 3-11 相比，经过 DPD 补偿后再经过功放的星座图出现明显的聚集，

能够有效克服由 PA 非线性引起的信号星座图偏转与扩散问题，但在 DPD 补偿前需要明确模型记忆深度与非线性阶数，否则性能将出现下降。

相同模型下不同指定 K、M 时，DPD 补偿效果在星座图和频域上的对比图如图 3-14 和图 3-15 所示，从图可以看出，当阶数设置与实际相比较小时，基于上述方法求解的各阶系数的 DPD 补偿仍然可以具备一定非线性补偿作用，但效果十分有限。

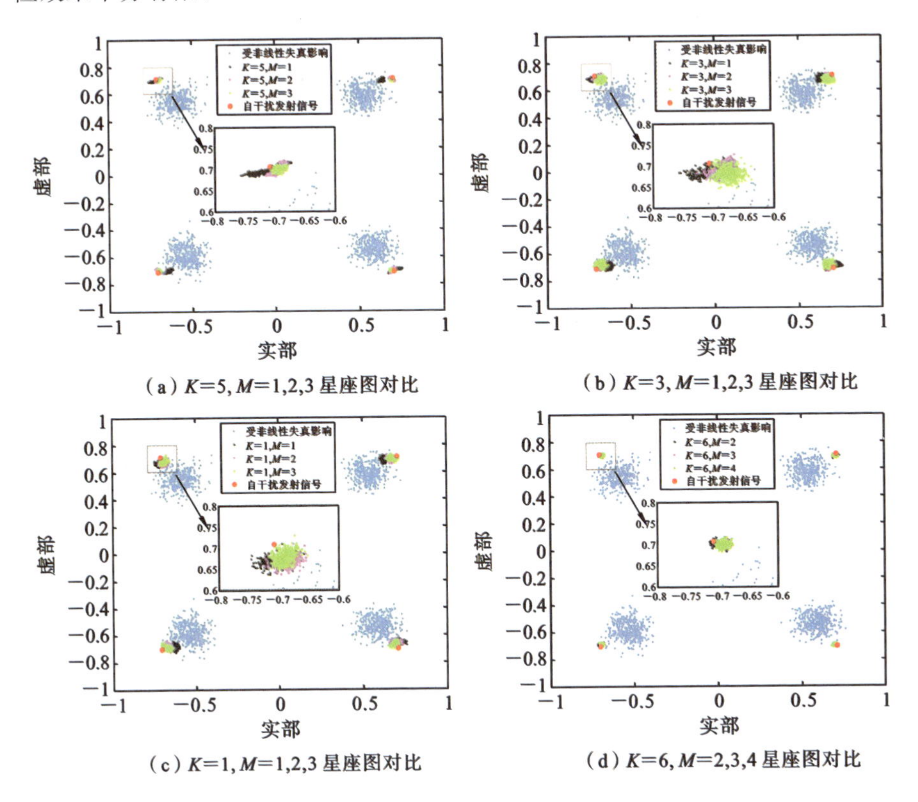

(a) $K=5$, $M=1,2,3$ 星座图对比
(b) $K=3$, $M=1,2,3$ 星座图对比
(c) $K=1$, $M=1,2,3$ 星座图对比
(d) $K=6$, $M=2,3,4$ 星座图对比

图 3-14　不同阶数下 DPD 补偿后自干扰信号星座图对比

由图 3-14 可知，当阶数与设定不符时，虽然 DPD 补偿对星座图聚集仍然有一定作用，但横向对比图 3-14(a)至图 3-14(c)可知，在接近指定 K、M 阶数下，效果最佳。

对比图 3-14(d)及图 3-12(a)可知，由于求解过程可以不断迭代求解更新各阶系数至残差最小，因此当阶数设置与实际相比较大时，仍然能够达到良好的补偿效果，因此，在实际工程应用中，需要准确测量所用功放的模型阶数，以获得最佳补偿效果。若无法经过测量得到真实的模型阶数，则可考虑扩大阶

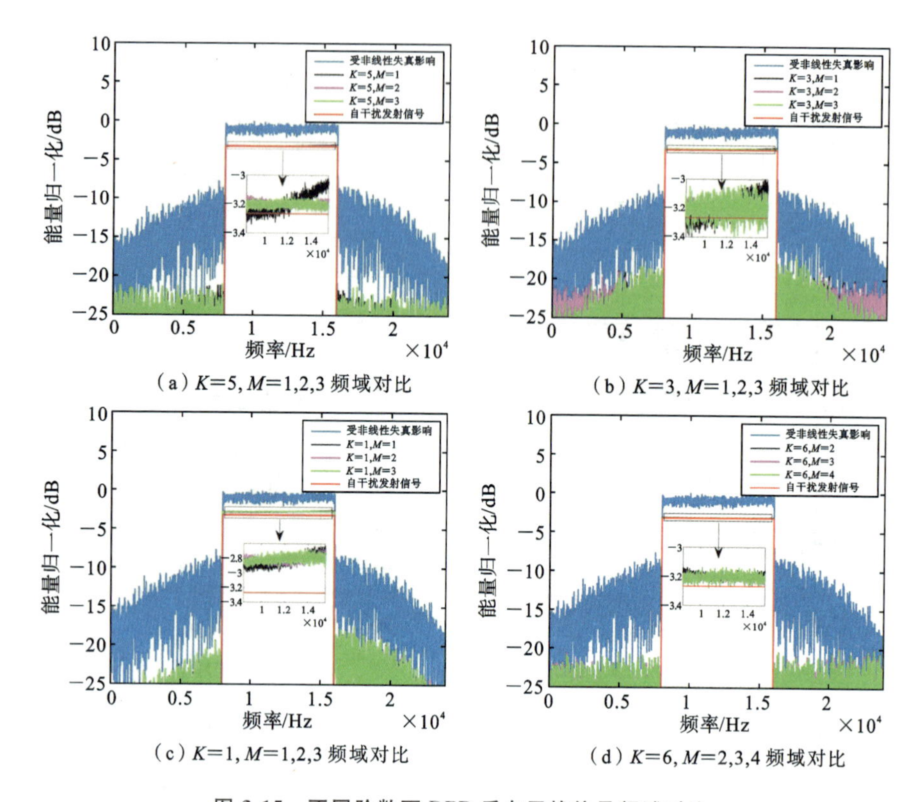

(a) $K=5, M=1,2,3$ 频域对比

(b) $K=3, M=1,2,3$ 频域对比

(c) $K=1, M=1,2,3$ 频域对比

(d) $K=6, M=2,3,4$ 频域对比

图 3-15　不同阶数下 DPD 后自干扰信号频域对比

数，通过自适应滤波器寻找到最优解。

由图 3-15(a)、图 3-15(b)、图 3-15(c)可知，当 DPD 阶数与真实阶数存在差异时，虽然带内部分仍然可以实现较好的拟合，但带外失真无法做到高效抑制。而若通过带通滤波器对接收干扰进行处理，又因缺少了带外成分，则会造成 DPD 系数估计错误，进而影响最终重构效果，而观察图 3-15(a)及图 3-15(d)可知，当两个阶数中有一项阶数较小，但另一项阶数较大时，经过自适应滤波器不断迭代后，可以对某少数阶数进行一定补偿，如本模型仿真参数为 $K=5, M=3$，以及 $K=6, M=2$ 的效果，优于 $K=5, M=2$ 的效果。

模拟域自干扰抵消作为自干扰抵消过程的第一阶段，需要将干扰强度降低至一定水平以使远端期望信号进入到 ADC 动态量化范围内以便进行下一步的数字域自干扰抵消过程。由于水下设备需要通过功率放大器对信号进行放大后再经过发射换能器发出，这就导致了自干扰信号将受到功放的影响，如非线性失真、功放噪声等，进而造成了以本地发射信号为线性滤波器输入参考进行自干扰抵消时的性能下降。

3.3 主要内容与结论

本章首先结合被动声呐方程、声传播理论给出了一定海洋环境条件下、不同通信距离的自干扰抵消总需求的理论值,并结合近端接收端 ADC 量化位数影响,给出了不同通信距离下的模拟域自干扰抵消需求理论值,完成了模拟域自干扰抵消基本方案性能的理论与仿真分析。分析了水声通信机中功率放大器对通信信号的影响,完成了基于 MP 模型的功放输出的重构,通过 DPD 技术完成了功放非线性失真的补偿,并对不同非线性阶数及记忆深度下的补偿效果进行了分析。为后续模拟域干扰抵消研究过程提供了合理的模型假设。

3.4 内容凝练

针对带内全双工水声通信实现过程中需要完成干扰抵消量进行了量化计算与分析,并针对模拟域自干扰抵消过程中对干扰抵消效果产生严重影响的几种因素进行了分析,重点对功率放大器模型阶数进行了分析,并基于仿真结果、实际情况,给出了模型中阶数选择的建议,为后续研究提供了合理假设。

参考文献

[1] D. Korpi, Y. S. Choi, T. Huusari, et al. Adaptive nonlinear digital self-interference cancellation for mobile in-band full-duplex radio: Algorithms and RF measurements[C]//in IEEE Global Communications Conference, 2015: 1-7.

[2] F. H. Gregorio, G. J. Gonzalez, J. Cousseau, et al. Predistortion for power amplifier linearization in full-duplex transceivers without extra RF chain [C]//ICASSP 2017-2017 IEEE International Conference on Acoustics, Speech and Signal Processing (ICASSP). IEEE, 2017: 6563-6567.

[3] L. Shen, B. Henson, Y. Zakharov, et al. Digital self-interference cancellation for full-duplex underwater acoustic systems[J]. Circuits and Systems II: Express Briefs, IEEE Transactions on, 2019,67(1): 1-1.

[4]A. Kiayani, M. Z. Waheed, L. Anttila, et al. Adaptive nonlinear RF cancellation for improved isolation in simultaneous transmit-receive systems[J]. IEEE Transactions on Microwave Theory & Techniques, 2018,66(5): 1-14.

[5] D. Bharadia, E. Mcmilin, S. Katti. full duplex radios[J]. Computer Communication Review, 2013, 43(4): 375-386.

[6] L. Li, A. Song, J. C. Leonard, et al. Interference cancellation in inband full-duplex underwater acoustic systems[C]//Oceans. IEEE, 2015:1-6.

[7] M. Duarte, C. Dick, A. Sabharwal. Experiment-driven characterization of full-duplex wireless systems[J]. IEEE Transactions on Wireless Communications, 2012, 11(12): 4296-4307.

[8] R. Coates. Underwater acoustic systems[M]. NewYork: Wiley, 1989.

[9] 范敏毅，惠俊英. 点噪声源在近程声场中传播损失的仿真研究[J]. 应用声学，1998,17(6): 35-38.

[10] Q. Gu. RF system design of transceivers for wireless communications [M]. Secaucus: Springer-Verlag New York, Inc. , 2006.

[11] W. R. Bennett. Spectra of quantized signals[J]. In The Bell System Technical Journal, 1948, 27(3): 446-472.

[12] D. Korpi, T. Riihonen, V. Syrjala, et al. Full-duplex transceiver system calculations: analysis of ADC and linearity challenges[J]. IEEE Transactions on Wireless Communications, 2014, 13(7): 3821-3836.

[13] 侯道琪，杨正. 无记忆功放的预失真数学模型[J]. 舰船电子对抗，2015, 4: 56-61.

[14] C. Crespo-Cadenas, J. Reina-Tosina, M. J. Madero-Ayora, et al. A new approach to pruning Volterra models for power amplifiers[J]. IEEE Trans. Signal Process. , 2010, 58(4): 2113-2120.

[15] T. Wang, T. J. Brazil. Using volterra mapping based behavioural models to evaluate ACI and cross modulation in CDMA communication systems[C]//IEEE High Frequency Postgraduate Student Colloquium, Dublin, Ireland, 2000: 102-108.

[16] L. Ding, G. T. Zhou, D. R. Morgan, et al. A robust digital baseband predistorter constructed using memory polynomials[J]. IEEE Trans. Commun., 2004, 52(1): 159-165.

[17] 刘颖. 宽带无线通信数字预失真关键技术[D]. 成都: 电子科技大学, 2016.

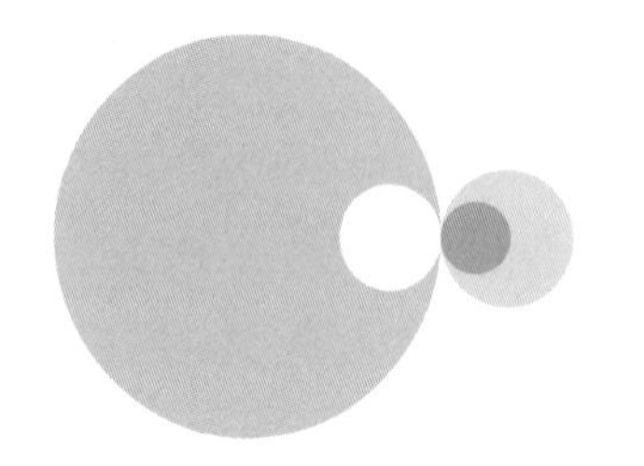

第4章 基于输出重构的数字辅助模拟域自干扰抵消技术

本章以数字辅助模拟域自干扰抵消技术为主体，融合了非线性失真估计与数字预失真技术，同时针对发射机噪声对自干扰抵消效果造成影响，通过辅助链路实现了对发射干扰信号的获取、重构及发射机噪声的提取，基于多种不同的模拟域自干扰抵消系统结构设计，提出并对比分析了几种新型数字辅助模拟域自干扰抵消技术方案。

通过理论推导、分析，并结合第2章实测自干扰信道结果及第3章模拟域自干扰抵消需求分析，对上述技术方案进行了仿真，并对仿真数据处理与实测硬件参数下的电路仿真结果进行了分析，对所述方法的性能及有效性进行了验证。

4.1 数字辅助模拟域自干扰抵消技术分类

根据3.1.4节仿真结果可知，固定抽头系数自干扰抵消结构与辅助链路方案都将受到水声信道时变性的影响而导致性能下降。此外，除应考虑线性时变自干扰传播信道外，还应消除模拟电路高功率组件的非线性效应及发射机噪声的影响。

为提高模拟域自干扰抵消性能，本节将基于数字辅助模拟域自干扰抵消(digitally assisted analog self-interference cancellation，DAA-SIC)技术，结合模拟域的新型系统结构设计，提出多种 DAA-SIC 改进型方案，获取不同类型的输出，以此作为自适应滤波器的本地参考信号，提高模拟域自干扰抵消性能。

根据输入线性自适应滤波器的参考信号的种类与来源不同，可将其分为以下几种类型。

(1) 辅助链路支持型。通过"功放-衰减器-ADC-数字域"辅助链路得到线性分量与非线性分量混合信号，并以此作为线性自适应滤波器本地参考信号进行干扰重构与抵消，后续简称 PA-DAA-SIC 方案（本方案为将文献[1]的数字域 SIC 方法移植为 DAA-SIC 方法）。

(2) 完成 PA 输出采集后，在数字域进行基于 MP 模型的功放参数估计，进而根据估计结果重构输出信号，并以此作为线性自适应滤波器本地参考信号进行干扰重构与抵消，后续简称 MP-DAA-SIC 方案[2]。

(3) 通过 DPD 技术对 PA 非线性进行补偿，补偿后通过辅助链路得到功放输出，并基于(1)、(2)完成自干扰重构与抵消，该方法后续简称 DPD-MP/PA-DAA-SIC[3]。下面将对上述几种数字辅助模拟域自干扰抵消方案性能进行仿真与分析。

4.2 基于 PA-DAA-SIC 的系统结构与基本原理

基于 PA-DAA-SIC 的系统结构图如图 4-1 所示。

在基于 OFDM 的 IBFD-UWA 通信系统中，本地发射信号 $x[n]$可以表示为

$$x[n]=\sum_{i=0}^{N-1}c_i\exp\left\{j2\pi\left[f_c+\frac{(2i-N)f_s}{2N_{\mathrm{FFT}}}\right]t\right\},\quad t\in[0,T_c] \tag{4-1}$$

式中：f_c 为中心频率；f_s 为通信系统采样率；N_{FFT} 为 DFT 点数；c_i 为第 i 个子载波上的调制信息；N 为通频带子载波个数；T_c 为一帧 OFDM 信号持续时长，在功放线性增益与非线性失真的影响下变为 $y_{\mathrm{pa}}(t)$。

通过发射换能器发出，传播过程中经历自干扰传播信道 $h_{\mathrm{SI}}(\tau,t)$后与期望信号混合被接收端接收，接收信号 $r(t)$可表示为

$$\begin{aligned}r(t)&=y_{\mathrm{pa}}(t)\otimes h_{\mathrm{SI}}(\tau,t)+x_{\mathrm{f}}(t)+n(t)\\&=\mathrm{SI}(t)+x_{\mathrm{f}}(t)+n(t)\end{aligned} \tag{4-2}$$

式中：$x_{\mathrm{f}}(t)$为远端期望信号；$n(t)$为噪声。

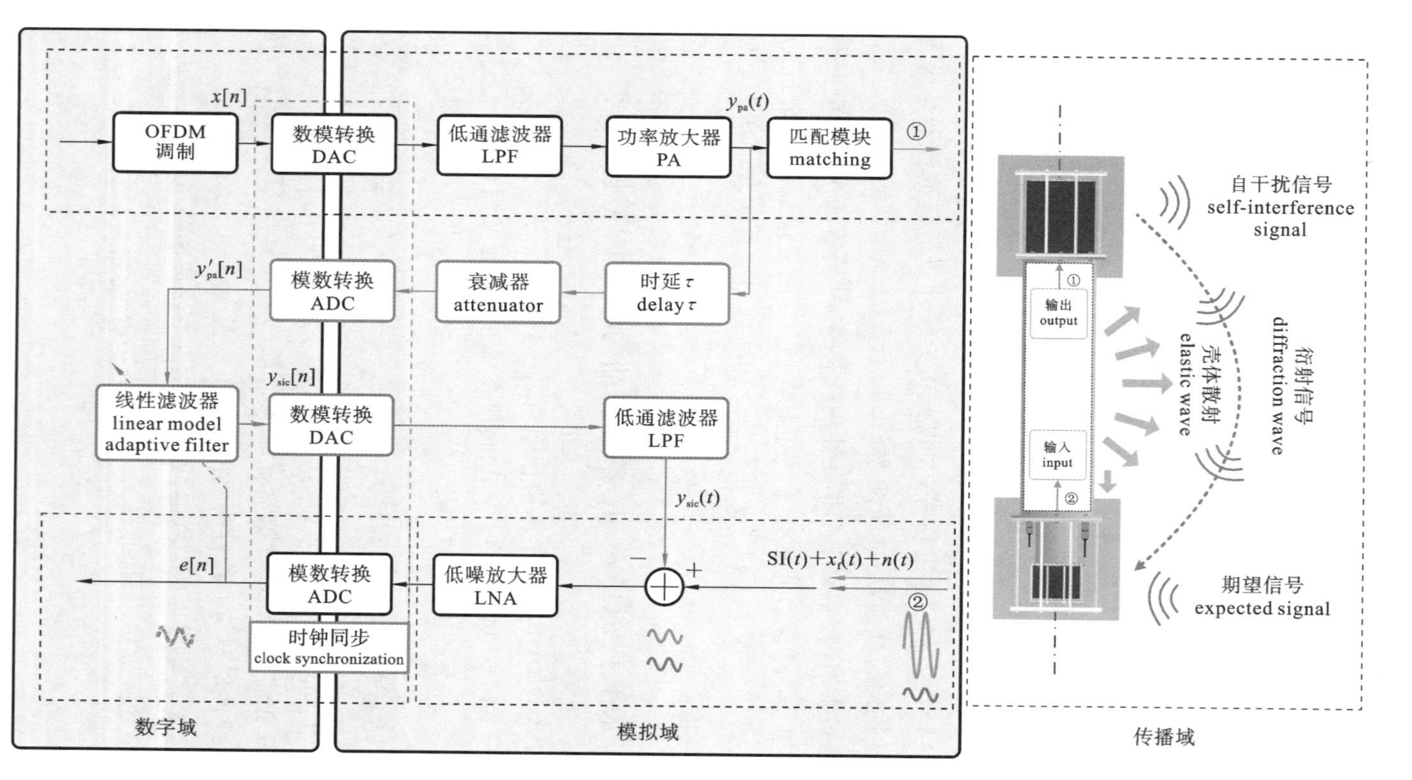

图4-1 PA-DAA-SIC的系统结构图

根据3.1.1节与3.1.2节分析，若通信距离为5 km，则此时干扰信号与期望信号能量比(ISR)约为80 dB，期望信号能量影响极其有限，因此在本步骤模拟域自干扰抵消过程中可不考虑期望信号对线性滤波器进行自干扰信道估计精度的影响，因此，在干扰信号线性重构的过程中可认为$r(t)\approx y_{pa}(t)\otimes h_{SI}(\tau,t)$，此时接收信号形式与式(3-31)的形式一致，结合PA-DAA-SIC的核心，即利用辅助链路采集信号$y'_{pa}(t)$代替$y_{pa}(t)$，并通过式(3-31)至式(3-48)可完成干扰传播信道估计，获得$\hat{h}_{SI}(n)$，若其长度为L_c，则此时重构的干扰信号$y_{sic}[n]$与抵消后信号$e[n]$的关系为

$$e[n]=r[n]-y_{sic}[n]=r[n]-\boldsymbol{y}'_{pa}\otimes\hat{\boldsymbol{h}}_{SI} \tag{4-3}$$

式中：参考信号输入向量$\boldsymbol{y}'_{pa}$与线性滤波器抽头权值系数$\hat{\boldsymbol{h}}_{SI}$分别为

$$\begin{aligned}\boldsymbol{y}'_{pa}&=[y'_{pa}[n]\quad y'_{pa}[n-1]\quad\cdots\quad y'_{pa}[n-L_c+1]]\\ \hat{\boldsymbol{h}}_{SI}&=[\hat{h}_{SI}[0]\quad\hat{h}_{SI}[1]\quad\cdots\quad\hat{h}_{SI}[L_c-1]]\end{aligned} \tag{4-4}$$

此时，自干扰抵消性能主要受限于$y'_{pa}(t)$与$y_{pa}(t)$的近似程度，当辅助链路干扰噪声比较高时，即$y'_{pa}(t)$近似为$y_{pa}(t)$时，可以获得较高的自干扰抵消效果，但在工程样机测试时发现，由于受到各模块单元统一供电、数模隔离能力、辅助链路ADC位数与电路噪声控制能力等因素的影响，辅助链路INR将会出现较低的情况，此时$y'_{pa}(t)$与$y_{pa}(t)$之间将存在明显差异，进而数字域中对干扰传播信道$h_{SI}(\tau,t)$的估计精度将降低，导致PA-DAA-SIC性能下降，性能变化情况请见4.5.2节。

4.3 基于MP-DAA-SIC的系统结构与基本原理

基于MP-DAA-SIC的系统结构框图如图4-2所示。不同于PA-DAA-SIC系统结构，MP-DAA-SIC核心为在数字域通过先验功放信息与辅助链路共同完成对$y_{pa}(t)$的重构，并以此实现干扰信号重构与信道估计。

本地发射信号$x[n]$、辅助链路采集信号$y'_{pa}[n]$及重构参考信号$y_{mp}[n]$的关系可表示为

$$y'_{pa}(n)=\sum_{k=0}^{K-1}\sum_{m=0}^{M-1}\alpha_{k,m}X(n,k,m) \tag{4-5}$$

$$y_{mp}(n)=\sum_{k=0}^{K-1}\sum_{m=0}^{M-1}\hat{\alpha}_{k,m}X(n,k,m) \tag{4-6}$$

式中：$X(n,k,m)=x(n-m)\,|x(n-m)|^{k}$，可通过式(3-19)至式(3-26)得到

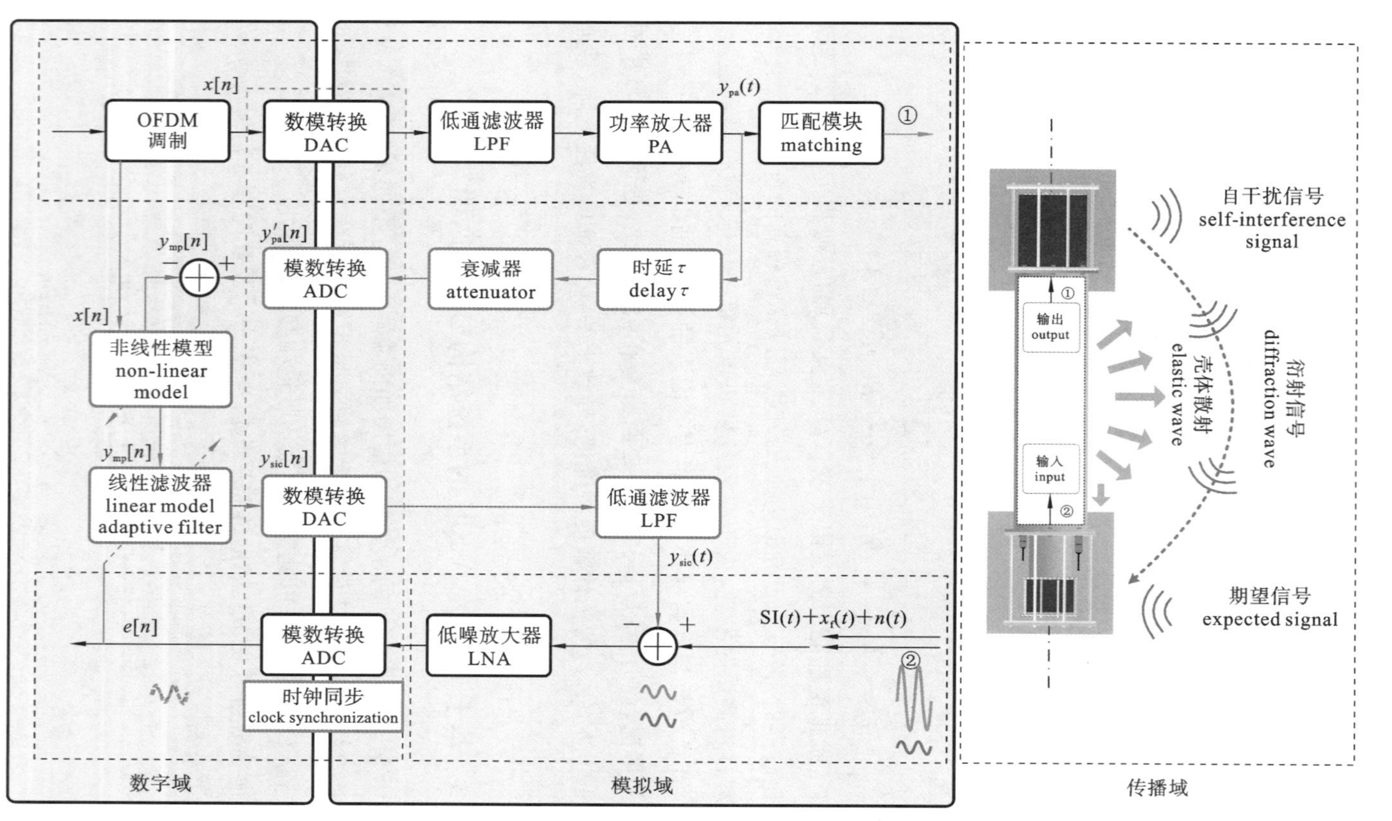

图4-2 MP-DAA-SIC的系统结构图

非线性模型系数估计值 $\hat{a}_{k,m}$，并根据系数估计结果，重构功放输出信号 $y_{\mathrm{mp}}[n]$。将重构的输出信号 $y_{\mathrm{mp}}[n]$ 作为线性滤波器参考信号完成干扰信道估计与信号重构，此时重构的干扰信号 $y_{\mathrm{sic}}[n]$ 与抵消后信号 $e[n]$ 的关系为

$$e[n]=r[n]-y_{\mathrm{sic}}[n]=r[n]-\boldsymbol{y}_{\mathrm{mp}}\otimes\hat{\boldsymbol{h}}_{\mathrm{SI}} \tag{4-7}$$

式中：$\boldsymbol{y}_{\mathrm{mp}}$ 与 $\hat{\boldsymbol{h}}_{\mathrm{SI}}$ 的形式与式(4-4)一致。

MP-DAA-SIC 与 PA-DAA-SIC 的共同特性为自干扰抵消性能都受限于线性滤波器输入参考信号与 $y_{\mathrm{pa}}(t)$ 的近似程度，但 MP-DAA-SIC 相较于 PA-DAA-SIC 而言，由于具备了先验功放信息，当辅助链路有效量化位数受 3.1.2 节所述各类因素影响导致其值过低时，仍然可以通过先验信息对干扰信号进行重构，此时抵消性能主要受限于 $\hat{a}_{k,m}$ 与 $a_{k,m}$ 的近似程度。但在实际应用中，该系数将受到 PA 连续工作时间、温度等因素的影响而缓慢波动变化，因此需要对 PA 模型系数进行更新与测量，以保证最佳重构精度。

4.4 基于 DPD-MP / PA-DAA-SIC 的系统结构与基本原理

不同于上述两种方法，该方法在数字域阶段通过 DPD 补偿对功放输出信号进行“线性化”处理，去除发射信号中的非线性分量，同时利用上述两种方法中的输出捕获与重构，完成自干扰抵消过程，其系统结构框图如图 4-3 所示。

本地发射信号 $x[n]$ 经过 DPD 补偿后变为 $x_{\mathrm{dpd}}(n)$，通过功放变为实际发射信号 $y_{\mathrm{dpa}}(t)$，若不考虑发射机噪声等硬件设备影响，且 DPD 对功放非线性完全补偿时，可认为 $y_{\mathrm{dpa}}(t)$ 为 $x[n]$ 的模拟信号形式。考虑到实际工程应用中的硬件设备与功放系数测量影响，存在 DPD 补偿不完全情况，因此仍需要进行非线性模型估计与输出重构过程，与式(4-5)一致。

考虑到发射机噪声影响，仍需要通过衰减器获得发射机噪声样本，因此发射信号经过 DPD 补偿后的 DAA-SIC 方案可进一步细分为 DPD-MP-DAA-SIC 及 DPD-PA-DAA-SIC，分别采用 $y_{\mathrm{dmp}}[n]$ 和 $y'_{\mathrm{dpa}}[n]$ 这两种参考信号作为线性滤波器参考信号完成干扰信道估计与信号重构。重构的干扰信号 $y_{\mathrm{sic}}[n]$ 与两种方案抵消后残余自干扰信号 $e[n]$ 的关系为

$$e[n]=r[n]-y_{\mathrm{sic}}[n]=r[n]-y_{\mathrm{dmp}}\otimes\hat{\boldsymbol{h}}_{\mathrm{dmSI}} \tag{4-8}$$

$$e[n]=r[n]-y_{\mathrm{sic}}[n]=r[n]-\boldsymbol{y}'_{\mathrm{dpa}}\otimes\hat{\boldsymbol{h}}_{\mathrm{dpSI}} \tag{4-9}$$

式中：$\hat{\boldsymbol{h}}_{\mathrm{dmSI}}$ 与 $\hat{\boldsymbol{h}}_{\mathrm{dpSI}}$ 分别以 $y_{\mathrm{dmp}}[n]$ 与 $y'_{\mathrm{dpa}}[n]$ 作为参考信号得到的干扰信道估计结果。

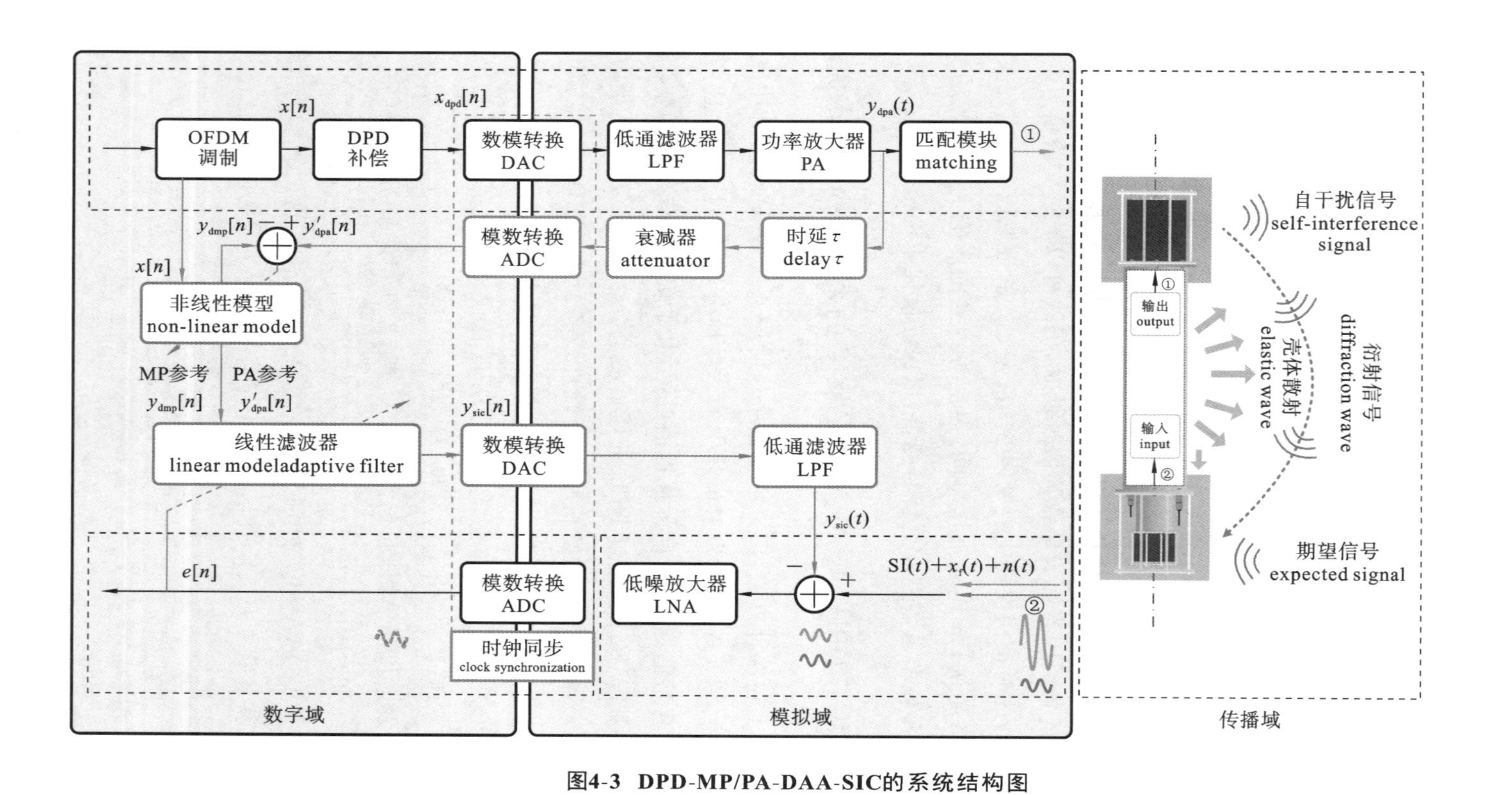

图4-3 DPD-MP/PA-DAA-SIC的系统结构图

4.5 DAA-SIC 方法仿真性能分析

4.5.1 自干扰抵消性能理论仿真与分析

为清晰地了解各方案的性能，本节对上述各类方案进行性能分析，IBFD-UWA 通信系统的通信信号调制参数与表 3-1 的一致，通过 MP 模型模拟功放对发射信号的影响，模型中非线性阶数与记忆深度采用 3.2.2 节所述参数，自干扰传播信道采用第 2 章实测数据估计结果，仿真中发射机噪声来源于功放噪声且能量强度参考无线电发射机噪声能量强度——较输出信号能量小 60 dB[4]。考虑到辅助链路有效量化位数影响，分别在辅助链路设置 52.14 dB、41.06 dB、29.98 dB 信噪比（此处是指参考信号与链路噪声能量之比，分别对应式(3-7)下的 10、8、6 位有效量化位数），对残余自干扰信号相对于未进行抵消的自干扰信号的能量变化（带内 NMSE，经过滑动平均平滑）及通频带内残余分量各频率能量变化情况进行仿真（ISR 假设为 80 dB，对应约 5 km 通信情况）。

辅助链路有效量化位数在本仿真中的体现为全频带加性高斯白噪声，远端期望信号传播信道采用实测千岛湖声速剖面进行仿真。本性能仿真过程旨在两种影响因素下，通过对各 DAA-SIC 方案的性能对比，给出影响性能的关键性因素，并对提出的 DPD-MP/PA-DAA-SIC 方法性能进行验证。

4.5.2 PA-DAA-SIC 仿真结果与性能分析

图 4-4 所示的为 PA-DAA-SIC 与以本地发射信号为参考，且无辅助链路噪声影响下的抵消性能对比。由图 4-4 可知，在存在发射机噪声但无辅助链路有效量化位数影响的情况下，受到 PA 非线性失真的影响，以本地发射信号作为线性滤波器输入参考信号时，模拟域自干扰抵消性能将受到极大的限制，在本仿真参数下性能仅剩余近 18 dB，而当以 PA 输出作为参考信号时，在一帧 OFDM 符号内迭代可实现 80 dB 的自干扰抵消效果（假设辅助链路对该过程无影响），自干扰抵消后，残余自干扰信号成分为远端期望信号与微弱残余自干扰信号的混合。

图 4-5 所示的为发射机噪声水平为－60 dB、不同强度的辅助链路有效量化位数下的 PA-DAA-SIC 方案性能及残余自干扰抵消信号与接收自干扰信号频域能量变化对比。由图 4-4 (a)与图 4-5(a)的对比可知，当辅助链路有效

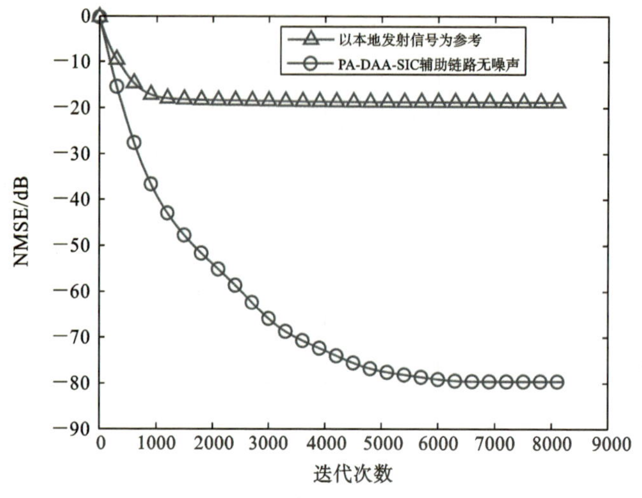

（a）存在发射机噪声但无辅助链路影响

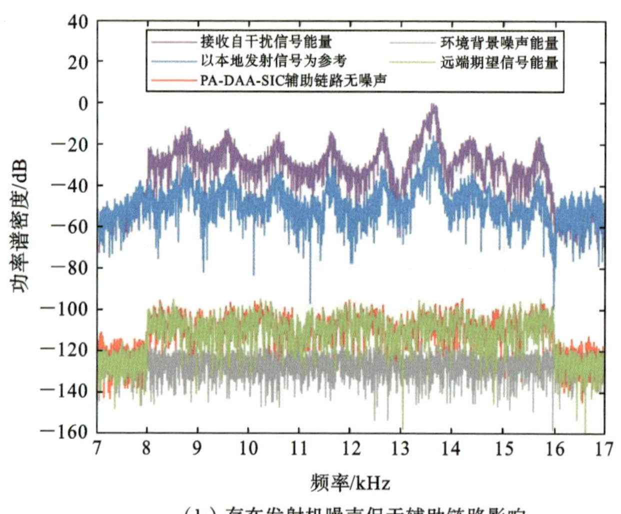

（b）存在发射机噪声但无辅助链路影响

图 4-4 PA-DAA-SIC 方案辅助链路无噪声影响下的性能

量化位数有限时，PA-DAA-SIC 方案性能将会受到极大影响，当有效位数分别为 10、8、6 时，模拟域自干扰性能分别约下降至 57 dB、45.5 dB、34.5 dB，可看出辅助链路有效量化位数是 PA-DAA-SIC 方案的关键影响因素。

经过初步的模拟域自干扰抵消后，残余自干扰信号相较于远端期望信号能量仍是过强的，需要在数字域完成进一步的数字域自干扰抵消，才可获得远端期望信号正常解调所需 SINR。综上可知，影响 PA-DAA-SIC 方案性能的

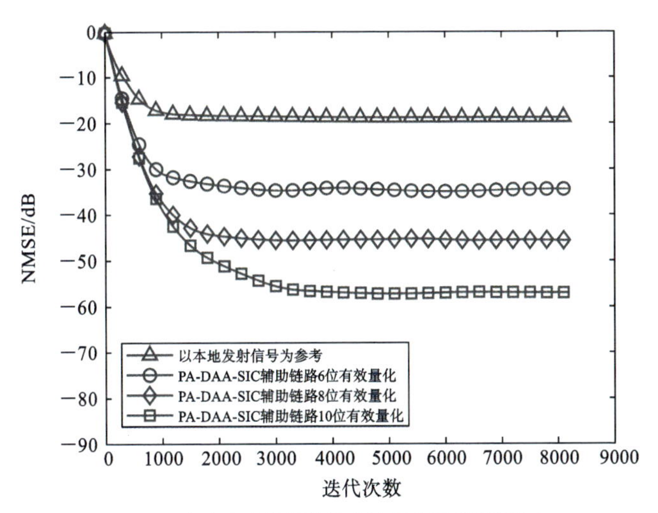

（a）存在发射机噪声且受到辅助链路影响

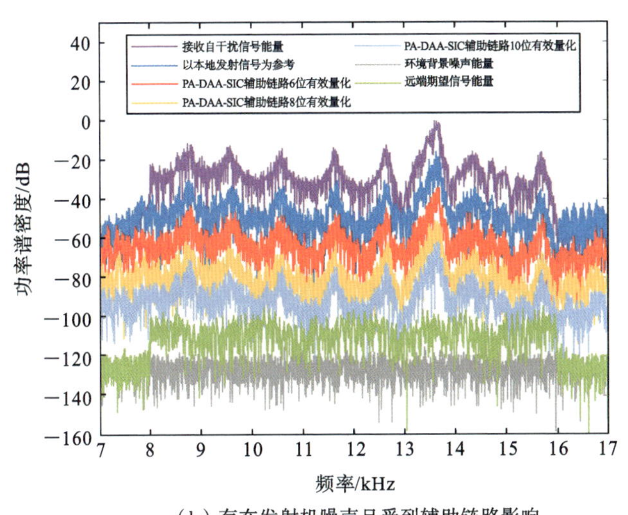

（b）存在发射机噪声且受到辅助链路影响

图 4-5　PA-DAA-SIC 方案受辅助链路噪声影响下的性能

主要因素为辅助链路有效量化位数，对发射机噪声不敏感。

4.5.3　MP-DAA-SIC 仿真结果与性能分析

图 4-6 所示的为 MP-DAA-SIC 方案受发射机噪声影响下的性能对比，图 4-7 所示的为 MP-DAA-SIC 方案受辅助链路噪声影响下的性能对比。

由图 4-6 可知，在不受辅助链路有效量化位数影响的情况下，有无发射机噪声对 MP-DAA-SIC 性能影响较大，当不存在发射机噪声时，MP-DAA-SIC

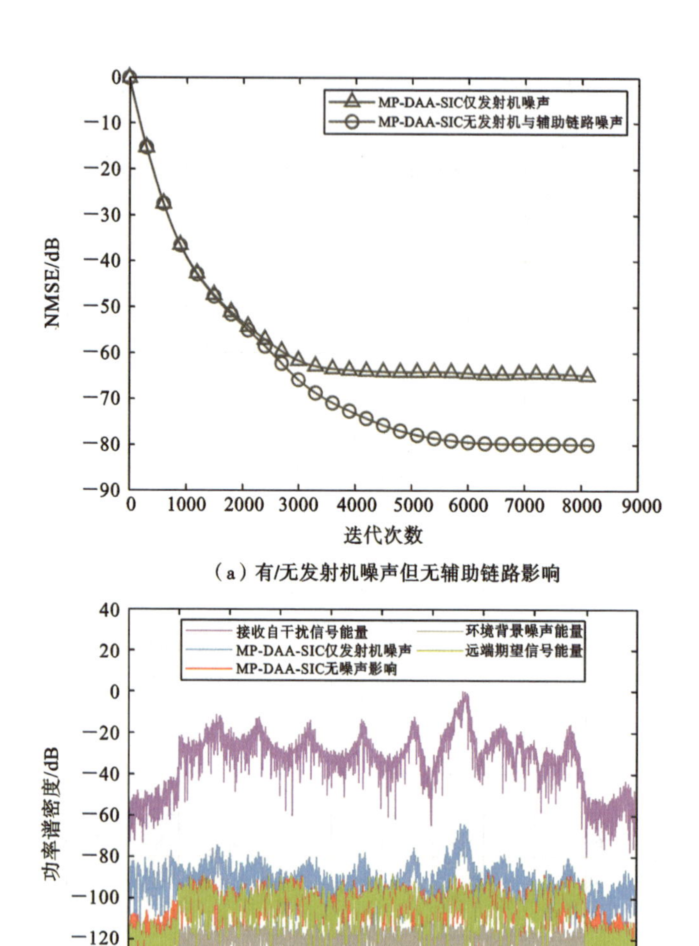

（a）有/无发射机噪声但无辅助链路影响

（b）有/无发射机噪声但无辅助链路影响

图 4-6　MP-DAA-SIC 方案受发射机噪声影响下的性能

性能可达 80 dB，自干扰抵消后，残余自干扰信号分为远端期望信号与微弱残余自干扰信号的混合。但当存在发射机噪声时，MP-DAA-SIC 性能下降至近 65 dB。

图 4-7 所示的为发射机噪声水平为－60 dB、不同辅助链路有效量化位数下的 MP-DAA-SIC 方案性能（NMSE）及自干扰信号频域能量变化对比。

从图 4-7 的性能对比可知，当辅助链路有效量化位数从 6 变化到 10 位时，MP-DAA-SIC 方案性能波动较小（60～65 dB）。对比图 4-6 与图 4-7 可知，辅

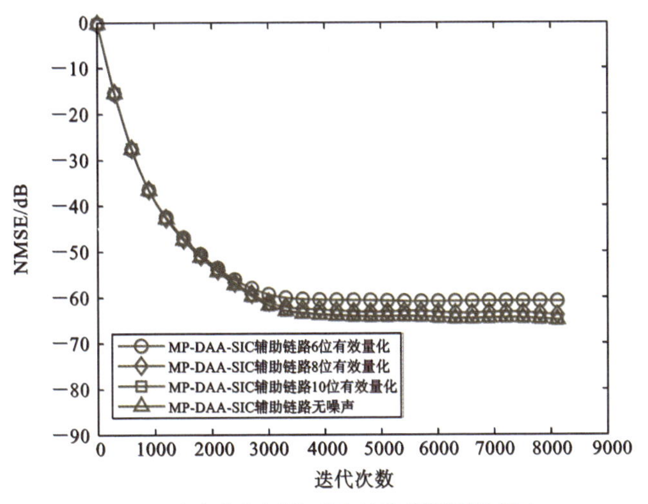

（a）存在发射机噪声且受到辅助链路影响

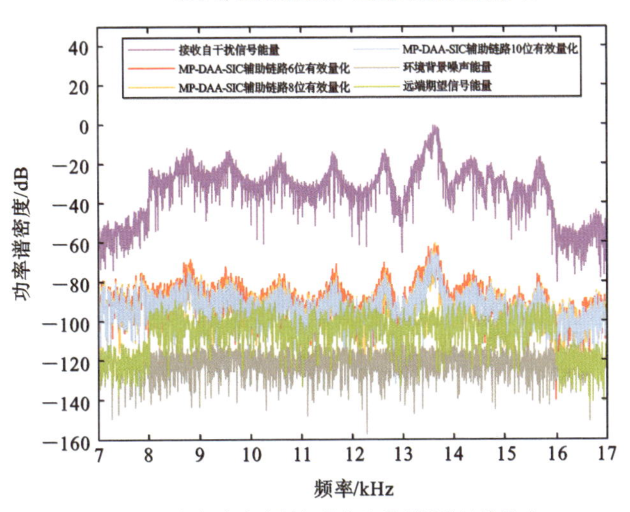

（b）存在发射机噪声且受到辅助链路影响

图 4-7 MP-DAA-SIC 方案受辅助链路噪声影响下的性能

助链路无噪声与 10 位有效量化位数的情况下，MP-DAA-SIC 方案性能基本一致，当辅助链路有效量化位数小于 10 位时，MP-DAA-SIC 方案较 PA-DAA-SIC 方案具备更佳的性能。但由于发射机噪声始终存在，因此在本仿真条件下 MP-DAA-SIC 方案性能受限。综上可知，MP-DAA-SIC 性能主要受限于发射机噪声水平，且相较于 PA-DAA-SIC 而言，在一定程度上对辅助链路有效量化位数影响不敏感。

4.5.4 DPD-MP/PA-DAA-SIC 仿真结果与性能分析

DPD-DAA-SIC 两种方案(MP/PA)下的性能对比如图 4-8 所示。

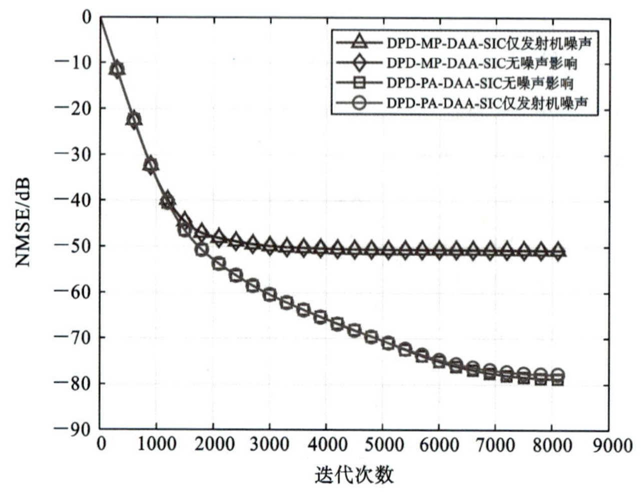

(a) 有/无发射机噪声但无辅助链路影响

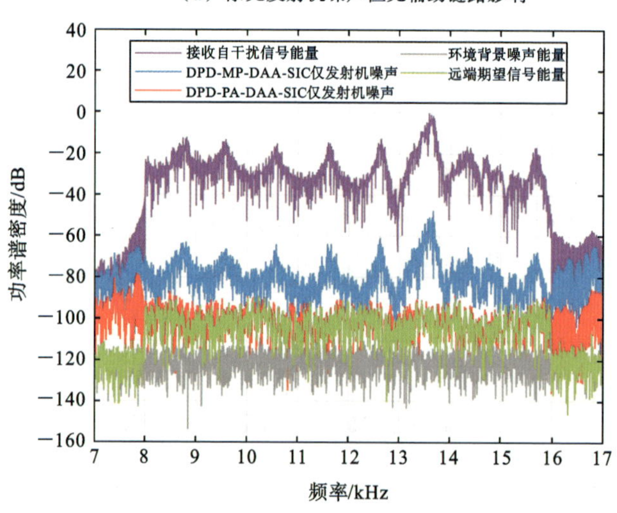

(b) 有/无发射机噪声但无辅助链路影响

图 4-8 DPD-MP-DAA-SIC 方案及 DPD-PA-DAA-SIC 方案有/无发射机噪声性能对比

由图 4-8 可知,在有/无发射机噪声但不受辅助链路有效量化位数影响的情况下,DPD-MP-DAA-SIC 方案与 DPD-PA-DAA-SIC 方案性能差异明显。其具体表现为:DPD-PA-DAA-SIC 具备更佳的性能,两者存在近 30 dB 的干扰抵消性能差异,由于这两种方案已经预先在数字域对发射信号进行了 DPD

处理,因此再进行MP建模与重构的效果有限,但两种方案性能均逊于未进行DPD方案的效果,其原因为经过DPD处理后,通过PA输出的发射信号PAPR相较未经过DPD处理后的信号较大,而PAPR的大小影响了自干扰抵消效果。

如图4-9所示,可看出在经过DPD后,直接以本地发射信号作为线性滤波器输入参考信号下的抵消性能提升为43 dB,相较于图4-8(a)提升了近25 dB,

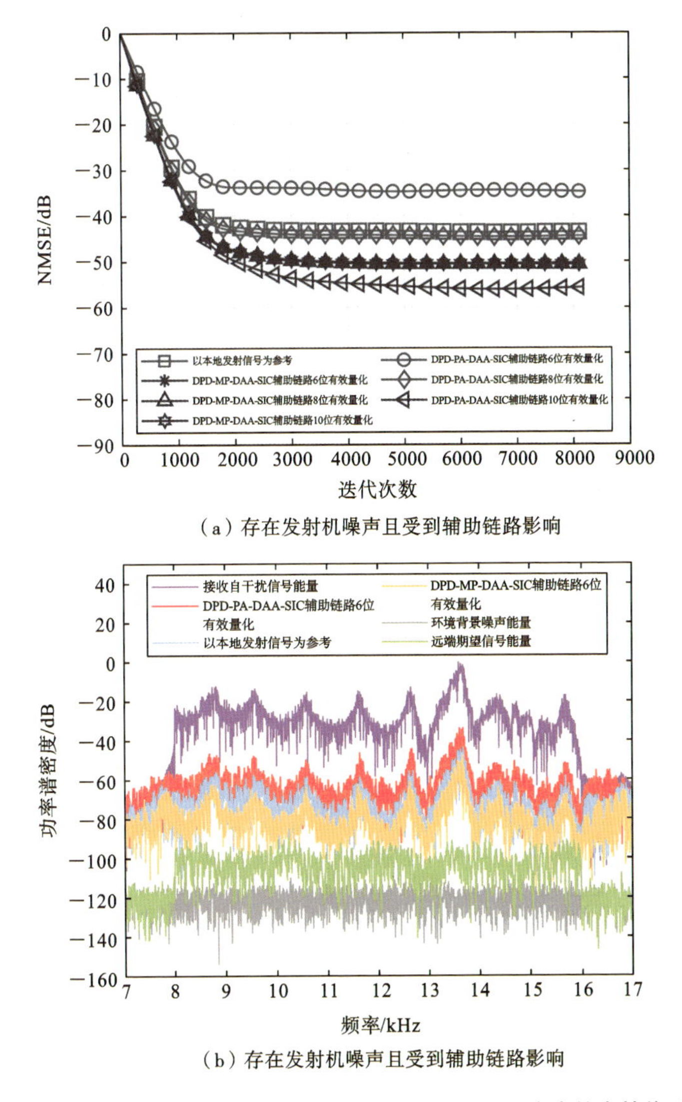

(a) 存在发射机噪声且受到辅助链路影响

(b) 存在发射机噪声且受到辅助链路影响

图4-9 DPD-MP-DAA-SIC方案及DPD-PA-DAA-SIC方案综合性能对比

这证明了功率放大器对 OFDM 信号进行限制 PAPR 的作用对自干扰抵消效果有巨大的影响。

当存在发射机噪声及辅助链路有效量化位数有限时，DPD-PA-DAA-SIC 方案的性能下降明显，该现象与 PA-DAA-SIC 方案一致，且当辅助链路有效量化位数小于 8 位时，自干扰抵消性能低于直接对本地发射信号进行 DPD 处理后再以本地发射信号作参考的情况，而 DPD-MP-DAA-SIC 方案的性能随辅助链路有效量化位数变化不明显，该现象与 MP-DAA-SIC 方案仿真结果分析一致，但稳定性更佳（<2 dB）。综上可知，在本仿真条件下，DPD-MP-DAA-SIC 方案的干扰抵消性能由于受到发射机噪声的影响，因此存在较低的上限（约为 50 dB），但具备极佳的性能稳定性。当有效量化位数变化时，性能基本可以保持。而 DPD-PA-DAA-SIC 方案的性能受限于辅助链路有效量化位数，与 PA-DAA-SIC 方案类似。

4.6 实测硬件参数下的方案性能分析

为进一步对上述三种 DAA-SIC 方案进行性能测试与分析，本节拟对各方案进行实测硬件参数下的电路仿真与性能分析。

4.6.1 硬件参数测量实验与电路仿真参数设置

硬件参数测量实验配置如图 4-10 所示，采用 T 类功率放大器发射信号，首先通过级联低噪衰减器（Behringer DI-100）回路直接采集获得功放输出信号，并通过计算求得发射机噪声能量水平；其次通过对功放输出衰减回路信号对功放进行建模以获得功放模型参数。

发射信号参数设置与 4.5.1 节的一致，对采集到的经功放后的畸变信号按照 3.2.3.1 节所述方法进行建模与系数估计，结果如图 4-11 所示。

为防止出现发射机噪声淹没在设备噪声中或采集过载情况，在硬件参数测量实验中对发射信号强度及衰减器（共计 4 挡，20 dB/挡）进行动态控制，经计算得到发射机噪声能量较发射信号能量小约 61 dB。

功放阶数及系数估计结果表明，实验所用 T 类功放具备极高的记忆深度（超过 10 阶），分析导致该现象的原因为：无线电所用功放与水声所用功放设计思路有些许不同，应用于推动水下声学发射换能器的功放内部电路存在大量充放电电容，充放电过程有一定延时效应。利用上述功放测量结果，并结合

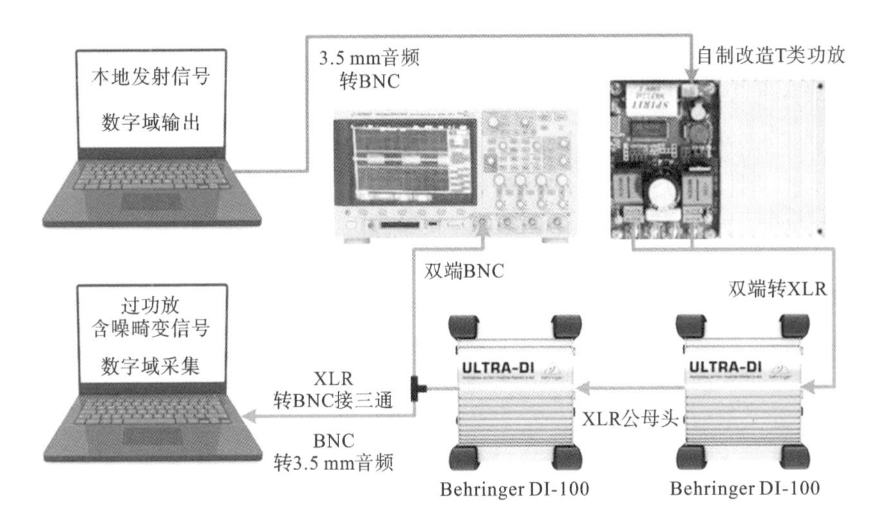

图 4-10 硬件参数测量实验配置

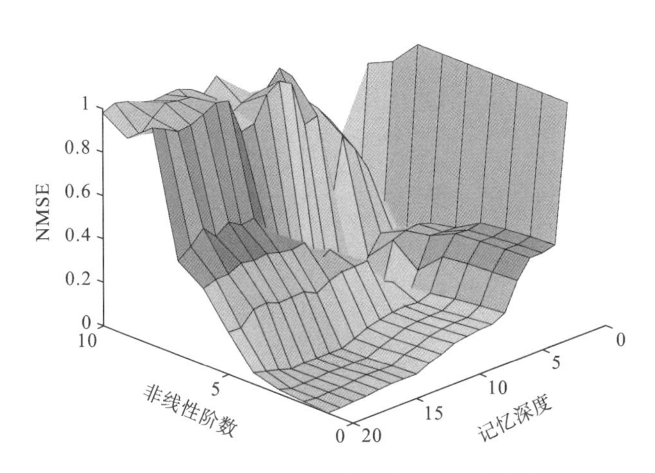

图 4-11 实验所用 T 类功放模型阶数估计结果

真实测量自干扰信号传播信道，进行各方案 Simulink 仿真。

4.6.2 电路仿真结果与性能分析

PA-DAA-SIC 方案电路仿真图如图 4-12 所示。其中，利用实测模型系数及 MP 模型来模拟发射信号经过功放的非线性失真效应。其中省略了基本调制过程，仅保留干扰抵消关键内容。

图 4-13 所示的为上述四种方案在实测硬件参数影响下通过 Simulink 仿真得到的自干扰抵消效果对比图，其中辅助链路噪声设定与 5.6.1 节的一致，

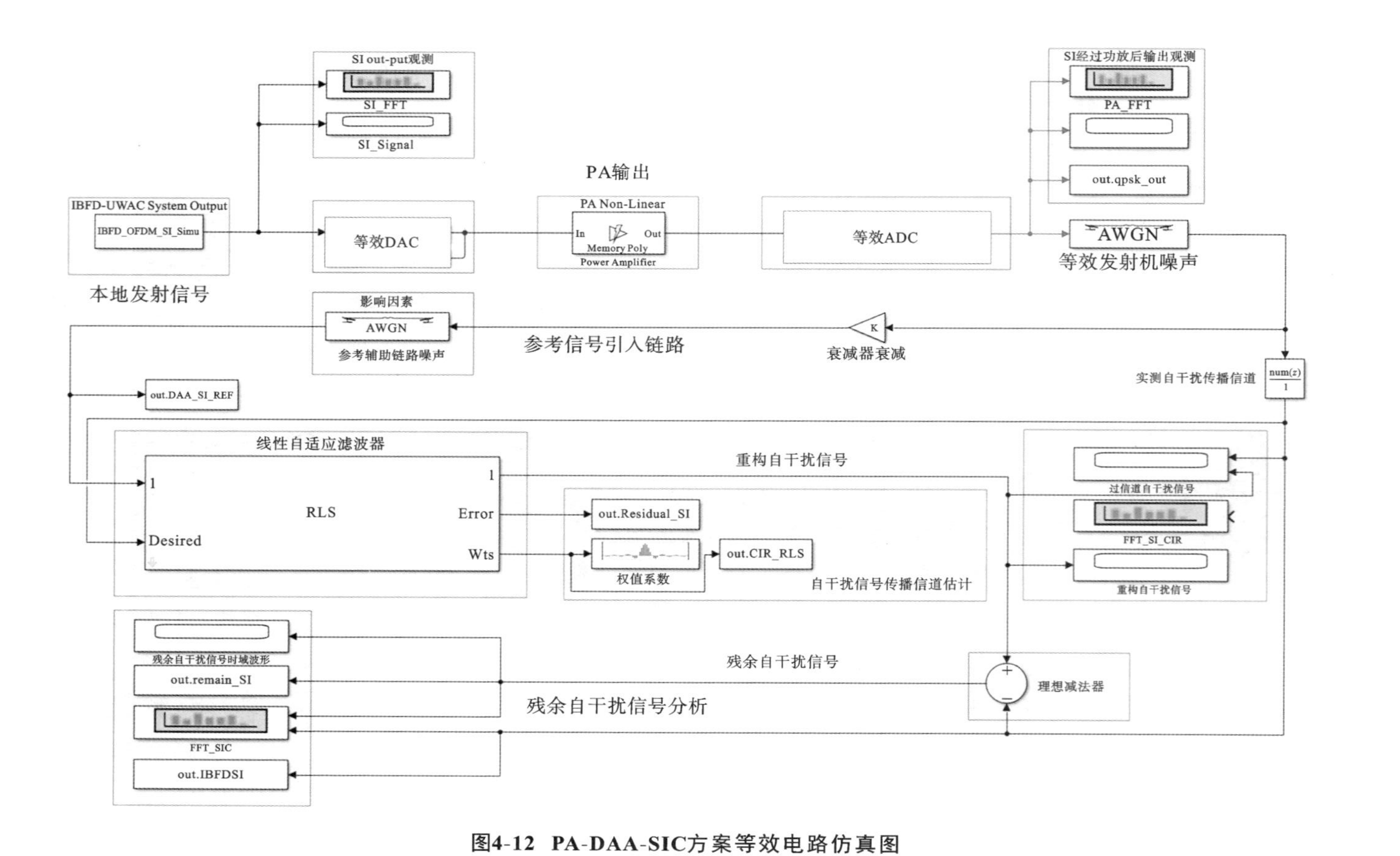

图4-12 PA-DAA-SIC方案等效电路仿真图

同时通过窗长为一个OFDM符号持续时长的滑动窗选取残余自干扰信号与接收自干扰信号进行NMSE对比，为清晰地展示各方案NMSE变化趋势，通过滑动平均对NMSE对比结果进行处理。

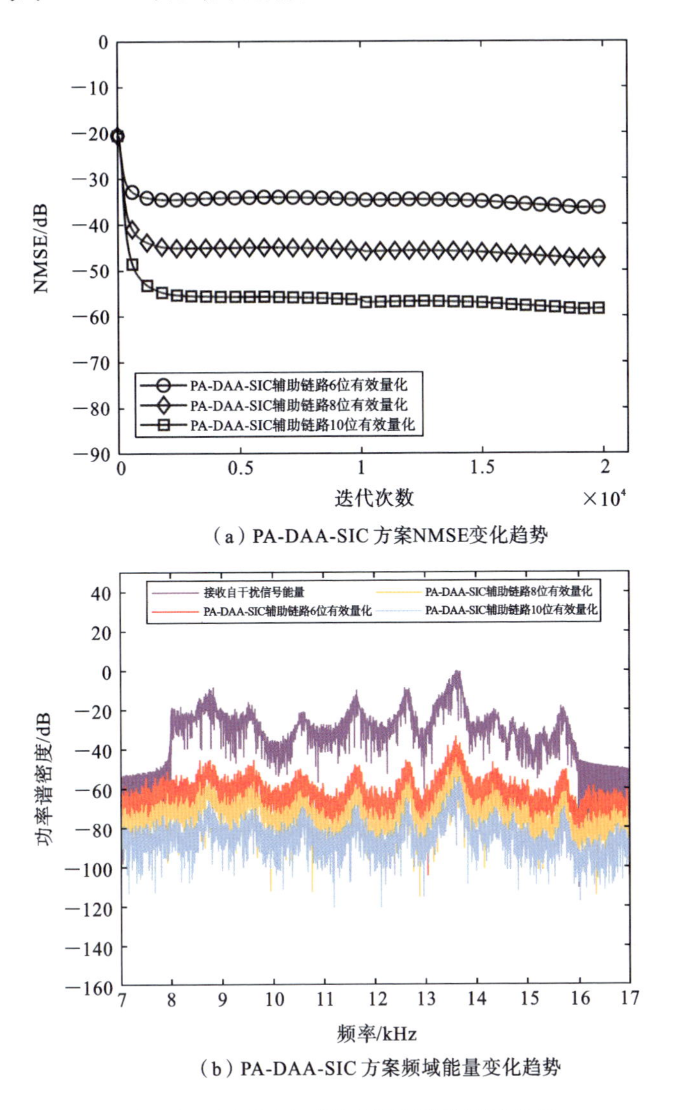

（a）PA-DAA-SIC 方案NMSE变化趋势

（b）PA-DAA-SIC 方案频域能量变化趋势

图4-13　PA-DAA-SIC方案电路仿真结果图

由图4-13可知，实测硬件参数下的性能仿真结果中的自干扰抵消性能变化规律与理论仿真结果基本一致，PA-DAA-SIC易受辅助链路有效量化位数影响。在本仿真参数设定下，每当有效量化位数下降两位时，其自干扰抵消性

能下降近 10 dB。

该性能下降量基本与 5.6.2 节仿真结果一致，并证明了影响 PA-DAA-SIC 方案性能的最主要影响因素为辅助链路有效量化位数。更直观而言，为辅助链路引入信号的信干比。因此，若通过电路设计、ADC 有效量化位数等方面对辅助链路整体噪声进行控制，则可通过 PA-DAA-SIC 方案达到一个较为理想的模拟域自干扰抵消效果。

MP-DAA-SIC 方案等效电路仿真图如图 4-14 所示，其中 MP 模型系数估计与输出重构通过估计及重构模块获得，内部核心算法如 3.2.2 节所述。

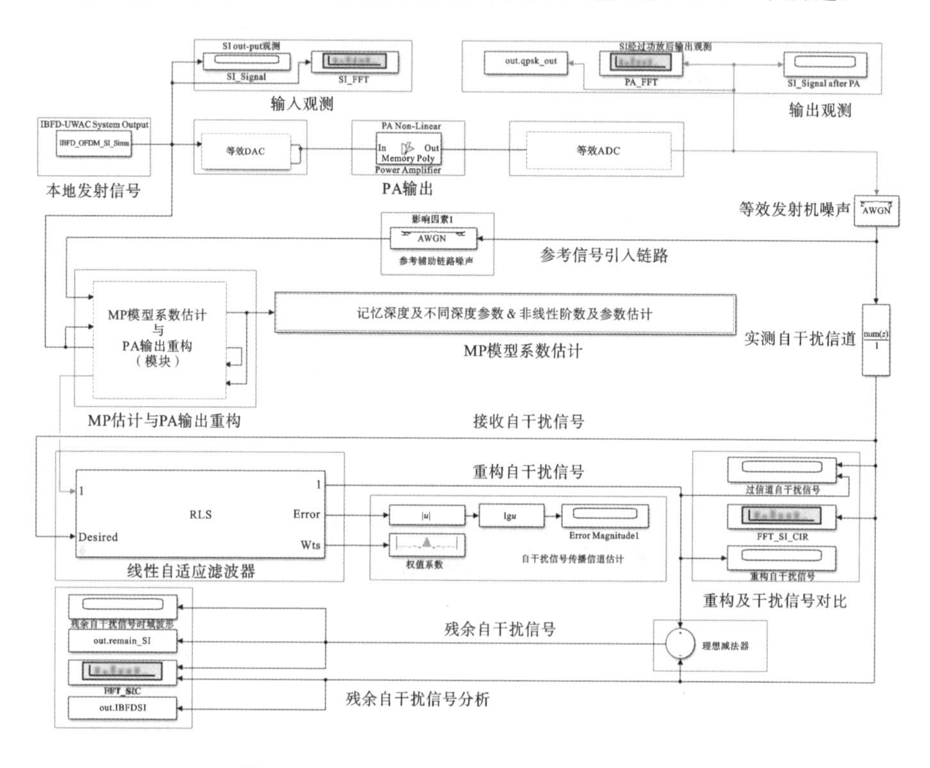

图 4-14 MP-DAA-SIC **方案等效电路仿真图**

图 4-15 所示的为 MP-DAA-SIC 方案电路仿真结果图。

由图 4-15 可知，MP-DAA-SIC 方案可在一定程度上克服辅助链路有效量化位数变化的影响，但性能波动范围由原来的 5 dB 扩大至 10 dB 左右。

当有效量化位数从 10 位降至 8 位时，MP-DAA-SIC 方案性能仅存在2 dB 左右的波动，稳定性超过 PA-DAA-SIC 方案。但当有效量化位数降至 6 位时，MP-DAA-SIC 方案性能衰减到 50 dB 左右，整体看来波动较小，这说明了在利

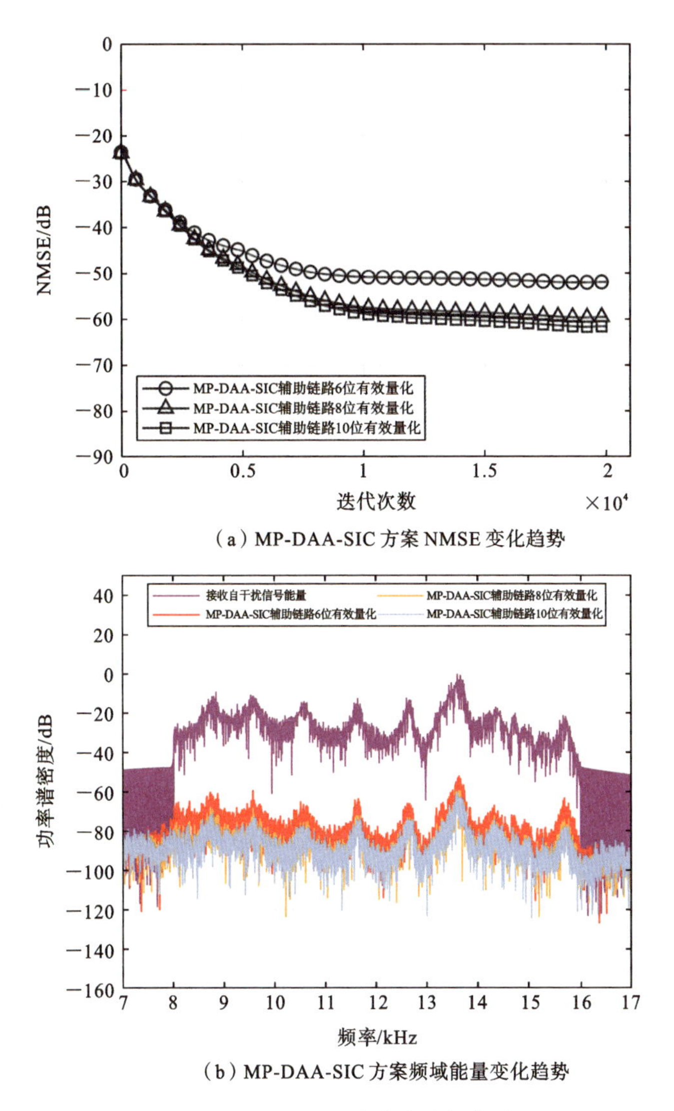

(a) MP-DAA-SIC 方案 NMSE 变化趋势

(b) MP-DAA-SIC 方案频域能量变化趋势

图 4-15　MP-DAA-SIC 方案电路仿真结果图

用 MP 对功放输出信号进行建模的过程中，可以在一定程度上抑制噪声的影响。

由 5.6.3 节可知，当有效量化位数更高时，MP-DAA-SIC 方案由于未能在辅助链路中采集到发射机噪声样本，造成其抵消能力上限较 PA-DAA-SIC 方案低，因此该方案更适用于发射机噪声较低的情况，可通过对发射机电路中各模块进行低噪选型来增加 MP-DAA-SIC 方案的适应性。

或可通过额外链路将发射机噪声采集到数字域中，与 MP 模型重构的发射信号进行叠加，共同作为线性自适应滤波器参考信号来进行干扰抵消过程。但可预见的是，由于需要额外增加辅助链路，因此系统整体复杂度将会提升，同时将对各 ADC/DAC 时钟同步、采样率偏差等指标提出了更高的要求。

DPD-MP-DAA-SIC 方案和 DPD-PA-DAA-SIC 方案电路仿真结果图如图 4-16 和图 4-17 所示，其中 DPD 过程在调制阶段后完成。

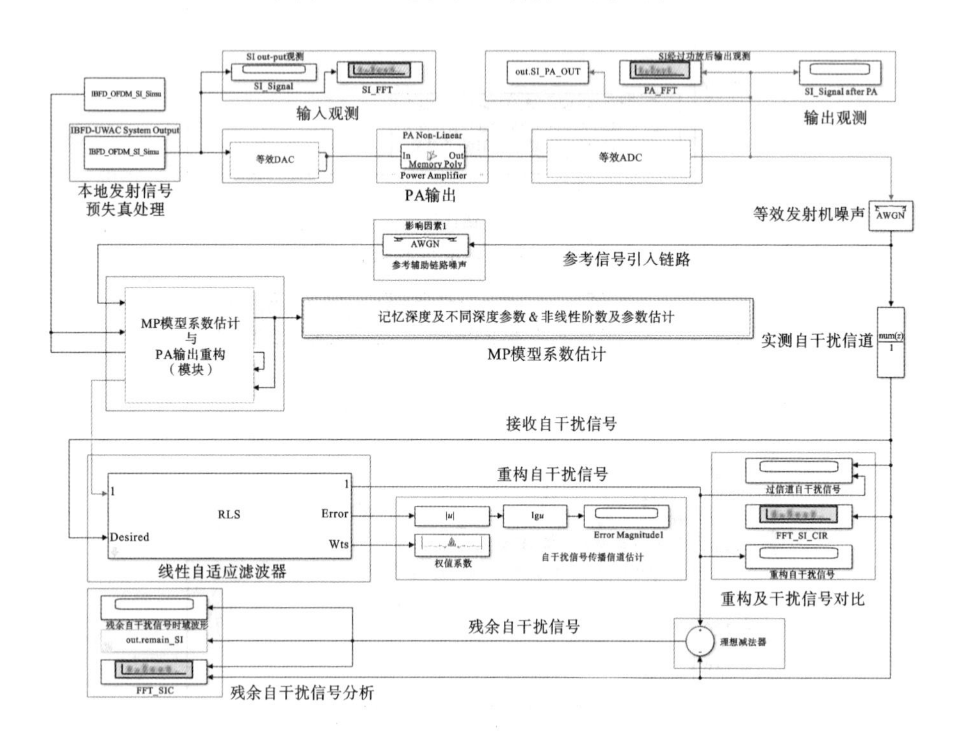

图 4-16 DPD-MP-DAA-SIC **方案等效电路仿真图**

图 4-18 所示的为 DPD-PA/MP-DAA-SIC 方案电路仿真结果图。

由图 4-18 可知，当辅助链路有效量化位数为 6、8 时，DPD-MP-DAA-SIC 方案的性能优于 DPD-PA-DAA-SIC 方案的性能，但 DPD-MP-DAA-SIC 方案的性能存在较低的上限（＜48 dB），而 DPD-PA-DAA-SIC 方案的性能主要受限于辅助链路有效量化位数，且性能上与 PA-DAA-SIC 方案接近，该规律与 4.5.4 节结论一致。

DPD-MP-DAA-SIC 方案在不同有效量化位数下拥有上述方案中最佳的稳定性能，因此可以考虑应用于外界影响下辅助链路电路噪声严重的情况，除

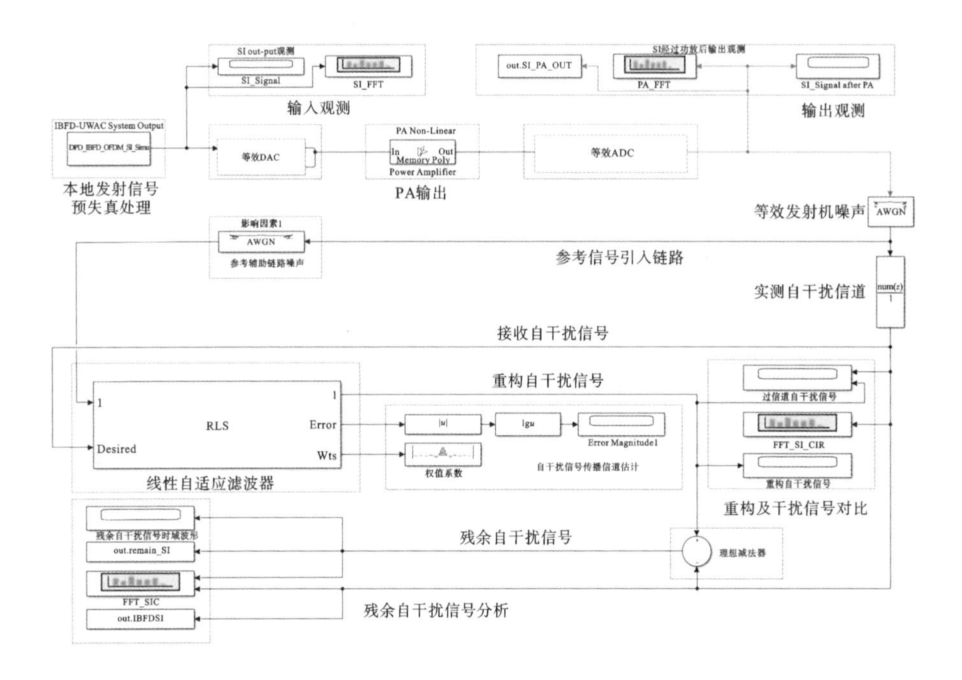

图 4-17　DPD-PA-DAA-SIC 方案等效电路仿真图

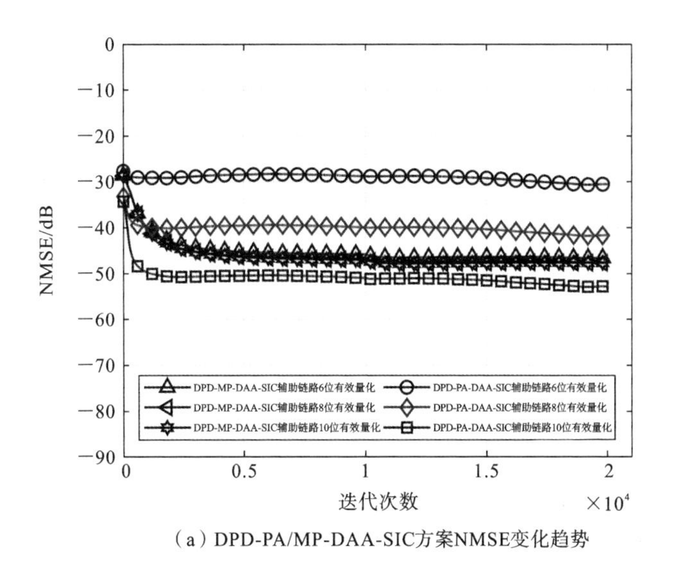

（a）DPD-PA/MP-DAA-SIC方案NMSE变化趋势

图 4-18　DPD-PA/MP-DAA-SIC 方案电路仿真结果图

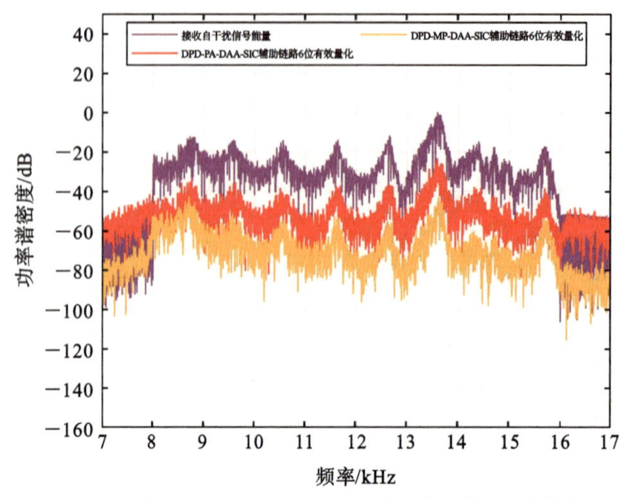

（b）DPD-PA/MP-DAA-SIC方案频域能量变化趋势

续图 4-18

带内全双工通信领域外，还可用于自发性声信号的抵消，以保证近端接收端接收远端期望弱信号。

图 4-19 所示的为各方案自干扰抵消稳态性能理论与电路仿真结果对比，相较于 4.6 节的仿真结果，在采用实测硬件参数的情况下，自干扰抵消性能均有所下降，推测其原因为理论仿真与电路仿真中所采用的功放模型系数不一致，但实测硬件参数下的性能仿真结果中的自干扰抵消性能变化规律与理论

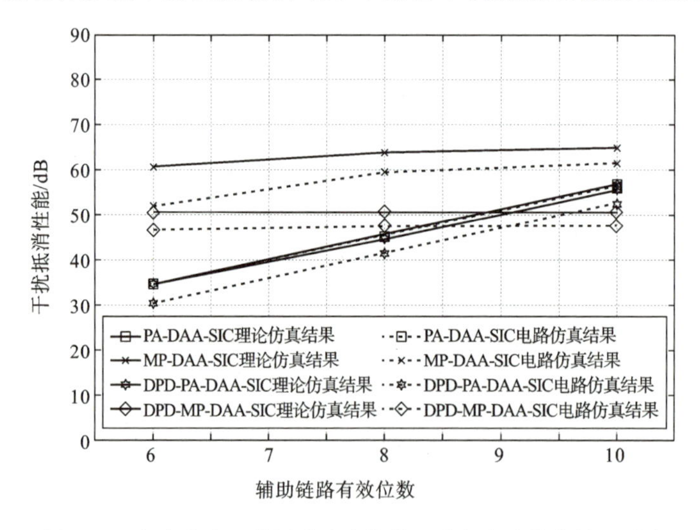

图 4-19　各方案自干扰抵消稳态性能理论与电路仿真结果对比

仿真结果基本一致，这在一定程度上证明方案的有效性。

为最大程度降低硬件设备对干扰抵消效果的影响，本章基于数字辅助模拟域自干扰抵消概念，提出了几种新型数字辅助模拟域自干扰抵消方案。

4.7　主要内容与结论

（1）基于第 3 章研究内容，完成了 PA-DAA-SIC、MP-DAA-SIC 两种基于输出捕获与重构的数字辅助模拟域自干扰抵消方案，并对上述两种方案在不同辅助链路有效量化位数影响下的性能进行了仿真。根据理论仿真结果，分析上述两种方案在实际应用中的干扰抵消性能分别受限于辅助链路有效量化位数与发射机噪声的结论。针对辅助链路有效量化位数及发射机噪声对 DAA-SIC 方案的性能影响，提出了 DPD-MP/PA-DAA-SIC 方案，并给出了上述三种 DAA-SIC 方案的理论仿真结果及在实测硬件参数下的电路仿真结果，并进行了性能横向对比分析。

（2）理论与电路仿真结果表明，本章所述的基于 MP-DAA-SIC 的改进型方案——DPD-MP-DAA-SIC 方案具备较好的抵抗辅助链路有效量化位数波动的能力，但性能仍受限于发射机噪声。

4.8　内容凝练

针对模拟域自干扰抵消性能受硬件参数影响的问题，提出了几种数字辅助模拟域自干扰抵消方法，通过理论和仿真分析验证了方法的可行性，解决了由硬件设备等因素导致的模拟域自干扰抵消性能波动及受限的问题。

参考文献

[1] L. Shen, B. Henson, Y. Zakharov, et al. Digital self-interference cancellation for full-duplex underwater acoustic systems[J]. Circuits and Systems II: Express Briefs, IEEE Transactions on, 2019,67(1): 1-1.

[2] Y. Liu, X. Quan, W. Pan, et al. Digitally assisted analog interference cancellation for in-band full-duplex radios[J]. IEEE Commun. Lett., 2017, 21(5): 1079-1082.

[3] Y. Zhao, G. Qiao, Y. Lou, et al. Digitally assisted analog self-interfer-

ence cancellation for In-band full-duplex underwater acoustic communication[C]//IEEE 2021 OES China Ocean Acoustics (COA), 2021: 612-618.

[4] L. Ding, G. T. Zhou, D. R. Morgan, et al. A robust digital baseband predistorter constructed using memory polynomials[J]. IEEE Trans. Commun., 2004, 52(1): 159-165.

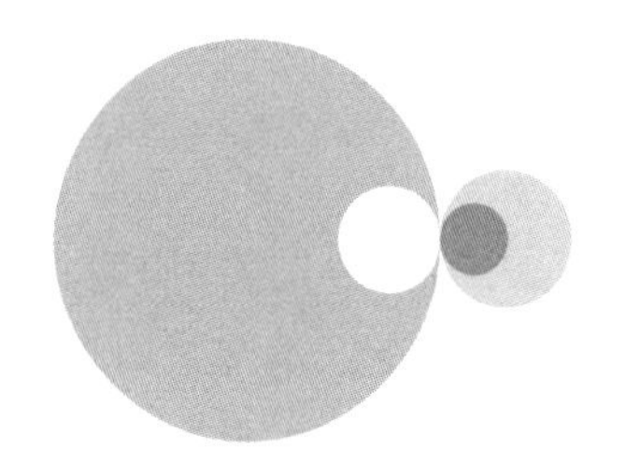

第 5 章
时变信道下数字域自干扰抵消关键技术研究

数字域自干扰抵消作为 IBFD-UWA 通信系统自干扰抵消的最后阶段，需要将自干扰抵消至对期望信号解调的影响达到最低的水平。现有研究表明，结合空间域干扰抑制[1,2]、模拟域自干扰抵消[3,4]后，在进行数字域自干扰抵消前，残余自干扰与期望信号的混合信号中，ISR 为 20～30 dB 的水平。

根据图 1-6 统计结果可知，空间域干扰抑制结合模拟域自干扰抵消技术后，与数字域自干扰抵消技术在干扰性能上的比例近似为 2∶1[5,6,7]，且由第 5 章理论仿真与半实物仿真实验结果可知，不同方案下残余 ISR 水平为 10～30 dB(SIR 初始假设为－80 dB，对应 5 km 通信情况)，同样接近该比例。在本章中，将以前面部分研究结果作为假设展开相关研究。

当 SIR 为－20 dB 以下时，因同步信号的相关增益有限，在实际应用中难以通过同步结果获取干扰信号与期望信号准确的交叠状态，因此无法获取非交叠区域进行干扰信道估计，且非交叠区域长度未知，无法保证信道估计精度。同时，为保证 IBFD-UWA 通信系统稳健性，应以自干扰抵消性能下界达到抵消需求为目标，即需要考虑自干扰信号与远端期望信号处于完全重叠的情况。

此外，考虑到海面随机起伏造成的时变自干扰传播信道对数字域自干扰抵消性能的影响，自适应滤波器应具备较强的信道变化跟踪能力，而常规 RLS

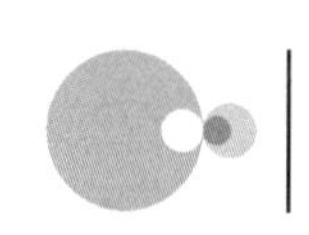

滤波器跟踪性能有限。针对上述讨论问题，本章对第 3 章时变信道仿真结果进行进一步分析，得出了时变自干扰传播信道的局部稳定性特征。

根据以上研究结论，从变化信道分簇路径跟踪的角度提出了一种 RLS 联合 Kalman 滤波器的时变信道分簇路径跟踪方案，通过对该技术方案的理论仿真，对所述方法的性能及有效性进行了验证。

5.1 时变自干扰传播信道特征分析

本书在第 2 章完成了带内全双工自干扰传播信道的建模，考虑到 IBFD-UWA 通信工程样机实际工程应用场景及海面的影响，我们将在本节对时变自干扰传播信道进行特征分析，并以此为基础支撑数字辅助模拟域、数字域自干扰抵消过程中的时变自干扰传播信道跟踪与抵消。

5.1.1 时变自干扰传播信道系统函数分析

现根据第 3 章不同风速下时变信道仿真结果，进行详细分析。一般，当风速逐渐增大导致海面起伏波动剧烈时，常规水平通信场景下的信道相关性将降低，而当风速较低时，水平通信信道可保持一定稳定性。不同于该场景，本地自干扰信号发出后经海面、海底反射后将再次传播至近端接收端，这导致时变自干扰传播信道更接近于一种垂直通信信道，各风速下自干扰传播信道随时间的相关性变化如图 5-1 所示。

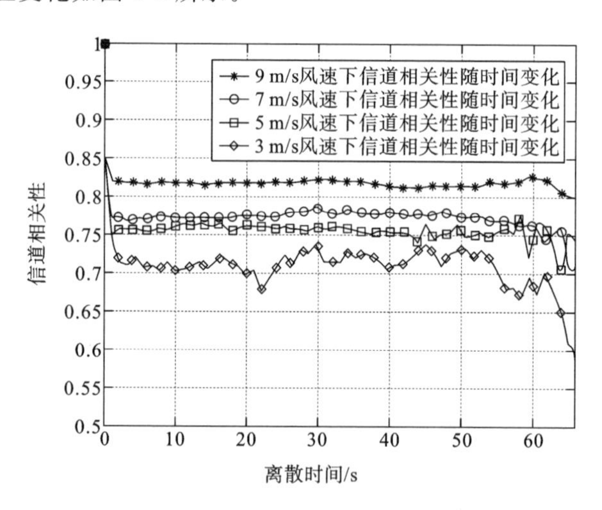

图 5-1 各风速下自干扰传播信道随时间的相关性变化

随着海面波动程度增加，时变自干扰传播信道随时间相关性反而呈现升高的趋势，究其原因为海面反射损失提高，后续到达路径能量降低，导致信道结构中主要成分变为最先到达的几个路径，后续路径对信道整体影响降低。由于海面波动有限，时变自干扰传播信道间仍将保持着一定的相关性，这也为提高自干扰信道估计效率、调整滤波器权值系数更新机制带来了新的思路。

从多径自干扰抵消的角度分析，海面波动情况难以预测，仅能从统计意义上进行描述与分析，风浪影响下的信道抽头时延与强度的变化将为自适应滤波器参数调整带来挑战。为进一步对时变多径自干扰进行分析，各风速下时变多径自干扰信道传输函数图如图 5-2 所示，扩展函数图如图 5-3 所示，双频函数图如图 5-4 所示。

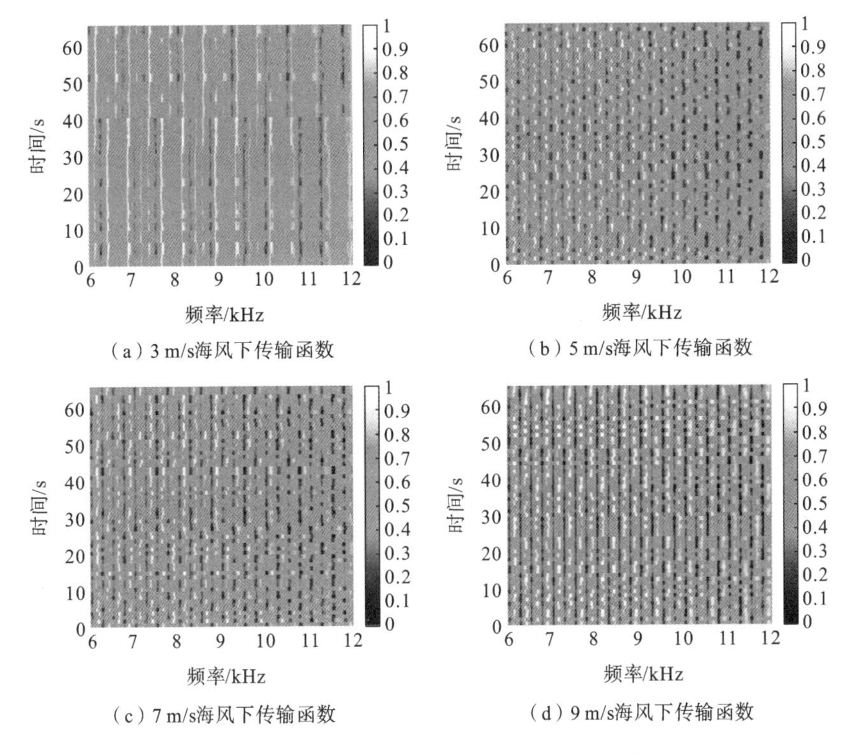

图 5-2 各风速下时变多径自干扰信道传输函数图

由图 5-2，各风速下的传输函数仿真结果可以看出，多径自干扰信道频率选择性衰落明显，3 m/s 风速下，可见几条明显通频带，但随着风速的增加，频率选择性衰落进一步变大，当风速达到 5 m/s 时，各频率增益随着时间变化明显。

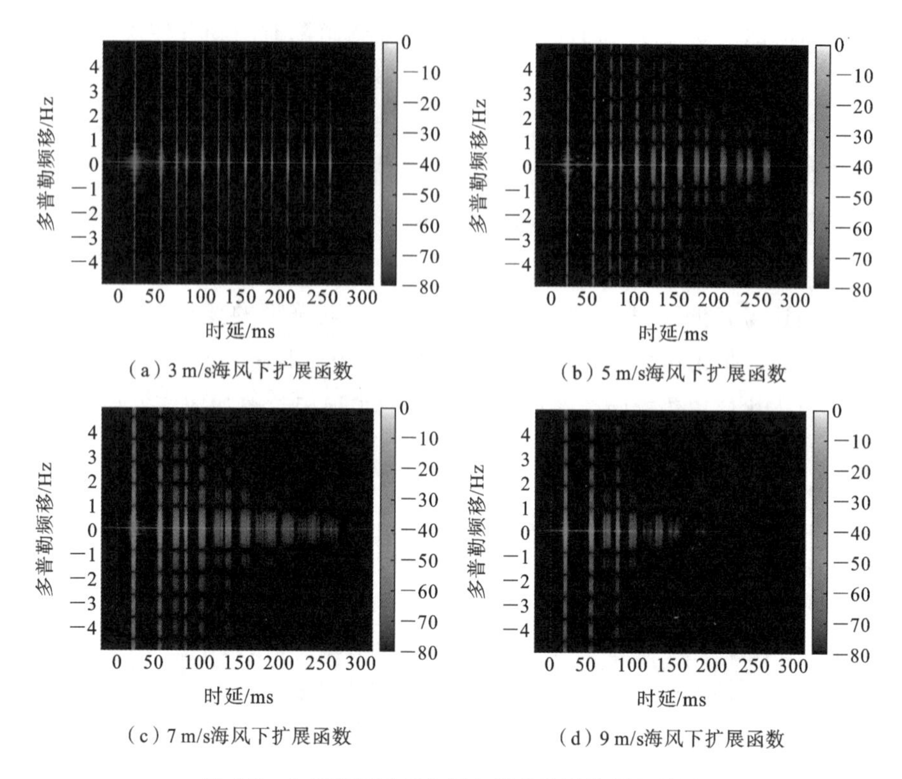

(a) 3 m/s海风下扩展函数

(b) 5 m/s海风下扩展函数

(c) 7 m/s海风下扩展函数

(d) 9 m/s海风下扩展函数

图 5-3 各风速下时变多径自干扰信道扩展函数图

但当风速增加到 7 m/s 及 9 m/s 时,各频率增益随时间变化程度逐渐减弱。该情况出现的原因是当风速增加时,海面反射损失增加,导致后续到达路径能量降低,从而使后续到达路径对信道整体结构影响降低。

由图 5-3 扩展函数仿真结果可以看出,随着风速的增加,海面波动起伏剧烈程度增加。在随机波动海面散射的影响下,信道各路径到达时延逐渐展宽,且在每个路径时延处出现小多普勒频偏,且在海面反射损失增加的影响下,后续到达的路径能量逐渐降低,使得在扩展函数中,在相同标度下当风速增加时,后续到达的传播路径多普勒频偏不明显。

由图 5-4 双频函数仿真结果可以看出,由于发射端与近端接收端相对位置固定,不存在主动运动,因此在各风速双频函数中不存在多普勒频移与频率间的线性变化关系,且多普勒频移随着风速的增加出现微弱的增加趋势。但对于 7 m/s 及 9 m/s 两种风速下,该增加趋势不明显,这同样是由于后续路径能量逐渐降低,导致仅由前几个较早到达路径作为双频函数的主要影响因素;而对于 7 m/s 及 9 m/s 两种风速下,由于较早到达路径累积变化较小,因此导

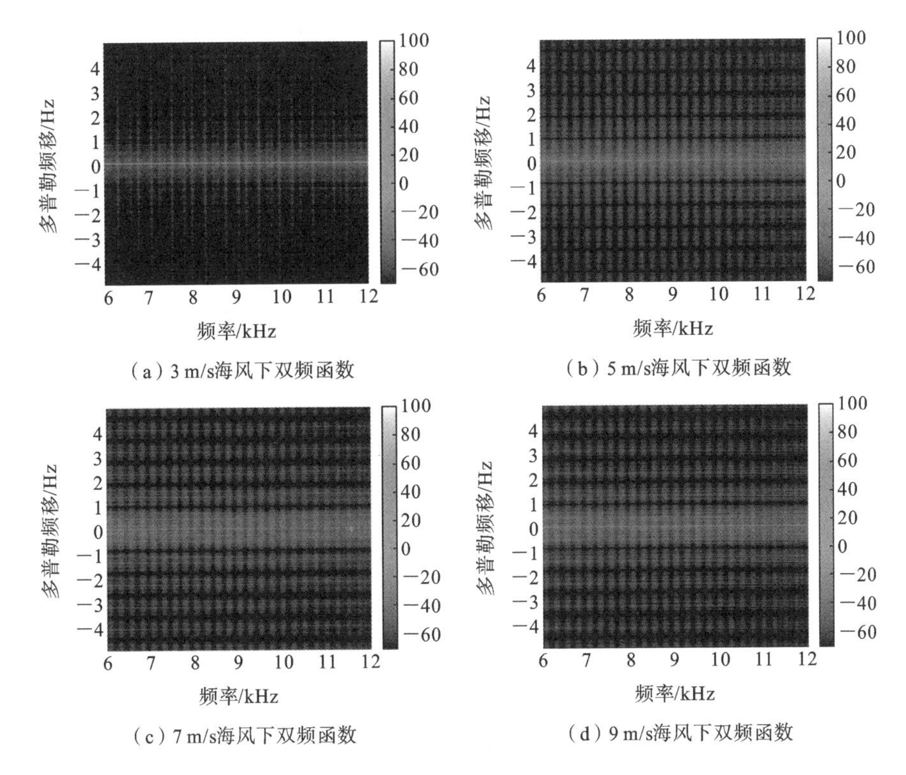

(a) 3 m/s海风下双频函数　(b) 5 m/s海风下双频函数

(c) 7 m/s海风下双频函数　(d) 9 m/s海风下双频函数

图 5-4　各风速下时变多径自干扰信道双频函数图

致 7 m/s 及 9 m/s 两种风速双频函数变化不明显。针对上述特征，本章所述变化信道分簇路径跟踪方案，拟从时变自干扰传播信道中的部分到达路径稳定性入手，展开进一步分析与应用。

5.1.2　时变自干扰传播信道局部稳定性

当海面受风浪影响产生波动时，直达的环路自干扰因收发两端距离固定，其传播信道将不发生变化，同时，考虑到水声通信节点以潜标形式布放场景，经第一次海底反射后到达近端接收端的能量强度和时延也将不发生变化。

文献[8]通过频域信道估计方法处理实测接收自干扰信号得到了信道测量结果，实验证明了部分路径的稳定性，还证明了经过波动界面反射的传播路径信道相干时间短，将会发生快速变化，增大了经此种路径传播下的自干扰信号的抵消难度。但也指出直达路径及不变反射路径能量约占全部自干扰信号能量的 88%(在文中指定的实验场景及部署方案下)。

文献[9]提出了一种分步自干扰抵消方案，利用上述两种传播过程中的路径时延及强度不变特性，第一步在数字域通过 DCD-RLS 算法对两种稳定信道抽头进行首次抵消，第二步完成对残余自干扰信号的进一步抵消。

为进一步对时变自干扰传播信道各路径变化情况进行分析，由于多次反射路径上在该仿真参数下存在重叠，因此以分簇为单位进行分析。

对第 3 章图 3-12 仿真结果进行各分簇路径最强抽头的强度及时延变化提取，其中各风速下多径自干扰各分簇最强路径能量及到达时延变化情况如图 5-5 所示。由图 5-5 可知，随着风速的增加，后续到达分簇能量降低明显，但到达时延相对变化缓慢，仅出现一定的展宽，这为分簇路径到达时延的跟踪提供了可能。

同时可注意到 SMI 中的第二簇到达路径能量与到达时延基本不发生变化，该路径具备一定稳定性，下面根据实测自干扰信号对 SLI 稳定性进行分析。实验设备布放方式与第 2 章进行自干扰传播信道测量时保持一致，但不同的是通过不断调整通信机深度来改变 SLI 传播信道，处理结果如图 5-6 所示。

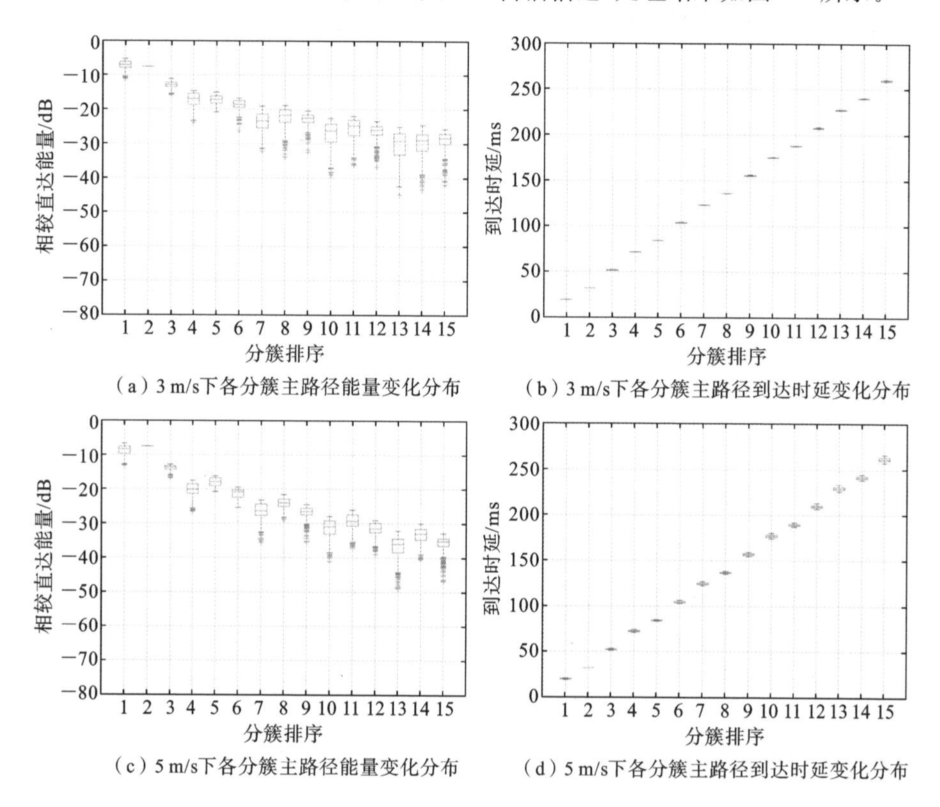

（a）3 m/s下各分簇主路径能量变化分布

（b）3 m/s下各分簇主路径到达时延变化分布

（c）5 m/s下各分簇主路径能量变化分布

（d）5 m/s下各分簇主路径到达时延变化分布

图 5-5 多径自干扰各分簇主路径能量及到达时延变化情况

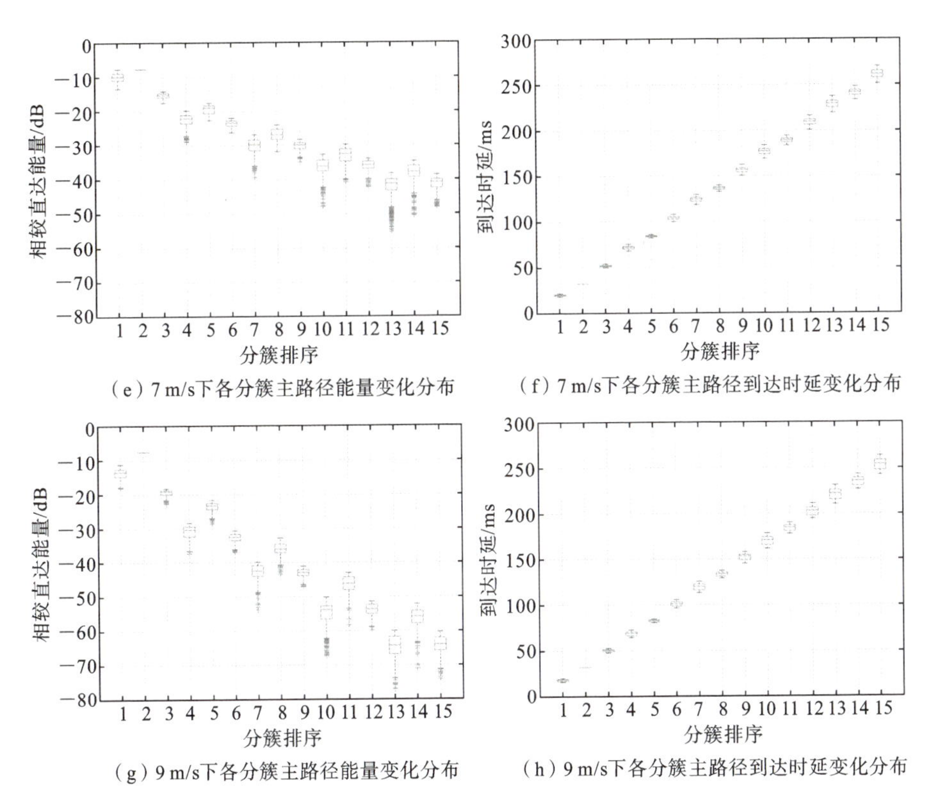

（e）7 m/s下各分簇主路径能量变化分布

（f）7 m/s下各分簇主路径到达时延变化分布

（g）9 m/s下各分簇主路径能量变化分布

（h）9 m/s下各分簇主路径到达时延变化分布

续图 5-5

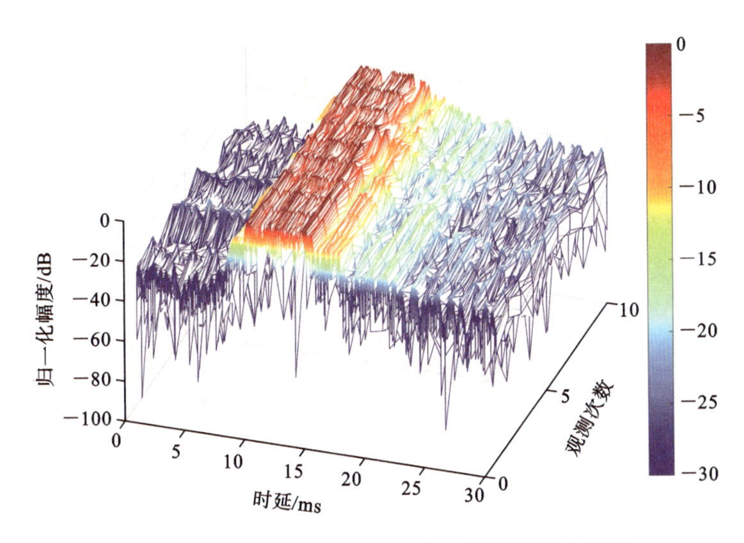

图 5-6　不同深度下实测环路自干扰信道处理结果

如图 5-6 所示，不同深度下 SLI 传播信道测量结果显示 SLI 信道存在一定稳定性，因此，可利用 SLI 及 SMI 部分路径稳定性特征，提高自适应滤波器收敛效率，同时对变化分簇路径进行跟踪，以增加时变自干扰传播信道下的信道估计效率。

5.2 时变自干扰传播信道估计与自干扰抵消技术

根据上述分析与 3.1.4 节中的实测信道及仿真结果可知，仅针对高能量自干扰传播路径进行抵消时整体自干扰抵消的性能有限，同时可进一步得到以下推论：

(1) 对于时变自干扰传播过程，参数相对变化缓慢的路径决定了自干扰抵消性能的下限；

(2) 参数相对变化快的路径特别是小幅度抽头跟踪效果将决定抵消性能的上限。

文献[10]针对时变传播信道各路径到达时延具有连续性变化的特征，提出了一种基于物理传播路径的时变信道估计与跟踪方法，在得到信道抽头到达时延及幅度的初始值后，展开对各路径到达时延与幅度的超分辨率递推与跟踪，但该文献基于信道稀疏性假设，且在仿真中仅采用 4 抽头信道。文献[11]提出了一种针对时变水声信道下 OFDM 通信系统的低复杂度正交匹配追踪(orthogonal matching pursuit，OMP)的信道估计方法，该方法预先计算候选路径特征的 Hermitian 内积矩阵，避免了传统 OMP 方法每次迭代时的重复计算，降低了运算复杂度。对 IBFD-UWA 通信系统而言，需要对时变自干扰传播信道中的不变路径、时变路径及各分簇路径中的散射路径进行跟踪。

上述文献分别以单根路径特征递推和预计算的角度展开了对时变信道的跟踪，受上述文献启发，本节拟基于 5.1.2 节分析结果，提出一种分簇路径特征变化驱动的时变信道跟踪方法，将 RLS 滤波器与 Kalman 滤波器相结合，通过稳定路径先验信息及 Kalman 滤波器对分簇主抽头的跟踪以提高 RLS 滤波器收敛效率，迭代过程中通过 RLS 滤波器对各分簇路径中的小能量路径进行修正，该方法的效果将体现各分簇主抽头对信道估计及自干扰抵消效果的影响。

对上述方法进行性能比较，以对推论进行验证。下面首先对 Kalman 滤波器基本流程进行介绍。

5.2.1 Kalman 滤波器基本原理

Kalman 滤波器常用于状态估计量的滤波与预测,可以通过上一时刻的状态估计值与当前时刻对状态的带噪测量值来更新对状态估计变量的估计,并对下一时刻的状态估计值进行预测,整个过程遵循最小均方误差准则。其主要由两个环节构成,分别为时间更新过程与测量更新过程,对于一个离散时间上的简化状态空间模型,可表示为

$$\boldsymbol{X}_k=\boldsymbol{S}\boldsymbol{X}_{k-1}+\boldsymbol{C}\boldsymbol{u}_{k-1}+\boldsymbol{\omega}_{k-1} \tag{5-1}$$

式中:$\boldsymbol{X}_k$ 为系统状态矩阵;$\boldsymbol{S}$ 为系统状态转移矩阵;$\boldsymbol{C}$ 为控制输入矩阵;$\boldsymbol{u}_k$ 为系统输入量;$\boldsymbol{\omega}_{k-1}$ 为过程噪声,服从零均值高斯分布,其相关矩阵为 $\boldsymbol{Q}_\omega$。测量过程可表示为

$$\boldsymbol{Z}_k=\boldsymbol{H}\boldsymbol{X}_k+\boldsymbol{v}_k \tag{5-2}$$

式中:$\boldsymbol{Z}_k$ 为状态观测量;$\boldsymbol{H}$ 为状态观测矩阵;$\boldsymbol{v}_k$ 为测量噪声,服从零均值高斯分布,其相关矩阵为 $\boldsymbol{Q}_v$。假设系统状态与过程噪声、测量噪声不相关,且过程噪声与测量噪声统计独立。对于系统状态时间更新过程,可参考式(5-1),对第 k 时刻及 $k+1$ 时刻展开讨论,则系统状态预测过程可表示为

$$\boldsymbol{X}_{k+1|k}=\boldsymbol{S}\widetilde{\boldsymbol{X}}_k+\boldsymbol{C}\boldsymbol{u}_k \tag{5-3}$$

式中:$\boldsymbol{X}_{k+1|k}$为基于 k 时刻状态对 $k+1$ 时刻做出的预测结果,即为 Kalman 滤波器对 $k+1$ 时刻的预测值,Kalman 滤波器的核心即为通过 Kalman 增益来均衡预测值与观测值的权重以获得最优估计结果;$\widetilde{\boldsymbol{X}}_k$ 为 k 时刻经过校正后的最优估计值。

将式(5-1)带入式(5-3),考虑 k 时刻状态,则有

$$\begin{aligned}\boldsymbol{e}_{k|k-1}&=\boldsymbol{S}\boldsymbol{X}_{k-1}+\boldsymbol{C}\boldsymbol{u}_{k-1}+\boldsymbol{\omega}_{k-1}-\boldsymbol{S}\widetilde{\boldsymbol{X}}_{k-1}-\boldsymbol{C}\boldsymbol{u}_{k-1}\\&=\boldsymbol{S}\boldsymbol{e}_{k-1}+\boldsymbol{\omega}_{k-1}\end{aligned} \tag{5-4}$$

式中:$\boldsymbol{e}_{k|k-1}$为系统对 k 时刻预测结果的真实值与预测值之间的误差;$\boldsymbol{e}_{k-1}$为真实值与最优估计值之间的误差。

为了衡量预测误差,定义矩阵 $\boldsymbol{P}_{k|k-1}$为基于系统对 k 时刻预测结果的真实值与预测值之间的协方差,定义矩阵 $\boldsymbol{P}_k$ 为真实值与最优估计值之间的协方差,则有

$$\begin{aligned}\boldsymbol{P}_{k|k-1}&=E[(\boldsymbol{X}_k-\boldsymbol{X}_{k|k-1})(\boldsymbol{X}_k-\boldsymbol{X}_{k|k-1})^{\mathrm{T}}]\\&=E[(\boldsymbol{S}\boldsymbol{e}_{k-1}+\boldsymbol{\omega}_{k-1})(\boldsymbol{S}\boldsymbol{e}_{k-1}+\boldsymbol{\omega}_{k-1})^{\mathrm{T}}]\\&=\boldsymbol{S}\boldsymbol{P}_{k-1}\boldsymbol{S}^{\mathrm{T}}+\boldsymbol{Q}_\omega\end{aligned} \tag{5-5}$$

$$\boldsymbol{P}_k=E[(\boldsymbol{X}_k-\widetilde{\boldsymbol{X}}_k)(\boldsymbol{X}_k-\widetilde{\boldsymbol{X}}_k)^{\mathrm{T}}]=E[\boldsymbol{e}_k\boldsymbol{e}_k^{\mathrm{T}}] \tag{5-6}$$

式(5-5)即为估计误差协方差递推公式。基于上述表述与式(5-8)，定义卡尔曼增益为$\boldsymbol{K}$，则系统状态最优估计值可表示为

$$\widetilde{\boldsymbol{X}}_k=\boldsymbol{X}_{k|k-1}+\boldsymbol{K}(\boldsymbol{H}\boldsymbol{X}_k+\boldsymbol{v}_k-\boldsymbol{H}\boldsymbol{X}_{k|k-1}) \tag{5-7}$$

对式(5-7)左右两侧减去$\boldsymbol{X}_k$，则有

$$\begin{aligned}\widetilde{\boldsymbol{X}}_k-\boldsymbol{X}_k&=\boldsymbol{X}_{k|k-1}-\boldsymbol{X}_k+\boldsymbol{K}\boldsymbol{H}(\boldsymbol{X}_k-\boldsymbol{X}_{k|k-1})+\boldsymbol{K}\boldsymbol{v}_k\\-\boldsymbol{e}_k&=-\boldsymbol{e}_{k|k-1}+\boldsymbol{K}\boldsymbol{H}\boldsymbol{e}_{k|k-1}+\boldsymbol{K}\boldsymbol{v}_k\end{aligned} \tag{5-8}$$

整理可得

$$\boldsymbol{e}_k=(\boldsymbol{I}-\boldsymbol{K}\boldsymbol{H})\boldsymbol{e}_{k|k-1}-\boldsymbol{K}\boldsymbol{v}_k \tag{5-9}$$

将式(5-9)带入式(5-6)，则有

$$\begin{aligned}\boldsymbol{P}_k&=E[\boldsymbol{e}_k\boldsymbol{e}_k^{\mathrm{T}}]=E\{[(\boldsymbol{I}-\boldsymbol{K}\boldsymbol{H})\boldsymbol{e}_{k|k-1}-\boldsymbol{K}\boldsymbol{v}_k][(\boldsymbol{I}-\boldsymbol{K}\boldsymbol{H})\boldsymbol{e}_{k|k-1}-\boldsymbol{K}\boldsymbol{v}_k]^{\mathrm{T}}\}\\&=(\boldsymbol{I}-\boldsymbol{K}\boldsymbol{H})\boldsymbol{P}_{k|k-1}(\boldsymbol{I}-\boldsymbol{K}\boldsymbol{H})^{\mathrm{T}}+\boldsymbol{K}\boldsymbol{Q}_{\mathrm{v}}\boldsymbol{K}^{\mathrm{T}}\end{aligned} \tag{5-10}$$

根据最小均方误差准则，令 $\mathrm{tr}(\boldsymbol{P}_k)$对$\boldsymbol{K}$ 求导，可得

$$\begin{aligned}\frac{\mathrm{d}[\mathrm{tr}(\boldsymbol{P}_k)]}{\mathrm{d}\boldsymbol{K}}&=0-2\,(\boldsymbol{H}\boldsymbol{P}_{k|k-1})^{\mathrm{T}}+2\boldsymbol{K}(\boldsymbol{H}\boldsymbol{P}_{k|k-1}\boldsymbol{H}^{\mathrm{T}}+\boldsymbol{Q}_{\mathrm{v}})\\&=2[\boldsymbol{K}(\boldsymbol{H}\boldsymbol{P}_{k|k-1}\boldsymbol{H}^{\mathrm{T}}+\boldsymbol{Q}_{\mathrm{v}})-\boldsymbol{P}_{k|k-1}\boldsymbol{H}^{\mathrm{T}}]\end{aligned} \tag{5-11}$$

令式(5-11)为0，则可得卡尔曼增益更新公式为

$$\boldsymbol{K}=\boldsymbol{P}_{k|k-1}\boldsymbol{H}^{\mathrm{T}}\,(\boldsymbol{H}\boldsymbol{P}_{k|k-1}\boldsymbol{H}^{\mathrm{T}}+\boldsymbol{Q}_{\mathrm{v}})^{-1} \tag{5-12}$$

将式(5-12)带入式(5-10)可得后验估计误差的协方差矩阵递归公式为

$$\boldsymbol{P}_k=(\boldsymbol{I}-\boldsymbol{K}\boldsymbol{H})\boldsymbol{P}_{k|k-1} \tag{5-13}$$

至此，完成 Kalman 滤波器递推过程，现对时间更新与测量更新过程进行整理，具体如表 5-1 所示。

表 5-1　Kalman 滤波器递推过程

步骤	过程描述	
输入初始化	系统状态矩阵初始化 $\boldsymbol{X}_0(0)$ 过程噪声相关矩阵 $\boldsymbol{Q}_\omega$	后验估计误差矩阵初始化 $\boldsymbol{P}_0(0)$ 测量噪声相关矩阵 $\boldsymbol{Q}_{\mathrm{v}}$
时间更新过程	$k=1,2,3,\cdots$ 更新估计误差向量协方差矩阵： 更新系统状态矩阵：	 $\boldsymbol{P}_{k\|k-1}=\boldsymbol{S}\boldsymbol{P}_{k-1}\boldsymbol{S}^{\mathrm{T}}+\boldsymbol{Q}_\omega$ $\boldsymbol{X}_{k\|k-1}=\boldsymbol{S}\widetilde{\boldsymbol{X}}_{k-1}+\boldsymbol{C}\boldsymbol{u}_{k-1}$

续表

步骤	过程描述	
测量更新过程	$k=1,2,3,\cdots$	
	更新卡尔曼增益矩阵：	$\boldsymbol{K}_k=\boldsymbol{P}_{k\mid k-1}\boldsymbol{H}^{\mathrm{T}}\left(\boldsymbol{HP}_{k\mid k-1}\boldsymbol{H}^{\mathrm{T}}+\boldsymbol{Q}_{\mathrm{v}}\right)^{-1}$
	更新系统状态后验估计矩阵：	$\widetilde{\boldsymbol{X}}_k=\boldsymbol{X}_{k\mid k-1}+\boldsymbol{K}_k\left(\boldsymbol{Z}_k-\boldsymbol{HX}_{k\mid k-1}\right)$
	更新后验估计误差向量协方差矩阵：	$\boldsymbol{P}_k=\left(\boldsymbol{I}-\boldsymbol{K}_k\boldsymbol{H}\right)\boldsymbol{P}_{k\mid k-1}$

不同 $\boldsymbol{Q}_{\omega}$、$\boldsymbol{Q}_{\mathrm{v}}$ 的选值将决定了 Kalman 滤波器的综合性能，当系统状态矩阵波动较大时，较大的 $\boldsymbol{Q}_{\omega}$ 可提升 Kalman 滤波器的跟踪性能。

RLS 滤波器仅在每次更新过程中针对估计误差进行一次权值系数调整，且当自干扰传播信道结构发生较大变化时，权值系数需要重新进行调整，这将造成干扰性能的下降。为提升权值系数跟踪性能，拟基于上述时变自干扰传播信道各分簇路径特征变化，通过 Kalman 滤波器提升该过程的跟踪性能。

5.2.2 分簇路径特征变化驱动的信道结构跟踪技术

考虑到自干扰传播信道受海面影响而出现时变性，拟通过对各分簇路径幅度和到达时延的跟踪，以降低由自干扰信道时变性对自干扰抵消性能的影响。当 RLS 滤波器迭代到稳定状态时，若信道出现较大波动，RLS 滤波器权值系数将进入迭代调整状态，体现为原有抽头能量的降低与变化后信道抽头的能量上升，同时伴随权值系数的震荡调整。对于线性时变自干扰传播信道 $\boldsymbol{h}_{\mathrm{V}}(n)$，根据 5.1.1 节及 5.1.2 节的分析，可将其等效为两部分信道的线性叠加，即

$$\boldsymbol{h}_{\mathrm{V}}(n)=\boldsymbol{h}_{\mathrm{Stable}}(n)+\boldsymbol{h}_{\mathrm{Cluster}}(n) \tag{5-14}$$

式中：$\boldsymbol{h}_{\mathrm{Stable}}(n)$ 为自干扰传播信道结构中较为稳定的部分，其中包含直达路径及仅经过一次海底反射的传播路径，当出现海面波动时，可视上述两种路径基本不发生变化；$\boldsymbol{h}_{\mathrm{Cluster}}(n)$ 为在受海面起伏波动的影响下发生强度及到达时延变化的部分信道。

下面为各分簇关注参量的确定过程，由 5.1.1 节及 5.1.2 节分析可知，其各分簇最强抽头到达时延基本稳定在一定时间范围内变化，因此在实际应用中，可根据 IBFD-UWA 通信工程样机实际布放深度与所在水深提前进行信道建模，根据建模结果确定各分簇能量及时延大致波动范围，以此作为各分簇能量最强抽头所在时延搜索范围。同时，考虑到抽头强度变化主要受到反射次

数和界面损失影响，其变化与传播损失关联度有限，因此可假设各分簇最强抽头强度与到达时延变化独立。

因此，拟通过两组 Kalman 滤波器分别对信道各分簇最强抽头的强度与到达时延进行跟踪与预测，通过校正过程提升对信道结构变化的跟踪能力。提取的$\boldsymbol{h}_{\text{Cluster}}(n)$中各分簇最强抽头幅度和到达时延构成幅度状态向量与时延状态向量分别为

$$\boldsymbol{A}_{\text{p}}(n)=[A_{\text{p},1}(n)\quad A_{\text{p},2}(n)\quad \cdots\quad A_{\text{p},N\text{p}}(n)] \tag{5-15}$$

$$\boldsymbol{T}_{\text{p}}(n)=[T_{\text{p},1}(n)\quad T_{\text{p},2}(n)\quad \cdots\quad T_{\text{p},N\text{p}}(n)] \tag{5-16}$$

式中：$\boldsymbol{A}_{\text{p}}(n)$为第 n 时刻各分簇最强抽头幅度状态向量；$\boldsymbol{T}_{\text{p}}(n)$为第 n 时刻各分簇最强抽头离散时间上的时延状态向量，且$\boldsymbol{T}_{\text{p}}(n)\in N^{+}$；$N_{\text{p}}$ 为分簇个数。

假设上述抽头的幅度与时延变化符合一阶马尔可夫模型，则有

$$\boldsymbol{A}_{\text{p}}(n)=\boldsymbol{A}_{\text{p}}(n-1)+\boldsymbol{\omega}_{\text{A}}(n) \tag{5-17}$$

$$\boldsymbol{T}_{\text{p}}(n)=\boldsymbol{T}_{\text{p}}(n-1)+\boldsymbol{\omega}_{\text{T}}(n) \tag{5-18}$$

式中：$\boldsymbol{\omega}_{\text{A}}(n)$和$\boldsymbol{\omega}_{\text{T}}(n)$假设为零均值高斯白噪声信号向量，且上述两向量与$\boldsymbol{A}_{\text{p}}(n-1)$和 $\boldsymbol{T}_{\text{p}}(n-1)$均不相关，可对应为式(5-1)所述的过程噪声，相应的相关矩阵可分别假设为$\boldsymbol{Q}_{\omega\text{A}}(n)=\sigma_{\omega\text{A}}^{2}\boldsymbol{I}_{N\text{p}}$，$\boldsymbol{Q}_{\omega\text{T}}(n)=\sigma_{\omega\text{T}}^{2}\boldsymbol{I}_{N\text{p}}$，参数 $\sigma_{\omega\text{A}}^{2}$ 及 $\sigma_{\omega\text{T}}^{2}$ 分别表征相应向量的数值波动强度。

此时，可视式(5-17)及式(5-18)为 Kalman 滤波器状态空间模型，对于 RLS 迭代过程，考虑避免后续分析过程中 RLS 滤波器增益向量与卡尔曼增益向量混淆，重定义 RLS 迭代过程中的增益向量，将其定义为$\boldsymbol{k}_{\text{rls}}(n)$，对于时变信道，可由第 4 章描述得知滤波器权值系数更新过程为

$$\begin{aligned}\hat{\boldsymbol{h}}_{\text{V}}(n)&=\hat{\boldsymbol{h}}_{\text{V}}(n-1)+\boldsymbol{k}(n)\xi(n)\\&=\hat{\boldsymbol{h}}_{\text{V}}(n-1)+\boldsymbol{\sigma}^{-1}(n)\boldsymbol{x}(n)\xi(n)\end{aligned} \tag{5-19}$$

则结合本章 Kalman 滤波器递推公式可知，式(5-19)可变为

$$\hat{\boldsymbol{h}}_{\text{V}}(n)=\hat{\boldsymbol{h}}_{\text{V}}(n-1)+\boldsymbol{k}_{\text{rls}}(n)\xi(n) \tag{5-20}$$

通过式(5-20)获得信道估计结果后，需要进一步对各分簇特征进行提取，即通过各分簇在离散时间上的波动范围内选取抽头幅度最强处，将此处幅度及离散时间位置作为各分簇的最强抽头幅度及到达时延。

式(5-15)及式(5-16)描述的状态方程，需要有测量过程对状态向量进行校正，对式(5-2)进行变换，即

$$\boldsymbol{Z}_{\mathrm{Ap}}(n)=\boldsymbol{H}_{\mathrm{Ap}}\boldsymbol{Z}_{\mathrm{Ap}}(n-1)+\boldsymbol{v}_{\mathrm{A}}(n)$$
$$\boldsymbol{Z}_{\mathrm{Tp}}(n)=\boldsymbol{H}_{\mathrm{Tp}}\boldsymbol{Z}_{\mathrm{Tp}}(n-1)+\boldsymbol{v}_{\mathrm{T}}(n) \tag{5-21}$$

考虑 IBFD-UWA 通信节点以潜标形式运行的场景(无主观运动),因此可将$\boldsymbol{H}_{\mathrm{Ap}}$及$\boldsymbol{H}_{\mathrm{Tp}}$省略为元素全为 1 的向量。$\boldsymbol{v}_{\mathrm{A}}(n)$与$\boldsymbol{v}_{\mathrm{T}}(n)$可视为式(5-21)过程的测量噪声,假设其与$\boldsymbol{Z}_{\mathrm{Ap}}(n)$及$\boldsymbol{Z}_{\mathrm{Tp}}(n)$互不相关,且服从零均值高斯分布,相关矩阵分别为$\boldsymbol{R}_{\mathrm{vA}}=\sigma_{\mathrm{vA}}^2\boldsymbol{I}_{N\mathrm{p}}$及$\boldsymbol{R}_{\mathrm{vT}}=\sigma_{\mathrm{vT}}^2\boldsymbol{I}_{N\mathrm{p}}$。其中参数 σ_{vA}^2、σ_{vT}^2、$\sigma_{\omega\mathrm{A}}^2$及 $\sigma_{\omega\mathrm{T}}^2$对 Kalman 滤波器迭代性能有重要影响,在以跟踪各分簇最强路径幅度和到达时延为主体的信道跟踪过程中,需要保证 Kalman 滤波器对 RLS 的每次迭代结果具备较高的跟踪能力,即需要提高实测值的权重,特别是对各分簇最强抽头所在位置,需要以 RLS 滤波器迭代结果为主,也就是需要提高 $\sigma_{\omega\mathrm{T}}^2$ 的取值。而对于 $\sigma_{\omega\mathrm{A}}^2$,可在已知通信机预计布放场景下通过第 2 章所述方法对时变信道进行仿真,并对仿真结果进行分簇路径特征变化提取。

对于最强抽头幅度更新过程的测量噪声 $\boldsymbol{v}_{\mathrm{A}}(n)$,考虑每次迭代后 RLS 权值系数变化过程如式(5-20)所示,第 n 时刻迭代时权值系数增量为 $\boldsymbol{k}_{\mathrm{rls}}(n)\xi(n)$,不同抽头位置增量不同。在本节所述信道跟踪技术中,为简化迭代过程计算复杂度,拟将 σ_{vA}^2取值为权值系数增量的方差。

当信道发生变化时,RLS 迭代权值系数增量变大,将会导致 σ_{vA}^2增加,此时将使最强路径幅度的迭代过程中在预测值与实测值之间进行平衡,而在 RLS 迭代一段时间后,权值系数增量将降低,RLS 滤波器权值系数趋于稳定,使得 σ_{vA}^2降低,更有利于 Kalman 滤波器对 RLS 迭代结果的跟踪。

对于最强抽头所在位置更新过程的测量噪声 $\boldsymbol{v}_{\mathrm{T}}(n)$,考虑更新过程以 RLS 迭代结果为主,即需要始终保持 σ_{vT}^2以较小值参与到迭代过程,以提高对实测值的权重,且每次需要对得到的后验估计值进行四舍五入操作。完成各分簇的最强抽头的迭代后,还需要对各分簇中小能量路径进行处理,假设各分簇路径中的小能量路径在相邻采样间隔处不发生明显变化,通过 RLS 滤波器对各分簇内的小能量路径进行校正。

上述信道跟踪过程以 RLS 迭代结果为主体,当自干扰传播信道结构发生变化时开启对各分簇最强抽头幅度及时延的跟踪,因此需要对信道状态进行判定。本方法把估计误差作为信道估计状态判定依据,假设第 n 时刻信道结构发生显著变化,则判定过程可表述为

$$\begin{cases} \dfrac{\xi(n)}{\sum\limits_{n-n_\gamma}^{n-1}\xi(i)/n_\gamma} > \eta_k, & 开启 \\ \dfrac{\xi(n)}{\sum\limits_{n-n_\gamma}^{n-1}\xi(i)/n_\gamma} \leqslant \eta_k, & 不开启 \end{cases} \tag{5-22}$$

当 RLS 滤波器处于稳态时，估计误差将不发生较大变化，该式所述的判决过程相当于第 n 时刻估计误差 $\xi(n)$ 与 η_k 倍的滑动窗长为 n_γ 下的往次迭代估计误差滑动平均结果的比较，η_k 取值与信道结构变化剧烈程度及干扰信号与期望信号交叠程度有关，当 $\xi(n)$ 大于上述 η_k 倍的平均结果时，则判定为信道结构发生变化，通过 Kalman 滤波器对各分簇最强抽头幅度和到达时延进行跟踪。

在连续多次迭代后，$\boldsymbol{T}_{\mathrm{p}}(n)$ 不发生变化时，视为信道迭代得到的结构基本与变化后的信道相同，则停止跟踪过程，通过 RLS 滤波器完成后续权值系数的调整，整体跟踪步骤如下。

(1) 根据指定关注分簇个数 N_{p}，通过先验分簇分布提取各分簇最强抽头幅度及所在时延位置，按照式(5-15)及式(5-16)构造状态矩阵。

(2) 根据指定倍数 η_k 及窗长 n_γ。通过式(5-22)判断信道估计状态，若不满足判定条件，则不予操作，若满足条件执行步骤(3)，下列步骤中假设 k 时刻出现信道波动。

(3) 根据表 5-1 完成 Kalman 滤波器初始化后，通过指定参数应用式(5-23)及式(5-24)分别计算幅度及时延位置状态向量的估计误差向量协方差矩阵$\boldsymbol{P}_{A,k|k-1}$、$\boldsymbol{P}_{T,k|k-1}$，以及卡尔曼增益$\boldsymbol{K}_{A,k}$、$\boldsymbol{K}_{T,k}$，因不存在主观运动，可视系统状态转移矩阵中的元素全为 1，因此以状态向量的后验估计值作为下一时刻的预测值。

$$\begin{aligned} \boldsymbol{P}_{\mathrm{A},k|k-1} &= \boldsymbol{P}_{\mathrm{A},k-1} + \boldsymbol{Q}_{\omega\mathrm{A}} \\ \boldsymbol{P}_{\mathrm{T},k|k-1} &= \boldsymbol{P}_{\mathrm{T},k-1} + \boldsymbol{Q}_{\omega\mathrm{T}} \end{aligned} \tag{5-23}$$

$$\begin{aligned} \boldsymbol{K}_{\mathrm{A},k} &= \boldsymbol{P}_{\mathrm{A},k|k-1}\left[\boldsymbol{P}_{\mathrm{A},k|k-1} + \boldsymbol{R}_{\mathrm{vA}}(k)\right]^{-1} \\ \boldsymbol{K}_{\mathrm{T},k} &= \boldsymbol{P}_{\mathrm{T},k|k-1}\left(\boldsymbol{P}_{\mathrm{T},k|k-1} + \boldsymbol{R}_{\mathrm{vT}}\right)^{-1} \end{aligned} \tag{5-24}$$

(4) 据 RLS 迭代结果，在先验分簇分布范围内提取更新后的各分簇最强抽头幅度 $\boldsymbol{Z}_{\mathrm{Ap}}(k)$ 及所在时延位置 $\boldsymbol{Z}_{\mathrm{Tp}}(k)$，带入式(5-25)对两参数进行更新，并更新两参数的后验估计误差向量协方差矩阵 $\boldsymbol{P}_{\mathrm{A},k}$ 及 $\boldsymbol{P}_{\mathrm{T},k}$

$$\begin{aligned}\widetilde{\boldsymbol{A}}_{\mathrm{p}}(k)&=\boldsymbol{A}_{\mathrm{p}}(k-1)+\boldsymbol{K}_{\mathrm{A},k}[\boldsymbol{Z}_{\mathrm{Ap}}(k-1)-\boldsymbol{A}_{\mathrm{p}}(k-1)]\\ \widetilde{\boldsymbol{T}}_{\mathrm{p}}(k)&=\boldsymbol{T}_{\mathrm{p}}(k-1)+\boldsymbol{K}_{\mathrm{T},k}[\boldsymbol{Z}_{\mathrm{Tp}}(k)-\boldsymbol{T}_{\mathrm{p}}(k-1)]\end{aligned}\tag{5-25}$$

$$\begin{aligned}\boldsymbol{P}_{\mathrm{A},k}&=(\boldsymbol{I}-\boldsymbol{K}_{\mathrm{A},k})\boldsymbol{P}_{\mathrm{A},k|k-1}\\ \boldsymbol{P}_{\mathrm{T},k}&=(\boldsymbol{I}-\boldsymbol{K}_{\mathrm{T},k})\boldsymbol{P}_{\mathrm{T},k|k-1}\end{aligned}\tag{5-26}$$

(5) 通过获得的更新结果对 RLS 迭代结果进行修正，首先对原各分簇路径中除最强抽头以外的小能量路径进行保留（左右各取 N_{s} 根抽头），并对上一时刻各分簇最强抽头幅度进行置零，根据更新结果，移动各分簇最强抽头至更新后的时延位置，进行幅度替换后，搬移原小能量路径至最强抽头两侧，等待下一次 RLS 迭代对小能量路径进行调整。

(6) 完成更新后，等待下一次信道估计状态判定，若估计误差不符合式(5-22)且连续 N_{Tp} 次 $\boldsymbol{Z}_{\mathrm{Tp}}(n)$ 不发生变化，则认为信道结构趋于稳定，停止分簇路径特征跟踪，通过 RLS 滤波器完成后续权值系数调整。

至此，变化信道分簇路径跟踪方案过程描述完毕，考虑到 Kalman 滤波器在上述过程中主要以 RLS 滤波器迭代结果为测量值，并在此基础上进行跟踪，在 Kalman 滤波器完成分簇主径能量及到达时延跟踪后，后续权值系数迭代的效果将仍以 RLS 滤波器性能为主。该方法以快速跟踪各分簇路径中的最强能量抽头为核心，可以通过该方法体现出在对变化路径的快速跟踪下，所获得的自干扰抵消效果。

5.3 算法仿真及性能分析

5.3.1 仿真场景与参数设置

为了清晰地了解本章所述方案的性能，本节对上述方案进行性能分析。其中，通过先验信道信息而获得性能提高的算法，在常规缩写前加入 PIE(prior information enhanced，先验信息增强）以示区别。IBFD-UWA 通信系统通信信号采用 OFDM 信号，具体调制参数如表 5-2 所示。仿真过程中采用的本地自干扰信号传播信道（包含变化信道）源于第 2 章信道建模中 9 m/s 风速下的仿真结果。

本节分别对自干扰信号与期望信号完全重叠及远端期望信号后续到达的情况（期望信号先到达的情况对自干扰信号的信道估计过程来说与完全重叠状

表 5-2　仿真参数设定

参数名称	配置值/描述	参数名称	配置值/描述
采样频率	48 kHz	FFT 点数	8192
通信频带范围	8～16 kHz	子载波个数	1365
子载波调制方式	QPSK	循环前缀比	0.3
导频间隔	3		

态等效)进行仿真，以验证不同方案在受远端期望信号能量干扰情况下的信道估计及自干扰抵消性能，为观察信道连续变化下的各方案性能，在初始假设中，每半个 OFDM 符号信道变化一次。

为了评价各方案对自干扰传播信道的估计性能，采用归一化均方差(normalized mean square deviation, NMSD)作为各方案性能评价准则，具体计算方法如下：

$$\mathrm{NMSD}(n)=10\lg\left[\frac{\|\boldsymbol{h}_{\mathrm{SI}}(n)-\hat{\boldsymbol{h}}_{\mathrm{SI}}(n)\|_2^2}{\|\boldsymbol{h}_{\mathrm{SI}}(n)\|_2^2}\right] \tag{5-27}$$

为了对比各方案在时变信道下不同时刻的自干扰抵消性能，对 NMSE 公式进行修改，修改为以第 n 时刻信道估计结果进行抵消后的残余自干扰信号与自干扰信号间的 NMSE(modified NMSE, M-NMSE)对比，具体计算如下：

$$\text{M-NMSE}(n)=10\lg\left[\frac{\|\boldsymbol{y}_{\mathrm{SI}}-\hat{\boldsymbol{h}}_{\mathrm{SI}}^{\mathrm{H}}(n)\boldsymbol{x}\|_2^2}{\|\boldsymbol{y}_{\mathrm{SI}}\|_2^2}\right] \tag{5-28}$$

该性能衡量标准的有益效果为可以通过 NMSD 及 M-NMSE 的横向对比进一步了解信道估计精度对自干扰抵消性能的影响。

5.3.2　仿真数据处理结果与性能分析

首先，对时变自干扰传播信道局部稳定性作为先验信息时，结合 Kalman 滤波器的分簇路径特征跟踪算法(简称 PIE-Kalman-RLS)，与常规 RLS 滤波器性能进行仿真。仿真实验中，SIR 为 −20 dB，SNR 为 20 dB，自干扰信号与期望信号处于完全重叠状态，以及于第 7000 个采样点处引入远端期望信号，各变化信道持续时间内 M-NMSE 指标独立计算，各变化信道持续时间内 M-NMSE 仿真结果对比如图 5-7 所示。

常规 RLS 及 PIE-Kalman-RLS 的遗忘因子设定为 $\lambda=0.9995$，PIE-Kalman-RLS 中信道结构变化判定门限 $\eta_k=5$，窗长 $n_\gamma=10$，关注的变化分簇数

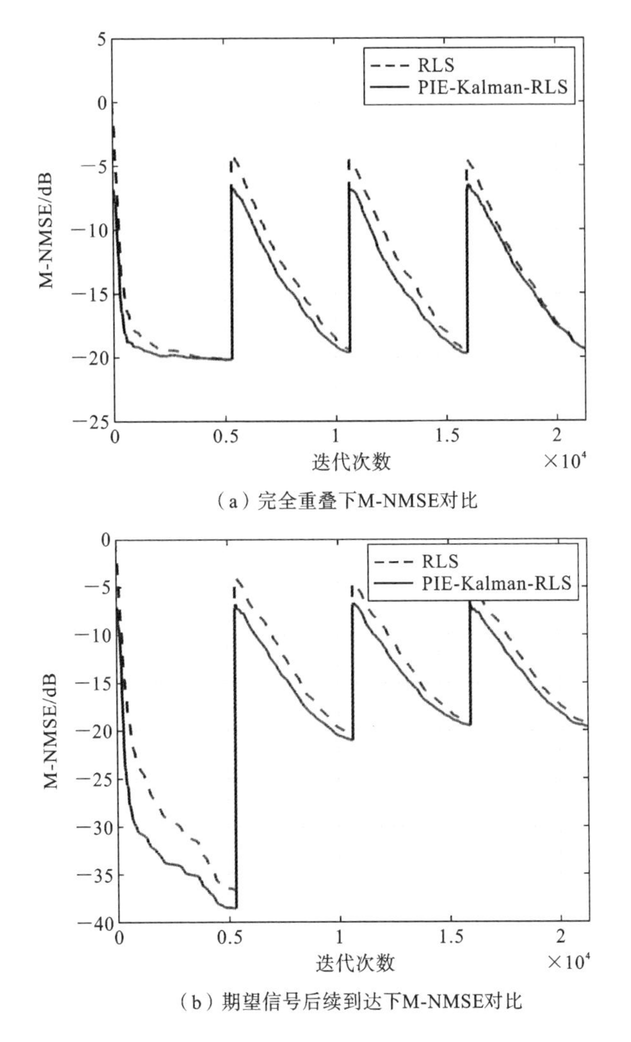

(a) 完全重叠下M-NMSE对比

(b) 期望信号后续到达下M-NMSE对比

图 5-7 PIE-Kalman-RLS **与** RLS **滤波器** M-NMSE **性能对比**

$N_{\mathrm{p}}=5$。不同于其他类型 RLS 滤波器性能对比结果，由于采用的干扰信号与期望信号都为 OFDM 信号，信号幅值具有极大的随机性，且两信号间重叠度较高，因此存在一定波动。

由图 5-7 可知，在初始时刻将具有一定稳定性的信道抽头位置及赋值替换到 RLS 滤波器的权值系数中，可获得约 6 dB 的增益效果，但随着迭代次数的增加，该增益效果相对有限。

PIE-Kalman-RLS 相较于常规 RLS 滤波器在自干扰信道发生结构变化时在 M-NMSE 指标上具有较快的收敛速度，但稳态性能基本一致。进一步，各

变化信道持续时间内 NMSD 仿真结果对比如图 5-8 所示。

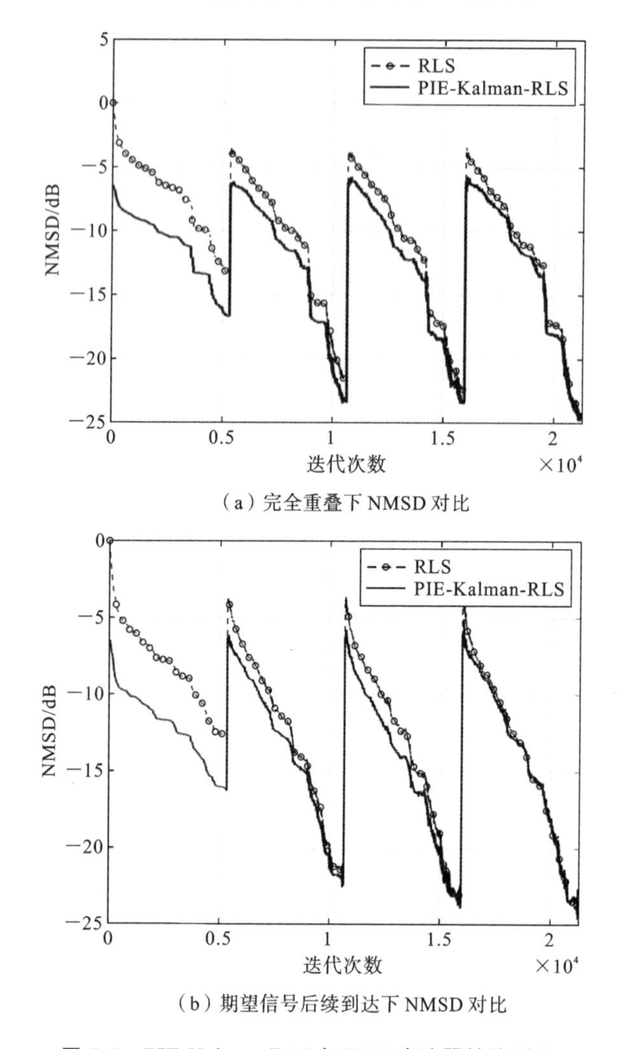

（a）完全重叠下 NMSD 对比

（b）期望信号后续到达下 NMSD 对比

图 5-8 PIE-Kalman-RLS 与 RLS 滤波器性能对比

由图 5-8 可知，因 PIE-Kalman-RLS 是在每步 RLS 滤波器迭代结果中一定范围内搜索更新的最大值，因此，在信道结构发生变化的时刻后，需要在 RLS 滤波器迭代结果中新分簇位置权值系数在一定范围内最大时，才可实现迅速的结构跟踪，而由于各分簇对应的权值系数更新在时间上离散，因此 PIE-Kalman-RLS 在 NMSD 的指标中会出现阶梯式的下降。

该仿真结果在一定程度上证明了仅对各分簇最强的抽头进行跟踪，无法在自干扰抵消性能上提供较大增益，进而证明了在 IBFD-UWA 通信系统中，若以常规半双工通信系统中以稀疏性作为信道假设的角度，无法达到理想的干扰抵消效果。

基于本节内容分析，接下来本书将从变遗忘因子 RLS 滤波器的角度，对适用于时变信道下自干扰信道估计与干扰抵消的方法进行进一步的探索。

数字域自干扰抵消作为自干扰抵消过程的最后阶段，需要将自干扰抵消至对期望信号解调的影响到最低的水平。IBFD -UWA 通信节点在进行双向通信时，自干扰信号与期望信号将大概率处于重叠状态，当自干扰信号与期望信号能量差距较大时，无法通过同步头获知两信号交叠状态，因此在进行数字域自干扰抵消性能分析时，应以完全重叠为前提假设进行研究，进而提供更有实际参考价值的研究结果。同时，由于海面存在随机起伏，造成了自干扰传播信道的时变性，进而影响了自干扰抵消的性能。针对上述问题，本章从时变信道跟踪的角度，提出了一种时变自干扰信道估计与抵消技术。

5.4 主要内容与结论

本章以第 3 章时变自干扰信号建模结果为基础，结合实际工程应用中 IBFD-UWA 通信节点部署场景，对 IBFD 时变自干扰传播特性进行了分析，并给出了受不同风速影响下的时变自干扰传播信道系统函数（见图 5-2 至图 5-4）。

以分簇路径特征（各分簇主路径能量及到达时延变化情况）提取结果、SLI 传播信道实测结果为依据，总结出了 SLI 及 SMI 信道局部稳定性特征，并给出了时变信道下自干扰抵消性能受限因素的推论，即对于时变自干扰传播过程，相对变化缓慢路径决定了自干扰抵消性能的下界，而对于相对变化快的路径，特别是小幅度抽头的跟踪效果将决定自干扰抵消性能的上界。

以时变自干扰传播信道局部稳定性为基础，提出了一种分簇路径特征变化驱动的信道结构跟踪技术，将 Kalman 滤波器与 RLS 滤波器相结合，通过 Kalman 滤波器实现了对各变化分簇路径最强抽头的跟踪，其余小能量抽头仍由 RLS 滤波器进行迭代更新，提高了对时变信道主要结构的快速跟踪能力。

仿真结果表明，仅对各分簇最强抽头进行的跟踪对自干扰抵消性能的提升有限，需要对 RLS 滤波器进行改进以进一步提高时变自干扰传播信道影响下的收敛速度和性能。

5.5 内容凝练

针对自干扰传播信道的时变性导致自干扰抵消性能下降的问题，提出了一种时变自干扰信道跟踪方法，仿真结果证明了方法的有效性，但仅能对分簇最强抽头进行跟踪，仍然需要在未来配合自适应滤波器进一步提高自干扰信道跟踪能力。

参考文献

[1] E. Everett, A. Sahai, A. Sabharwal. Passive self-interference suppression for full-duplex infrastructure nodes[J]. IEEE Trans. Wireless Commun., 2014, 13(2): 680-694.

[2] R. Cacciola, E. Holzman, L. Carpenter, et al. Impact of transmit interference on receive sensitivity in a bi-static active array system[C]//in Proc. IEEE Int. Symp. Phased Array Syst. Technol. (PAST), Oct. 2016: 1-5.

[3] S. Hong, J. Brand, J. I. Choi, et al. Applications of self-interference cancellation in 5G and beyond[J]. IEEE Communications Magazine, 2014, 52(2): 114-121.

[4] Y. Liu, X. Quan, W. Pan, et al. Digitally assisted analog interference cancellation for in-band full-duplex radios[J]. IEEE Communications Letters, 2017,21(5): 1-1.

[5] L. Shen, B. Henson, Y. Zakharov, et al. Digital self-interference cancellation for full-duplex underwater acoustic systems[J]. Circuits and Systems II: Express Briefs, IEEE Transactions on, 2019, 67(1): 1-1.

[6] M. Jain, J. I. Choi, T. Kim. Practical, real-time, full duplex wireless [C]//The 17th annual international conference on Mobile computing and networking Proceeding, 2011: 301.

[7] M. Adams, V. K. Bhargava. Use of the recursive least squares filter for self interference channel estimation[C]//in Proc. IEEE Veh. Technol. Conf. (VTC), 2016: 1-4.

[8] M. Towliat, Z. Guo, L. J. Cimini, et al. Self-interference channel

characterization in underwater acoustic in-band full-duplex communications using OFDM[C]//Global Oceans 2020: Singapore U. S. Gulf Coast, 2020: 1-7.

[9] L. Shen L, B. Henson, Y. Zakharov, et al. Two-stage self-interference cancellation for full-duplex underwater acoustic systems[C]//OCEANS 2019-Marseille. IEEE, 2019: 1-6.

[10] A. Tadayon, M. Stojanovic. Path-based channel estimation for acoustic OFDM systems: Real data analysis[C]//2017 51st Asilomar Conference on Signals, Systems, and Computers. IEEE, 2018:1759-1763.

[11] G. Qiao, Q. Song, L. Ma, et al. A low-complexity orthogonal matching pursuit based channel estimation method for time-varying underwater acoustic OFDM systems[J]. Applied Acoustics, 2019, 148: 246-250.

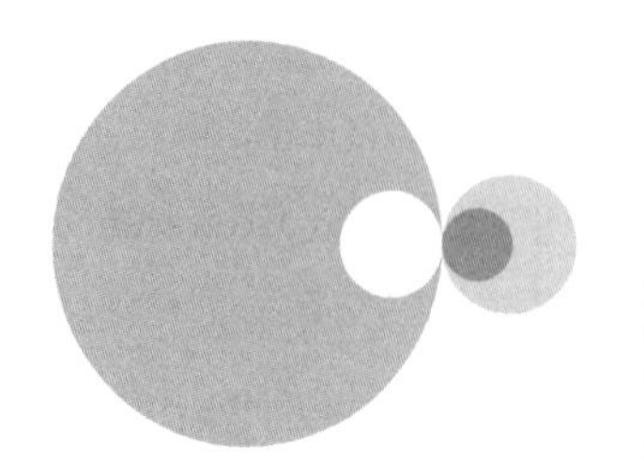

第6章 基于变遗忘因子RLS滤波器的数字域自干扰抵消技术

在本章中，将以前几章的研究结果与推论作为前提假设，继续展开相关研究。一般为提高RLS等系列滤波算法在进行信道估计时的性能，常以先验信道结构特征为条件对代价函数进行约束，如信道稀疏性常使用范数约束等[1-3]。考虑到IBFD-UWA通信过程中自干扰传播信道的复杂度，稀疏约束效果将极其受限。

本章首先以RLS滤波器为研究主体，通过理论推导得出自干扰传播信道估计性能影响因素，以及遗忘因子在时变信道跟踪中的重要作用，应用变遗忘因子RLS滤波器以提高RLS对时变信道的跟踪能力，最后，通过对技术方案的理论仿真，分析了变遗忘因子在IBFD-UWA通信系统中的性能。

6.1 自干扰传播信道估计性能分析

为应对时变自干扰传播信道影响，本章将从变遗忘因子角度对RLS算法进行进一步的优化，以此提高数字辅助模拟域自干扰抵消及残余数字域自干扰抵消性能。在此需要指出的是，在自适应滤波器理论中，也存在期望信号的概念，为避免混淆，本节中出现的期望信号全部指远端发射端所发射的通信信号，而自适应滤波器中的期望信号概念在本书中体现为混合信号。

6.1.1 基于RLS滤波器的信道估计性能分析

RLS滤波器的算法流程已在3.2.3.2节中进行了阐述,用于求解功放模型系数,下面对关键步骤进行整理,针对自干扰传播信道估计问题,有

$$y_{\mathrm{SI}}(n)=\boldsymbol{h}_{\mathrm{SI}}^{\mathrm{H}}(n)\boldsymbol{x}(n)+e_{\mathrm{a}}(n) \tag{6-1}$$

式中:$y_{\mathrm{SI}}(n)$为接收自干扰信号;$e_{\mathrm{a}}(n)$为环境噪声;$\boldsymbol{h}_{\mathrm{SI}}$为自干扰传播信道矩阵;$\boldsymbol{x}(n)$为本地发射信号矩阵,且满足

$$\boldsymbol{x}(n)=[x(n)\quad x(n-1)\quad \cdots\quad x(n-L+1)]^{\mathrm{T}} \tag{6-2}$$

$$\boldsymbol{h}_{\mathrm{SI}}(n)=[h_{\mathrm{SI},0}(n)\quad h_{\mathrm{SI},1}(n)\quad \cdots\quad h_{\mathrm{SI},L-1}(n)]^{\mathrm{T}} \tag{6-3}$$

式中:L为自干扰信道离散时间点数,基于RLS滤波器的求解过程如表6-1所示。

表6-1 RLS算法基本流程

步 骤	过程描述
算法初始化	初始化权值系数:$\hat{\boldsymbol{h}}_{\mathrm{SI}}(0)=0$ 初始化自相关逆矩阵:$\boldsymbol{P}(0)=\delta^{-1}\boldsymbol{I}_L$
循环迭代 计算增益向量 更新自相关逆矩阵	$n=1,2,3,\cdots$, n时刻抽头输入向量$\boldsymbol{x}(n)$ $\boldsymbol{k}(n)=\boldsymbol{P}(n-1)\boldsymbol{x}(n)/[\lambda+\boldsymbol{x}^{\mathrm{H}}(n)\boldsymbol{P}(n-1)\boldsymbol{x}(n)]$ $\boldsymbol{P}(n)=[\boldsymbol{P}(n-1)-\boldsymbol{k}(n)\boldsymbol{x}^{\mathrm{H}}(n)\boldsymbol{P}(n-1)]\lambda^{-1}$
计算估计误差	$\xi(n)=y_{\mathrm{SI}}(n)-\hat{\boldsymbol{h}}_{\mathrm{SI}}^{\mathrm{H}}(n-1)\boldsymbol{x}(n)$
更新抽头权值系数	$\hat{\boldsymbol{h}}_{\mathrm{SI}}(n)=\hat{\boldsymbol{h}}_{\mathrm{SI}}(n-1)+\boldsymbol{k}(n)\xi(n)$

一般,在对带噪信号通过RLS滤波器进行处理时,需要通过参考信号与混合信号中的相关性来进行对噪声干扰的抑制。本节拟先通过权值系数估计误差相关矩阵来对仅存加性高斯白噪声下的RLS滤波器自干扰信道估计性能进行评估,然后对RLS稳态性能进行分析。此外,定义自干扰信道估计误差向量为$\boldsymbol{h}_{\mathrm{er}}(n)=\boldsymbol{h}_{\mathrm{SI}}(n)-\hat{\boldsymbol{h}}_{\mathrm{SI}}(n)$,则误差向量相关矩阵可表示为

$$\boldsymbol{E}_{\mathrm{r}}(n)=E[\boldsymbol{h}_{\mathrm{er}}(n)\boldsymbol{h}_{\mathrm{er}}^{\mathrm{H}}(n)]=E[(\boldsymbol{h}_{\mathrm{SI}}(n)-\hat{\boldsymbol{h}}_{\mathrm{SI}}(n))(\boldsymbol{h}_{\mathrm{SI}}(n)-\hat{\boldsymbol{h}}_{\mathrm{SI}}(n))^{\mathrm{H}}] \tag{6-4}$$

式中:$E[\ ]$为期望。

为便于后续讨论并使初始化后自相关矩阵非奇异,在代价函数中引入正则项,可基于式(6-1)将式(3-37)改写为

$$J(n)=\sum_{i=1}^{n}\lambda^{n-i}\left|y_{\mathrm{SI}}(i)-\boldsymbol{h}_{\mathrm{SI}}^{\mathrm{H}}(n)\boldsymbol{x}(i)\right|^{2}+\delta\lambda^{n}\left\|\boldsymbol{h}_{\mathrm{SI}}(n)\right\|^{2} \tag{6-5}$$

式中:λ 为遗忘因子,输入向量的相关矩阵 $\boldsymbol{\sigma}(n)$ 与互相关矩阵 $\boldsymbol{\chi}(n)$ 可表示为

$$\boldsymbol{\sigma}(n)=\sum_{i=1}^{n}\lambda^{n-i}\boldsymbol{x}(i)\boldsymbol{x}^{\mathrm{H}}(i)+\delta\lambda^{n}\boldsymbol{I} \tag{6-6}$$

$$\boldsymbol{\chi}(n)=\sum_{i=1}^{n}\lambda^{n-i}\boldsymbol{x}(i)y_{\mathrm{SI}}(i) \tag{6-7}$$

考虑自干扰传播信道为线性时不变,引用式(3-43)及式(6-6)可将接收信号与自干扰传播信道关系表示为

$$y_{\mathrm{SI}}(n)=\boldsymbol{h}_{\mathrm{r}}^{\mathrm{H}}\boldsymbol{x}(n)+e_{\mathrm{m}}(n) \tag{6-8}$$

式中:$\boldsymbol{h}_{\mathrm{r}}$ 为线性时不变自干扰传播信道;$e_{\mathrm{m}}(n)$ 为测量噪声。

若 $\lambda=1$,则式(6-6)及式(6-7)可表示为

$$\boldsymbol{\sigma}(n)=\sum_{i=1}^{n}\boldsymbol{x}(i)\boldsymbol{x}^{\mathrm{H}}(i)+\boldsymbol{\sigma}(0) \tag{6-9}$$

$$\boldsymbol{\chi}(n)=\sum_{i=1}^{n}\boldsymbol{x}(i)y_{\mathrm{SI}}(i) \tag{6-10}$$

将式(6-8)带入式(6-10)中,则互相关矩阵可进一步表示为

$$\boldsymbol{\chi}(n)=\sum_{i=1}^{n}\boldsymbol{x}(i)\boldsymbol{h}_{\mathrm{r}}^{\mathrm{H}}\boldsymbol{x}(n)+\sum_{i=1}^{n}\boldsymbol{x}(i)e_{\mathrm{m}}(n) \tag{6-11}$$

将式(6-9)带入式(6-11)中,进一步推导可得

$$\boldsymbol{\chi}(n)=\boldsymbol{\sigma}(n)\boldsymbol{h}_{\mathrm{r}}-\boldsymbol{\sigma}(0)\boldsymbol{h}_{\mathrm{r}}+\sum_{i=1}^{n}\boldsymbol{x}(i)e_{\mathrm{m}}(n) \tag{6-12}$$

引用式(3-43),则线性时不变自干扰信道估计值 $\hat{\boldsymbol{h}}_{\mathrm{r}}(n)$ 可表示为

$$\begin{aligned}\hat{\boldsymbol{h}}_{\mathrm{r}}(n)&=\boldsymbol{\sigma}^{-1}(n)\boldsymbol{\chi}(n)=\boldsymbol{\sigma}^{-1}(n)\left[\boldsymbol{\sigma}(n)\boldsymbol{h}_{\mathrm{r}}-\boldsymbol{\sigma}(0)\boldsymbol{h}_{\mathrm{r}}+\sum_{i=1}^{n}\boldsymbol{x}(i)e_{\mathrm{m}}(n)\right]\\&=\boldsymbol{h}_{\mathrm{r}}-\boldsymbol{\sigma}^{-1}(n)\boldsymbol{\sigma}(0)\boldsymbol{h}_{\mathrm{r}}+\boldsymbol{\sigma}^{-1}(n)\sum_{i=1}^{n}\boldsymbol{x}(i)e_{\mathrm{m}}(n))\end{aligned} \tag{6-13}$$

将式(6-13)带入到式(6-4)中,并省略初始化项,假设测量噪声与输入向量 $\boldsymbol{x}(n)$ 及相关逆矩阵无关,则

$$\begin{aligned}\boldsymbol{E}_{\mathrm{r}}(n)&=E\{[\boldsymbol{h}_{\mathrm{SI}}(n)-\hat{\boldsymbol{h}}_{\mathrm{SI}}(n)][\boldsymbol{h}_{\mathrm{SI}}(n)-\hat{\boldsymbol{h}}_{\mathrm{SI}}(n)]^{\mathrm{H}}\}\\&=E\left\{\left[\boldsymbol{\sigma}^{-1}(n)\sum_{i=1}^{n}\boldsymbol{x}(i)e_{\mathrm{m}}(n)\right]\left[\boldsymbol{\sigma}^{-1}(n)\sum_{i=1}^{n}\boldsymbol{x}(i)e_{\mathrm{m}}(n)\right]^{\mathrm{H}}\right\}\\&=E\left\{\left[\boldsymbol{\sigma}^{-1}(n)\sum_{j=1}^{n}\sum_{i=1}^{n}\boldsymbol{x}(i)\boldsymbol{x}^{\mathrm{H}}(j)\boldsymbol{\sigma}^{-1}(n)e_{\mathrm{m}}(j)e_{\mathrm{m}}(i)\right]\right\}\end{aligned}$$

$$= E\left[\boldsymbol{\sigma}^{-1}(n)\sum_{j=1}^{n}\sum_{i=1}^{n}\boldsymbol{x}(i)\,\boldsymbol{x}^{\mathrm{H}}(j)\boldsymbol{\sigma}^{-1}(n)\right]\boldsymbol{E}\left[e_{\mathrm{m}}(i)e_{\mathrm{m}}(j)\right] \tag{6-14}$$

若测量噪声方差为 σ_{m}^2,且不同时刻独立,则式(6-14)可进一步表示为

$$\begin{aligned}\boldsymbol{E}_{\mathrm{r}}(n) &= E\left[\boldsymbol{\sigma}^{-1}(n)\sum_{i=1}^{n}\boldsymbol{x}(i)\boldsymbol{x}^{\mathrm{H}}(j)\boldsymbol{\sigma}^{-1}(n)\right]\sigma_{\mathrm{m}}^2\\ &= E\left[\boldsymbol{\sigma}^{-1}(n)\boldsymbol{\sigma}(n)\boldsymbol{\sigma}^{-1}(n)\right]\sigma_{\mathrm{m}}^2\\ &= E\left[\boldsymbol{\sigma}^{-1}(n)\right]\sigma_{\mathrm{m}}^2\end{aligned} \tag{6-15}$$

统计理论下,可假设输入向量自相关矩阵为各态历经,且离散时间点数 n 大于滤波器长度,则式(6-15)可表示为

$$\boldsymbol{E}_{\mathrm{r}}(n) = \frac{\boldsymbol{C}^{-1}\sigma_{\mathrm{m}}^2}{n} \tag{6-16}$$

式中:$\boldsymbol{C}$ 为集平均相关矩阵[4]且 $\boldsymbol{C}\approx\boldsymbol{\sigma}(n)/n$,定义均方偏差为

$$\zeta_{\mathrm{rls}}(n) = E\left[\boldsymbol{h}_{\mathrm{er}}^{\mathrm{H}}(n)\boldsymbol{h}_{\mathrm{er}}(n)\right] = \mathrm{tr}\left[\boldsymbol{E}_r(n)\right] = \frac{\sigma_{\mathrm{m}}^2}{n}\sum_{i=1}^{L}\frac{1}{\lambda_i} \tag{6-17}$$

式中:λ_i 为 $\boldsymbol{C}$ 的特征值;tr[·]为求迹操作。由式(6-17)可看出,当不存在干扰时,信道估计均方偏差受限于集平均相关矩阵的特征值。

6.1.2 时变自干扰传播信道下 RLS 稳态性能分析

当 IBFD-UWA 通信节点所处环境存在海面波动时,自干扰传播信号将会发生变化,会导致滤波器收敛性能下降,进而造成干扰性能的降低。假设自干扰传播信道变化服从一阶马尔可夫过程,则有

$$\boldsymbol{h}_{\mathrm{V}}(n) = a_{\mathrm{h}}\boldsymbol{h}_{\mathrm{V}}(n-1) + \boldsymbol{n}(n) \tag{6-18}$$

式中:$\boldsymbol{h}_{\mathrm{V}}(n)$为时变自干扰传播信道;$a_{\mathrm{h}}$ 为状态转移系数;$\boldsymbol{n}(n)$为过程噪声向量,符合零均值且相关矩阵为 $\boldsymbol{R}_n$。此时,接收自干扰信号及时变传播信道关系为

$$y_{\mathrm{SI}}(n) = \boldsymbol{h}_{\mathrm{V}}^{\mathrm{H}}(n-1)\boldsymbol{x}(n) + e_{\mathrm{v}}(n) \tag{6-19}$$

式中:$e_{\mathrm{v}}(n)$为测量噪声,假设其为零均值,方差为 σ_{v}^2 的白噪声。定义信道估计误差向量为

$$\boldsymbol{\varepsilon}_{\mathrm{h}}(n) = \boldsymbol{h}_{\mathrm{V}}(n) - \hat{\boldsymbol{h}}_{\mathrm{V}}(n) \tag{6-20}$$

式中:$\hat{\boldsymbol{h}}_{\mathrm{V}}(n)$为时变自干扰信道估计值。根据表 6-1 可知,滤波器权值系数更新过程为

$$\begin{aligned}\hat{\boldsymbol{h}}_{\mathrm{V}}(n) &= \hat{\boldsymbol{h}}_{\mathrm{V}}(n-1) + \boldsymbol{k}(n)\xi(n)\\ &= \hat{\boldsymbol{h}}_{\mathrm{V}}(n-1) + \boldsymbol{\sigma}^{-1}(n)\boldsymbol{x}(n)\xi(n)\end{aligned} \tag{6-21}$$

结合表 6-1 及式(6-19)可将该更新过程修改为

$$\begin{aligned}\hat{\boldsymbol{h}}_{\mathrm{V}}(n)&=\hat{\boldsymbol{h}}_{\mathrm{V}}(n-1)+\boldsymbol{\sigma}^{-1}(n)\boldsymbol{x}(n)[(\boldsymbol{h}_{\mathrm{V}}^{\mathrm{H}}(n-1)\boldsymbol{x}(n)+v(n)-\hat{\boldsymbol{h}}_{\mathrm{V}}^{\mathrm{H}}(n-1)\boldsymbol{x}(n)]\\&=[\boldsymbol{I}-\boldsymbol{\sigma}^{-1}(n)\boldsymbol{x}(n)\boldsymbol{x}^{\mathrm{H}}(n)]\hat{\boldsymbol{h}}_{\mathrm{V}}(n-1)+\boldsymbol{\sigma}^{-1}(n)\boldsymbol{x}(n)\boldsymbol{x}^{\mathrm{H}}(n)\boldsymbol{h}_{\mathrm{V}}^{\mathrm{H}}(n-1)\\&\quad+\boldsymbol{\sigma}^{-1}(n)\boldsymbol{x}(n)e_{\mathrm{v}}(n)\end{aligned}\tag{6-22}$$

结合式(6-18)、式(6-21)及式(6-22),自干扰信道估计误差向量更新过程可表示为

$$\begin{aligned}\varepsilon_{\mathrm{h}}(n)&=\varepsilon_{\mathrm{h}}(n-1)+\boldsymbol{h}_{\mathrm{V}}(n)-\hat{\boldsymbol{h}}_{\mathrm{V}}(n)-\boldsymbol{h}_{\mathrm{V}}(n-1)+\hat{\boldsymbol{h}}_{\mathrm{V}}(n-1)\\&=\varepsilon_{\mathrm{h}}(n-1)+(a_{\mathrm{h}}-1)\boldsymbol{h}_{\mathrm{V}}(n-1)+\boldsymbol{n}(n)-\boldsymbol{\sigma}^{-1}(n)\boldsymbol{x}(n)\boldsymbol{x}^{\mathrm{H}}(n)\cdot\\&\quad\varepsilon_{\mathrm{h}}(n-1)-\boldsymbol{\sigma}^{-1}(n)\boldsymbol{x}(n)e_{\mathrm{v}}(n)\\&=[\boldsymbol{I}-\boldsymbol{\sigma}^{-1}(n)\boldsymbol{x}(n)\boldsymbol{x}^{\mathrm{H}}(n)]\varepsilon_{\mathrm{h}}(n-1)+(a_{\mathrm{h}}-1)\boldsymbol{h}_{\mathrm{V}}(n-1)+\boldsymbol{n}(n)\\&\quad-\boldsymbol{\sigma}^{-1}(n)\boldsymbol{x}(n)e_{\mathrm{v}}(n)\end{aligned}\tag{6-23}$$

式中:$\boldsymbol{I}$ 为单位矩阵。对于式(6-18)描述的马尔可夫过程,当时变自干扰传播信道缓慢变化时,a_{h} 可近似为 1,因此可将$(a_{\mathrm{h}}-1)\boldsymbol{h}_{\mathrm{V}}(n-1)$省略,则式(6-23)可简化为

$$\varepsilon_{\mathrm{h}}(n)=[\boldsymbol{I}-\boldsymbol{\sigma}^{-1}(n)\boldsymbol{x}(n)\boldsymbol{x}^{\mathrm{H}}(n)]\varepsilon_{\mathrm{h}}(n-1)+\boldsymbol{n}(n)-\boldsymbol{\sigma}^{-1}(n)\boldsymbol{x}(n)e_{\mathrm{v}}(n)\tag{6-24}$$

接下来对$\boldsymbol{\sigma}^{-1}(n)$进行进一步的等效,结合集平均相关矩阵定义及式(3-39),可将$\boldsymbol{\sigma}(n)$的期望表示为

$$\begin{aligned}E[\boldsymbol{\sigma}(n)]&=E\Big[\sum_{i=1}^{n}\lambda^{n-i}\boldsymbol{x}(i)\boldsymbol{x}^{\mathrm{H}}(i)\Big]=\sum_{i=1}^{n}\lambda^{n-i}E[\boldsymbol{x}(i)\boldsymbol{x}^{\mathrm{H}}(i)]\\&=\sum_{i=1}^{n}\lambda^{n-i}\boldsymbol{C}_x=(1+\lambda+\cdots+\lambda^{n-i})\boldsymbol{C}_x\end{aligned}\tag{6-25}$$

式中:$\boldsymbol{C}_x$ 为$\boldsymbol{x}(n)$的集平均相关矩阵,观察到式(6-25)出现等比数列,可通过等比数列求和公式将其计算,则该项可简化为 $1\cdot(1-\lambda^{n-i})/(1-\lambda)$,考虑 λ 接近 1,且当迭代次数充分(n 足够大)时,$1-\lambda^{n-i}$ 可近似为 0,因此可将其进一步省略为 $1/(1-\lambda)$,因此式(6-25)可简化为

$$E[\boldsymbol{\sigma}^{-1}(n)]=\frac{\boldsymbol{C}_x}{1-\lambda}\tag{6-26}$$

此时$\boldsymbol{\sigma}^{-1}(n)$可表示为$\boldsymbol{C}_x^{-1}(1-\lambda)$,进而可将式(6-24)表示为

$$\begin{aligned}\varepsilon_{\mathrm{h}}(n)&=[\boldsymbol{I}-(1-\lambda)\boldsymbol{C}_x^{-1}\boldsymbol{x}(n)\boldsymbol{x}^{\mathrm{H}}(n)]\varepsilon_{\mathrm{h}}(n-1)\\&\quad+\boldsymbol{n}(n)-(1-\lambda)\boldsymbol{C}_x^{-1}\boldsymbol{x}(n)e_{\mathrm{v}}(n)\end{aligned}\tag{6-27}$$

处理方式如同式(6-25),考虑 λ 为接近 1 的数,同时考虑式(3-16)对集平均相关矩阵的假设,可将式(6-27)表示为

$$\varepsilon_{\mathrm{h}}(n) \approx \lambda \varepsilon_{\mathrm{h}}(n-1)+\boldsymbol{n}(n)-(1-\lambda)\boldsymbol{C}_x^{-1}\boldsymbol{x}(n)e_{\mathrm{v}}(n) \tag{6-28}$$

假设过程噪声、测量噪声及滤波器输入向量相互独立,可将自干扰信道估计误差向量的相关矩阵表示为

$$\boldsymbol{E}_{\mathrm{r}}(n) \approx \lambda^2 \boldsymbol{E}_{\mathrm{r}}(n-1)+\boldsymbol{R}_n+(1-\lambda)^2 \boldsymbol{C}_x^{-1}\sigma_{\mathrm{v}}^2 \tag{6-29}$$

当处于稳态时,可假设 $\boldsymbol{E}_{\mathrm{r}}(n) \approx \boldsymbol{E}_{\mathrm{r}}(n-1)$,此时误差向量相关矩阵可进一步表示为

$$\boldsymbol{E}_{\mathrm{r}}(n) \approx \frac{1}{1-\lambda^2}\boldsymbol{R}_n+\frac{(1-\lambda)^2}{1-\lambda^2}\boldsymbol{C}_x^{-1}\sigma_{\mathrm{v}}^2 \tag{6-30}$$

当 λ 接近 1 时,各矩阵系数项可进一步化简,则式(6-30)可表示为

$$\boldsymbol{E}_{\mathrm{r}}(n) \approx \frac{1}{2(1-\lambda)}\boldsymbol{R}_n+\frac{(1-\lambda)}{2}\boldsymbol{C}_x^{-1}\sigma_{\mathrm{v}}^2 \tag{6-31}$$

结合式(6-31)并参考式(6-17)则可给出 RLS 算法在时变自干扰传播信道影响下的均方偏差为

$$\zeta_{\text{rls-v}}(n) \approx \frac{1}{2(1-\lambda)}\mathrm{tr}[\boldsymbol{R}_n]+\frac{(1-\lambda)}{2}\sigma_{\mathrm{v}}^2\mathrm{tr}[\boldsymbol{C}_x^{-1}] \tag{6-32}$$

此时,可从式(6-31)看出,时变自干扰传播信道影响下 RLS 算法稳态性能分别受限于过程噪声相关矩阵及测量噪声方差,且 $1-\lambda$ 分别位于两项的分子与分母,这可体现出 λ 的变化将导致上述两项的动态变化,即当时变自干扰传播信道不发生变化时,需要提高 λ,此时过程噪声将是影响 RLS 算法在时变信道下的主要因素;而当信道快速变化时,需要降低 λ,此时测量噪声将是影响 RLS 算法的主要因素。为便于进一步分析,6.2 节将基于第 3 章研究内容,对 IBFD-UWA 通信系统时变自干扰传播信道进行特性分析。

6.2 变遗忘因子 RLS 滤波器

由 6.1.2 节的分析可知,当期望信号、干扰及测量噪声等影响因素趋于稳定时,RLS 算法在时变自干扰传播信道影响下的均方偏差将仅与遗忘因子的设定有关。

为提高 RLS 算法在时变信道影响下的性能,本节将对变遗忘因子(variable forgetting factor, VFF) RLS 滤波器展开研究。

当存在较大的估计误差时,需要降低 λ 以提高 RLS 滤波器的收敛速度;当

估计误差降低时，需要提高 λ 以获得更佳的稳态性能。在经典 VFF-RLS 算法中，以瞬时先验估计误差平方对 λ 的梯度作为代价函数对 λ 进行约束，该代价函数可表示为

$$J_\lambda(n)=\frac{1}{2}E[|y_{SI}(n)-\hat{\boldsymbol{h}}_v^H(n-1)\boldsymbol{x}(n)|^2] \tag{6-33}$$

式中：$y_{SI}(n)-\hat{\boldsymbol{h}}_v^H(n-1)\boldsymbol{x}(n)$ 表示为 n 时刻 RLS 滤波器的先验估计误差 $\xi(n)$，通过代价函数对 λ 求导，可得

$$\frac{\partial J_\lambda(n)}{\partial\lambda}=\frac{1}{2}E\left[\frac{\partial\xi(n)}{\partial\lambda}\xi^*(n)+\frac{\partial\xi^*(n)}{\partial\lambda}\xi(n)\right] \tag{6-34}$$

为便于进一步推导，定义

$$\frac{\partial\boldsymbol{h}_v(n)}{\partial\lambda}=\boldsymbol{H}_{h,\lambda}(n) \tag{6-35}$$

则式(6-34)可通过式(6-35)变化为

$$\frac{\partial J_\lambda(n)}{\partial\lambda}=-\frac{1}{2}E[\boldsymbol{x}^H(n)\boldsymbol{H}_{h,\lambda}(n-1)\xi(n)+\boldsymbol{H}_{h,\lambda}^H(n-1)\boldsymbol{x}(n)\xi^*(n)] \tag{6-36}$$

引用式(3-43)，可将表 6-1 中所述的抽头权值系数更新过程变化为

$$\boldsymbol{h}_v(n)=\boldsymbol{h}_v(n-1)+\boldsymbol{P}(n)\boldsymbol{x}(n)\xi^*(n) \tag{6-37}$$

与式(6-35)过程相同，定义逆相关矩阵对 λ 的偏导为

$$\frac{\partial\boldsymbol{P}(n)}{\partial\lambda}=\boldsymbol{\Phi}_{P,\lambda}(n) \tag{6-38}$$

将 $\xi(n)$定义及式(6-37)、式(6-38)带入式(6-35)，可得

$$\boldsymbol{H}_{h,\lambda}(n)=[\boldsymbol{I}-\boldsymbol{k}(n)\boldsymbol{x}^H(n)]\boldsymbol{H}_{h,\lambda}(n-1)+\boldsymbol{\Phi}_{P,\lambda}(n)\boldsymbol{x}(n)\xi^*(n) \tag{6-39}$$

引用式(3-44)，对 $\boldsymbol{\Phi}_{P,\lambda}(n)$进行拆解，可得

$$\begin{aligned}\boldsymbol{\Phi}_{P,\lambda}(n)=&\lambda^{-1}[\boldsymbol{I}-\boldsymbol{k}(n)\boldsymbol{x}^H(n)]\boldsymbol{\Phi}_{P,\lambda}(n-1)[\boldsymbol{I}-\boldsymbol{x}(n)\boldsymbol{k}^H(n)]\\&+\lambda^{-1}\boldsymbol{k}(n)\boldsymbol{k}^H(n)-\lambda^{-1}\boldsymbol{P}(n)\end{aligned} \tag{6-40}$$

简化式(6-36)，考虑为无虚部情况，则有

$$\begin{aligned}\lambda(n)&=\lambda(n-1)+\frac{\partial\hat{\boldsymbol{h}}_v(n)}{\partial\lambda}\\&=\lambda(n-1)+\mu\boldsymbol{H}_{h,\lambda}^H(n-1)\boldsymbol{x}(n)\xi^*(n)\end{aligned} \tag{6-41}$$

式中：μ 为 $\lambda(n)$的调整速率，且 $\mu>0$。当调整速率过大时，将会受到瞬时先验估计误差的波动影响，导致 $\lambda(n)$出现剧烈波动，反而降低了 RLS 的收敛效果；而当调整速率过低时，一旦出现显著的信道结构变化，将会使 RLS 滤波器在

下一次信道结构发生变化前，无法及时将$\lambda(n)$调整到理想值，进而降低了收敛速度。此时，VFF-RLS的整体流程如表6-2所示。

表6-2　VFF-RLS算法基本流程

步　骤	过程描述
算法初始化	初始化权值系数：$\hat{\boldsymbol{h}}_{SI}(0)=0$　初始化自相关逆矩阵：$\boldsymbol{P}(0)=\delta^{-1}\boldsymbol{I}_L$ 初始化遗忘因子及中间变量：　$\lambda(0)=\lambda_i$　　$\boldsymbol{H}_{h,\lambda}(0)=0$　$\boldsymbol{\Phi}_{P,\lambda}(0)=0$
循环迭代	$n=1,2,3,\cdots$，　n时刻抽头输入向量$\boldsymbol{x}(n)$ 计算增益向量： $\boldsymbol{k}(n)=\boldsymbol{P}(n-1)\boldsymbol{x}(n)/[\lambda(n-1)+\boldsymbol{x}^{H}(n)\boldsymbol{P}(n-1)\boldsymbol{x}(n)]$ 更新自相关逆矩阵： $\boldsymbol{P}(n)=[\boldsymbol{P}(n-1)-\boldsymbol{k}(n)\boldsymbol{x}^{H}(n)\boldsymbol{P}(n-1)]/\lambda(n-1)$
计算估计误差	$\xi(n)=y_{SI}(n)-\hat{\boldsymbol{h}}_{SI}^{H}(n-1)\boldsymbol{x}(n)$
更新抽头权值系数	$\hat{\boldsymbol{h}}_{SI}(n)=\hat{\boldsymbol{h}}_{SI}(n-1)+\boldsymbol{k}(n)\xi(n)$
动态调整 遗忘因子	$\lambda(n)=[\lambda(n-1)+\mu\boldsymbol{H}_{h,\lambda}^{H}(n-1)\boldsymbol{x}(n)\xi^{*}(n)]_{\lambda_{min}}^{\lambda_{max}}$ 更新中间变量： $\boldsymbol{H}_{h,\lambda}(n)=[\boldsymbol{I}-\boldsymbol{k}(n)\boldsymbol{x}^{H}(n)]\boldsymbol{H}_{h,\lambda}(n-1)+\boldsymbol{\Phi}_{P,\lambda}(n)\boldsymbol{x}(n)\xi^{*}(n)$ $\boldsymbol{\Phi}_{P,\lambda}(n)=\lambda^{-1}[\boldsymbol{I}-\boldsymbol{k}(n)\boldsymbol{x}^{H}(n)]\boldsymbol{\Phi}_{P,\lambda}(n)[\boldsymbol{I}-\boldsymbol{x}(n)\boldsymbol{k}^{H}(n)]$ $+\lambda^{-1}\boldsymbol{k}(n)\boldsymbol{k}^{H}(n)-\lambda^{-1}\boldsymbol{P}(n)$

动态调整遗忘因子过程中的上下标$[\cdot]_{\lambda_{min}}^{\lambda_{max}}$分别代表$\lambda$调整的上下限，即当$\lambda$在动态调整过程中超过$[\lambda_{min},\lambda_{max}]$时，自动调整为临近边界值。对IBFD-UWA通信系统中的自干扰信道估计过程来说，该方法易受到远端期望信号的影响，特别是当远端期望信号随机到达时，将会造成$\xi(n)$出现非纯噪声影响下的突变，进而影响λ的调整过程。

6.3　算法仿真及性能分析

6.3.1　仿真场景与参数设置

为清晰地了解本章所述方案的性能，本节对上述方案进行性能分析。其中，IBFD-UWA通信系统通信信号采用OFDM信号，调制参数与表5-2保持一致。仿真过程中采用的本地自干扰信号传播信道（包含变化信道）源于第3章信道建模中9 m/s风速下的仿真结果，各类环境参数设定与第5章仿真假

设保持一致。对于自干扰传播信道估计精度指标及自干扰抵消性能指标，同第 5 章保持一致，分别采用 NMSD 及 M-NMSE 作为性能评价准则。

本节同样分别对自干扰信号与期望信号完全重叠及远端期望信号后续到达的情况(期望信号先到达的情况对自干扰信号的信道估计过程来说与完全重叠状态等效)进行了仿真，以验证不同方案在受远端期望信号能量干扰情况下的信道估计及自干扰抵消性能，为观察信道连续变化下的各方案性能，在初始假设中，每半个 OFDM 符号信道变化一次，与第 5 章假设保持一致。

6.3.2 仿真数据处理结果与性能分析

现对基于变遗忘因子的时变自干扰传播信道估计与自干扰抵消方案进行验证，由于影响变量为遗忘因子更新步长，为清晰展示方案性能，对常规的不同固定遗忘因子 RLS 及不同遗忘因子变化步长下的 VFF-RLS 性能进行对比。

干扰信号及期望信号完全重叠的情况下 M-NMSE 仿真结果如图 6-1 所示，其中 VFF-RLS 初始遗忘因子与常规 RLS 所用固定遗忘因子保持一致，VFF-RLS 遗忘因子变化范围最小值为 $\lambda_{\min}=0.99$，最大值为 $\lambda_{\max}=0.99999999$，$\lambda$ 调整速率 $\mu\in\{1e-4,1e-6,1e-8\}$。

图 6-1 所示的为自干扰信号与远端期望信号完全重叠状态下的 M-NMSE 对比图，横向对比可知，在不同遗忘因子作用下，VFF-RLS 因具备一定遗忘因子自适应变化能力，因此在 M-NMSE 指标上相较于常规 RLS 在收敛速度及稳态效果上具备更优的性能。

对比 VFF-RLS 中三种调整速率因子，可知当 $\mu=1e-4$ 及 $\mu=1e-6$ 时，在完全重叠状态下具备更稳定的性能，而 $\mu=1e-8$ 的性能波动较大，原因为调整速度过小导致无法根据先验估计误差及时地对遗忘因子做出相应的调整。

图 6-2 所示的为远端期望信号在第 7000 个采样点处到达接收端与自干扰信号重叠下的 M-NMSE 对比图，横向对比可知，当 $\mu=1e-8$ 时，由于调整速度较慢，因此其性能与常规 RLS 在远端期望信号到达之前基本保持一致，而当 $\mu=1e-4$ 及 $\mu=1e-6$ 时，在远端期望信号到达之前，具备更快的收敛速度。

在远端期望信号到达后，各参数下的不同方案 M-NMSE 迅速升高，同样可观察到当 $\mu=1e-4$ 及 $\mu=1e-6$ 时，性能差异较小，但当 $\mu=1e-8$ 时，性能

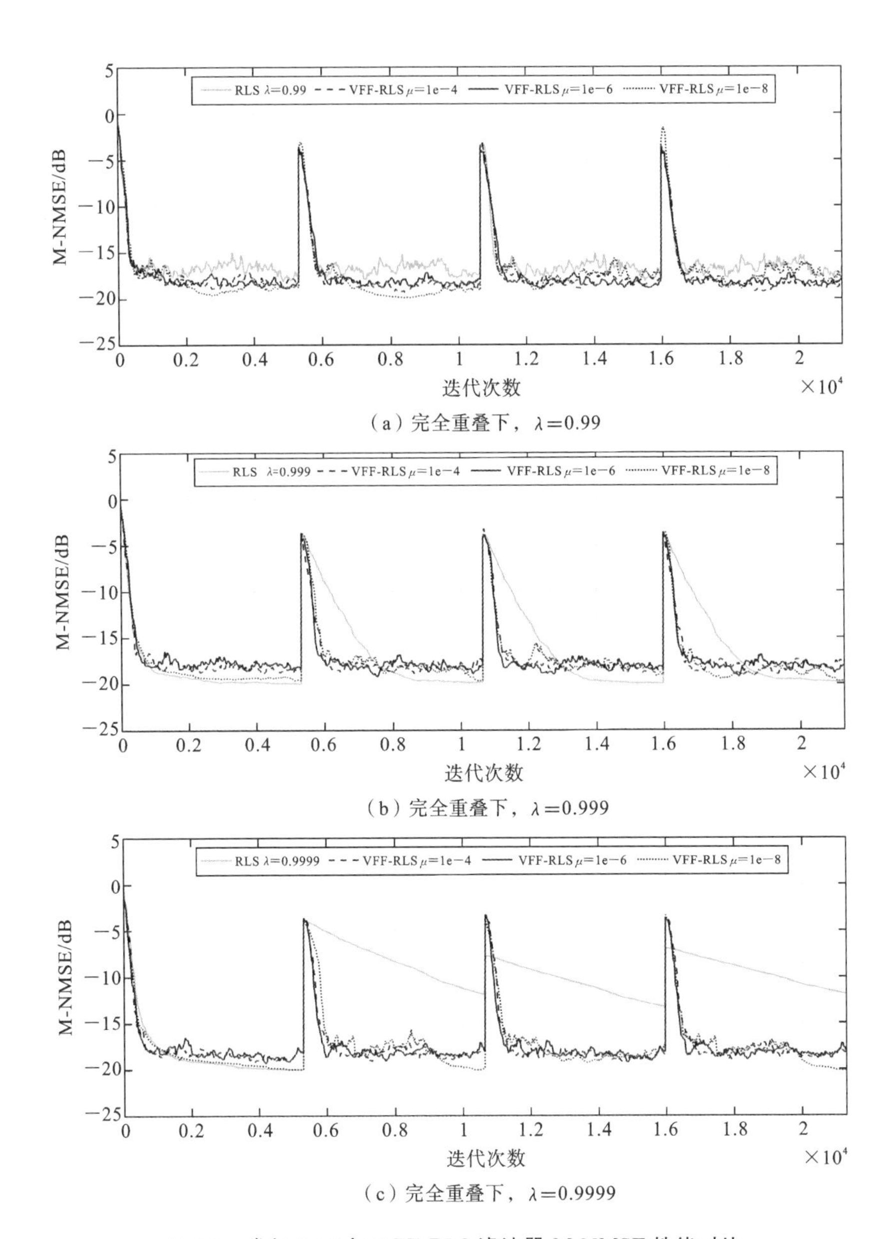

（a）完全重叠下，$\lambda=0.99$

（b）完全重叠下，$\lambda=0.999$

（c）完全重叠下，$\lambda=0.9999$

图 6-1　常规 RLS 与 VFF-RLS 滤波器 M-NMSE 性能对比

波动较大。

接下来通过 NMSD 进行进一步的分析，对完全重叠情况及期望信号后续到达情况的仿真结果如图 6-3 和图 6-4 所示。

虽然由图 6-1 和图 6-2 对比可知在 M-NMSE 指标上，$\mu=1\mathrm{e}-4$ 与 $\mu=1\mathrm{e}$

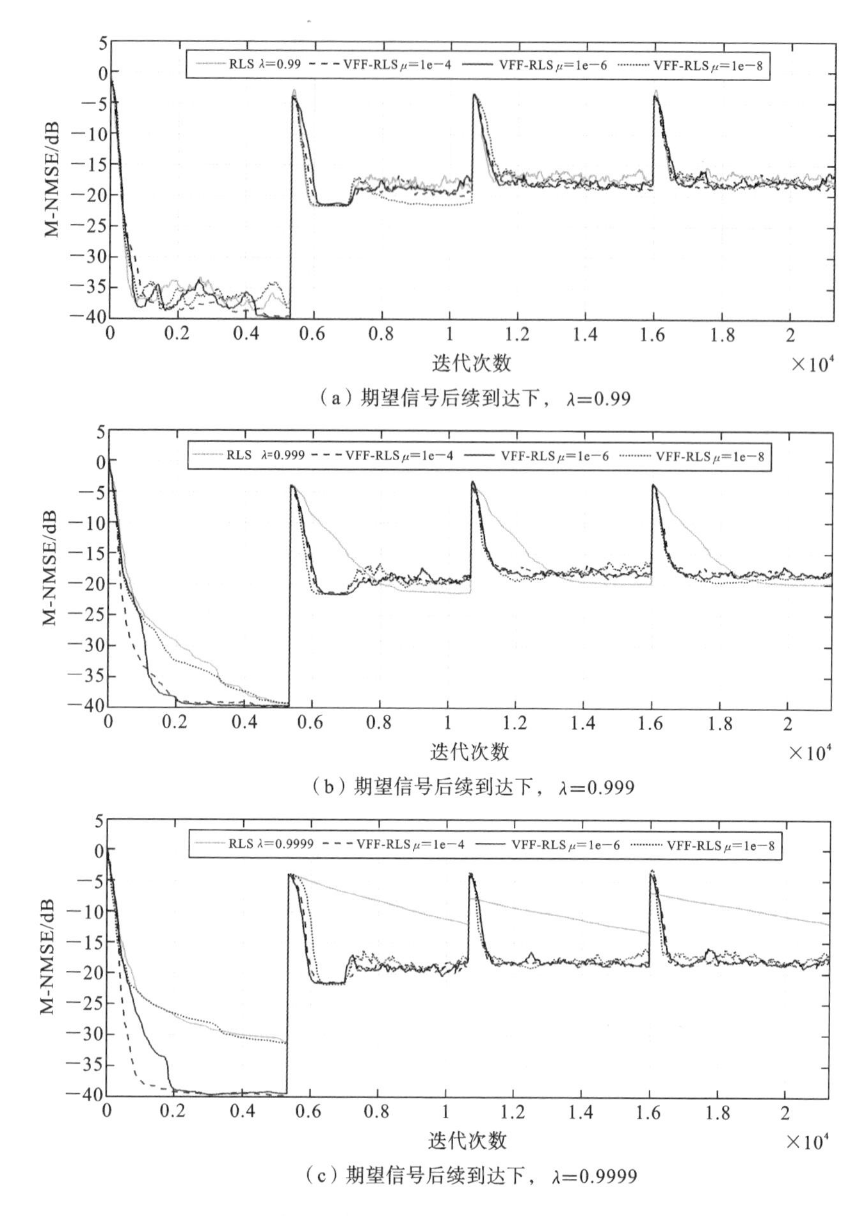

(a) 期望信号后续到达下，$\lambda=0.99$

(b) 期望信号后续到达下，$\lambda=0.999$

(c) 期望信号后续到达下，$\lambda=0.9999$

图 6-2　期望信号后续到达下常规 RLS 与 VFF-RLS 滤波器 M-NMSE 性能对比

-6 时的性能基本一致，但由图 6-3 和图 6-4 中可知，$\mu=1\mathrm{e}-4$ 时的 NMSD 性能大部分迭代过程中始终优于 $\mu=1\mathrm{e}-6$ 时的 NMSD 性能，且相较于其他几种参数设置而言更平稳。

当常规 RLS 的遗忘因子 $\lambda=0.999$ 时，在每次信道变换前可以获得最优的

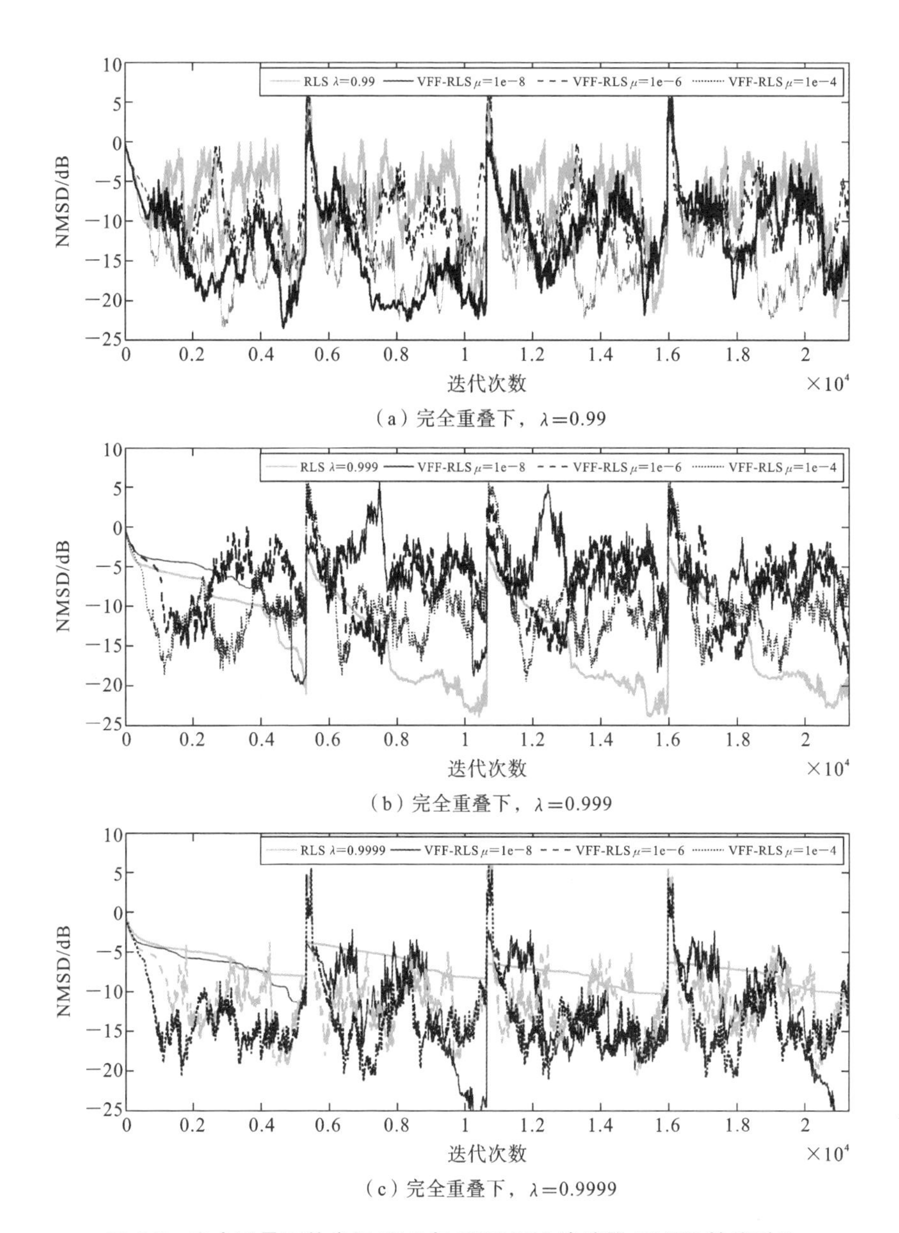

(a) 完全重叠下，$\lambda=0.99$

(b) 完全重叠下，$\lambda=0.999$

(c) 完全重叠下，$\lambda=0.9999$

图 6-3　完全重叠下的常规 RLS 与 VFF-RLS 滤波器 NMSD 性能对比

NMSD 性能。在期望信号到达前，虽然 VFF-RLS 滤波器具有最优的收敛速度与性能，但在非重叠状态下，IBFD-UWA 通信系统对自干扰抵消性能没有要求，重点关注于交叠情况下的自干扰抵消能力。

为了进一步更直观地体现 IBFD-UWA 通信系统采用上述两种不同方案

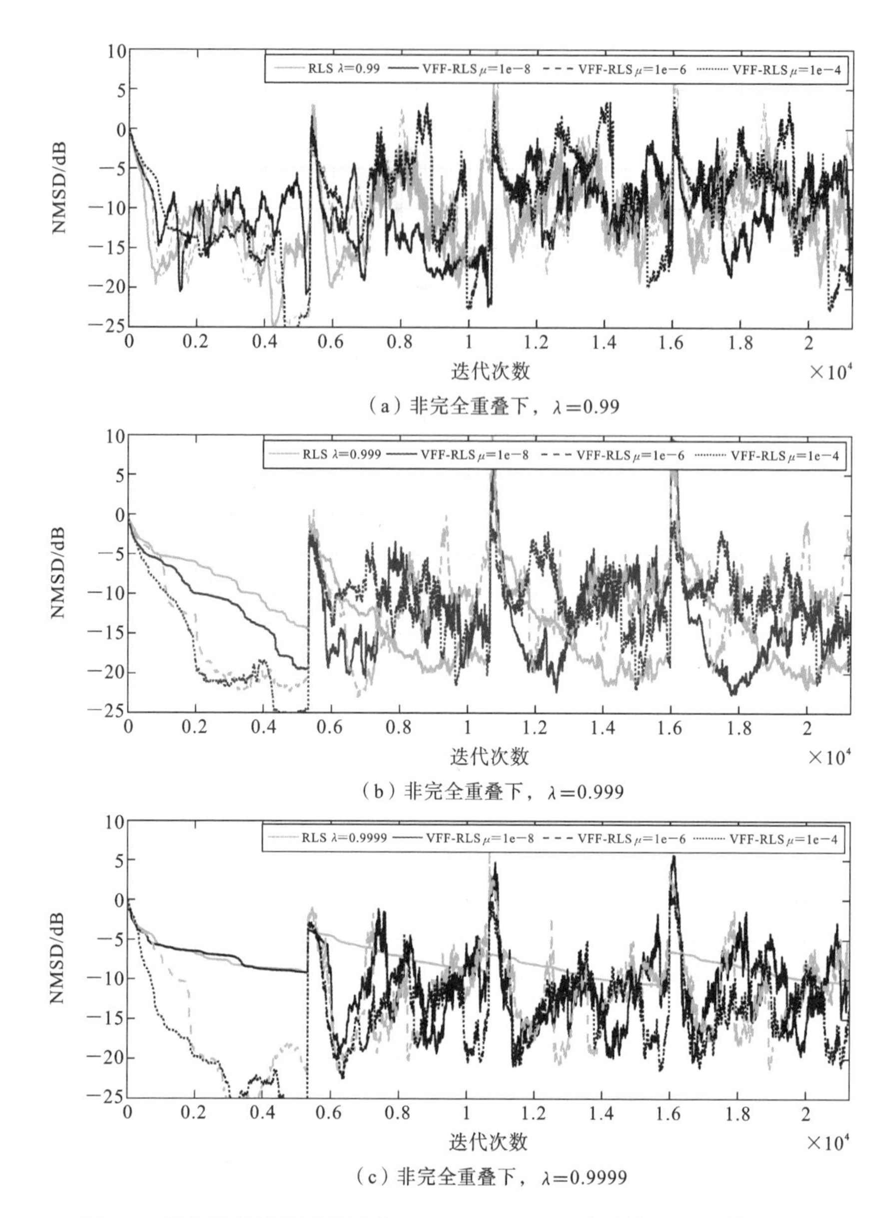

(a) 非完全重叠下，λ=0.99

(b) 非完全重叠下，λ=0.999

(c) 非完全重叠下，λ=0.9999

图 6-4　期望信号后续到达下常规 RLS、VFF-RLS 滤波器 NMSD 性能对比

时在不同残余自干扰信号能量下的性能，拟对各方案的输出信号直接进行解调，以贴合实际应用情况下的系统性能而非在 NMSD 的指标上获得最佳效果后再进行数字域自干扰抵消过程。

此时期望信号将会受到收敛过程中残余自干扰的影响，在此基础上通过误码率对上述方案性能进行进一步对比。需要说明的是,若自干扰传播信道变化发生在干扰信号与期望信号重叠状态时刻,则上述方案都需要重新收敛,不同于以 BPSK 为调制方式的 IBFD-UWA 通信系统,上述两种方案在逐渐收敛过程中残余自干扰信号能量相较于期望信号能量过大,将造成一整个 OFDM 符号的解调失败,因此,在误码率仿真的过程中做出以下限定:

(1) 限定自干扰传播信道在符号间变化;

(2) 自干扰传播信号与远端期望信号处于完全重叠情况。

该限定的有益效果为:由于 VFF-RLS 与固定遗忘因子 RLS 收敛速度较为接近,因此可根据两者间误码率的差异来表征不同稳态误差性能对 IBFD-UWA 通信系统性能的影响,而在以上限定条件下,上述两种方案的重新收敛过程将开始于各 OFDM 符号上的循环前缀的初始位置,由于图 6-1 至图 6-4 曲线重合较为严重,因此可根据两者间误码率的差异来表征不同方案对 IBFD-UWA 通信系统性能的影响。

误码率仿真中 SNR 变化范围为[10, 20],ISR 变化范围为[10, 35],步进为 5 dB,以获得在得到了不同模拟域自干扰抵消效果下各方案的数字域自干扰抵消效果仿真结果。方案参数选择为:常规 RLS 滤波器遗忘因子 $\lambda=0.999$,VFF-RLS 滤波器调整速率 $\mu=1e-4$。远端期望信号传播信道仿真过程中采用的声速剖面来源于第 3 章实测千岛湖声速剖面结果,远端发射端深度15 m, 近端接收端深度 14 m,通信距离 5 km 下的信道冲激响应仿真结果如图 6-5 所示,各编码方案下两种自干扰抵消方案误码率性能对比图如图 6-6 至图 6-8 所示。

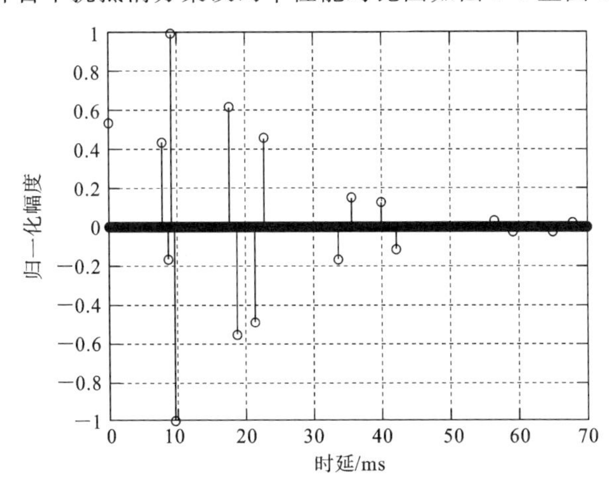

图 6-5　远端期望信号传播信道仿真结果

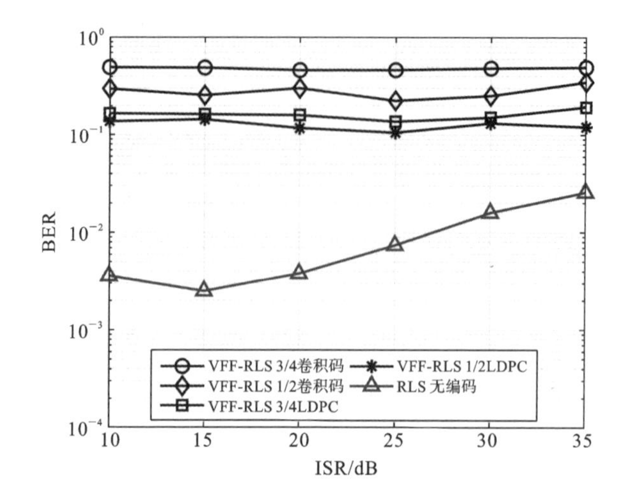

图 6-6　两种自干扰抵消方案误码率性能对比(SNR=20 dB)

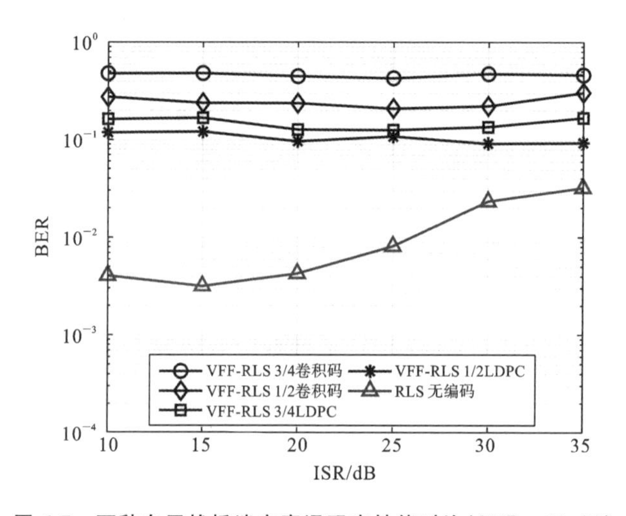

图 6-7　两种自干扰抵消方案误码率性能对比(SNR=15 dB)

图 6-6 所示的为两种自干扰抵消方案在 SNR=20 dB 下的误码率性能对比图，虽然 VFF-RLS 具有较快的收敛速率，但由于期望信号的存在，使其在迭代过程中无法准确判断残余自干扰信号能量而导致稳态性能较差，进而造成误码率较高。

图 6-7 所示的为两种自干扰抵消方案在 SNR=15 dB 下的误码率性能对比图，VFF-RLS 方案仍然处于较高的误码率水平，且通过编码不能使误码率降低。常规 RLS 滤波器虽然可通过不断迭代达到相较于 VFF-RLS 更优的稳态效果，但需要更多的时间进行迭代，但在本仿真的设定中，大部分的迭代过

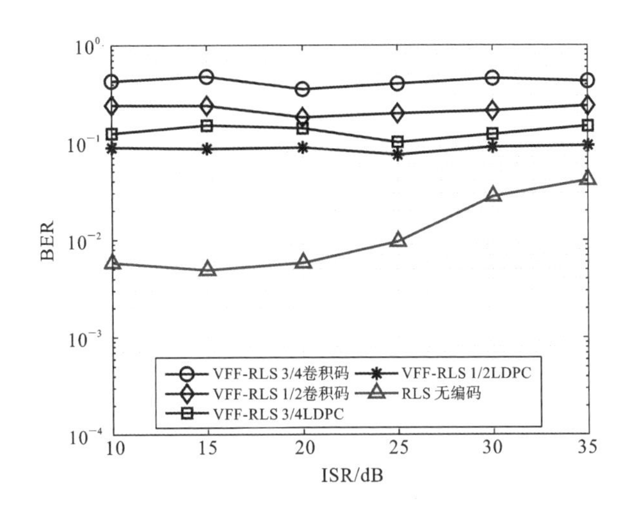

图 6-8　两种自干扰抵消方案误码率性能对比（SNR=10 dB）

程中的残余自干扰信号能量较多时刻可以与循环前缀重叠，因此从误码率的角度看，在 ISR 逐渐降低的趋势下常规 RLS 滤波器逐渐获得了更低的误码率，但当 ISR 低于一定值时，信道估计精度与自干扰抵消性能将会下降，反而造成稳态下的残余自干扰信号能量增加，因此会出现误码率反而上升的现象。当 ISR 变大时，常规 RLS 滤波器收敛过程时间长度将大于循环前缀长度，使得部分残余自干扰信号与携带信息的期望信号重叠，因此造成误码率的上升。这种矛盾效应是干扰抵消过程中“跷跷板效应”的另一种体现，即残余自干扰信号能量较弱时，反而不利于残余自干扰的抵消。

对比图 6-7 和图 6-4 可知，常规固定遗忘因子 RLS 滤波器在不同信噪比下的误码率变化较小，可证明此时影响常规 RLS 滤波器性能的主要因素为收敛过程中残余自干扰信号能量，而非期望信号信噪比。

图 6-8 所示的为两种自干扰抵消方案在 SNR=10 dB 下的误码率性能对比图，横向对比图 6-6 至图 6-8 中 VFF-RLS 的效果，由于期望信号信噪比不断降低，使期望信号对 VFF-RLS 根据先验估计误差进行遗忘因子调整过程的影响降低，因此得到了一定的干扰抵消性能提升，但误码率仍然处于较高水平。横向对比图 6-6 至图 6-8 可知，虽然常规 RLS 滤波器在 ISR 较高时信道估计过程的稳态误差会随着 SNR 降低而降低，但此时影响误码率的主要因素为 SNR，因此通信系统误码率会随着 SNR 的持续降低而逐渐上升。

综上可知，可由三幅误码率曲线图（见图 6-6 至图 6-8）的纵向、横向对比

得知，在一定 ISR 及 SNR 条件下，影响 IBFD-UWA 通信系统性能的最主要因素的变化过程。

由于自干扰传播信道的时变性，往往很难通过固定遗忘因子 RLS 滤波器直接得到较好的稳态效果，且发射信号与接收信号之间的重叠时刻很难通过同步等方法准确获得，如何在时变自干扰传播信道下仍然获得较好的干扰抵消稳态效果，是需要研究的关键性问题。

针对上述问题，本节以 RLS 滤波器为基础，分别对固定遗忘因子及不同变化步长下的变遗忘因子 RLS 滤波器进行了分析与仿真对比。

6.4　主要内容与结论

(1) 本章以 RLS 滤波器为研究主体，对时变自干扰信道估计性能进行了研究与分析。研究结果表明，在干扰、噪声及测量噪声稳定的情况下，时变信道下的 RLS 滤波器性能将在很大程度上受限于遗忘因子，合理地选择遗忘因子可在不同条件下获得最佳的收敛速度与稳态性能。

(2) 本章从变遗忘因子角度出发，对经典 VFF-RLS 滤波器展开研究，并基于远端期望信号以“干扰”的形式参与到干扰信号信道估计过程中的情况，分别基于干扰、期望信号完全重叠及期望信号后续到达的条件下，对固定遗忘因子、经典 VFF-RLS 方案进行了信道估计精度、自干扰抵消效果及滤波器“实时”输出解调误码率指标下的仿真，以期获得在更符合实际应用情况下的方案效果。

经典 VFF-RLS 虽然可以在完全重叠情况下实现快速收敛，但期望信号的能量将会参与到 VFF-RLS 滤波器遗忘因子变化过程，进而造成期望信号后续到达的情况下性能有所下降，且根据误码率(bit error rate，BER)情况来看，经典 VFF-RLS 无法适配 IBFD-UWA 通信系统，但因其具备快速收敛的能力，因此需要对经典 VFF-RLS 滤波器进行改进。

同时根据仿真与实测数据处理结果(BER)揭示了模拟域与数字域在自干扰抵消性能上存在的矛盾效应，即当模拟域自干扰抵消效果过强时，将导致残余自干扰信号能量较低，不利于数字域进一步的残余自干扰信道估计，进而造成残余自干扰信号能量的上升，导致了系统最终解调效果的下降。基于仿真与实测数据处理结果，从 IBFD -UWA 通信系统误码率的角度，为模拟域与数字域在自干扰抵消量的分配上提供了解释与依据。

6.5 内容凝练

针对自干扰传播信道的时变性导致自干扰抵消性能下降的问题，分别通过对比固定遗忘因子及变遗忘因子方案，结合仿真对变遗忘因子在 IBFD-UWA 通信系统中的适应性进行的讨论与分析，并通过误码率证实了模拟域与数字域间干扰抵消量的矛盾性。

参考文献

[1] G. Qiao, Q. Song, et al. Sparse Bayesian learning for channel estimation in time-varying underwater acoustic OFDM communication[J]. IEEE Access, 2018, 6: 56675-56684.

[2] G. Qiao, S. Gan, et al. Self-interference channel estimation algorithm based on maximum-likelihood estimator in in-band full-duplex underwater acoustic communication system[J]. IEEE Access, 2019, 6: 62324-62334.

[3] G. Qiao, S. Gan, et al. Digital self-interference cancellation for asynchronous in-band full-duplex underwater acoustic communication[J]. Sensors, 2018, 18(6): 1700.

[4] D. Manolakis, V. Ingle, S. Kogon. Statistical and adaptive signal processing: spectral estimation, signal modeling, adaptive filteri[M]. 影印版. 北京：清华大学出版社，2003.

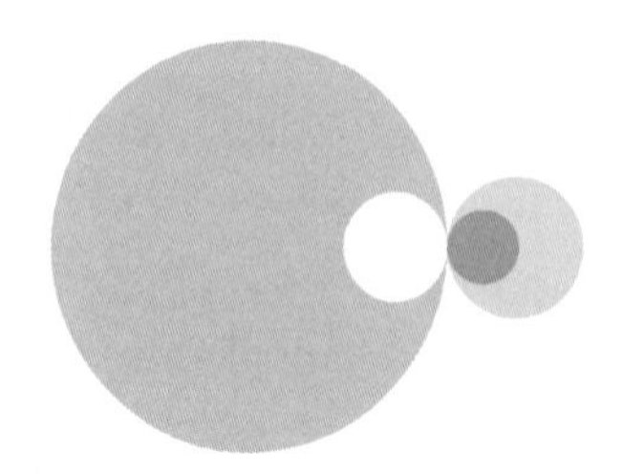

第7章 带内全双工水声通信技术研究新思路与展望

目前，水声通信技术已经被广泛应用于水下平台信息交互、海洋环境观测等方面，可预见，在未来发展趋势下，以半双工体制为主的水声通信网络，将会无法满足日益增长的水下信息交互需求。带内全双工水声通信技术可以在相同的通频带内，同时发射和接收通信信号，理论上可将现有的频谱效率提高一倍，在水声信道可用频谱资源严重受限、水下信息交互需求激增的背景下具有极高的研究意义与应用价值。因此，带内全双工水声通信技术已逐渐成为目前水声通信领域的研究热点之一。

本书以实际工程应用背景为导向，开展对带内全双工水声通信自干扰抵消的关键技术研究。首先，针对当前自干扰信号成分及信道结构研究不清晰问题，研究了自干扰信号传播信道建模技术。其次，针对模拟域自干扰抵消性能受限问题，提出了新型数字辅助模拟域自干扰抵消技术，提升了受硬件因素影响下的模拟域自干扰抵消性能。最后，针对时变自干扰传播信道估计与数字域自干扰抵消性能受限问题展开了研究，提出了适用于带内全双工水声通信系统的时变自干扰传播信道估计与自干扰抵消技术，为实现带内全双工水声通信提供了理论依据与技术支持。

基于上述研究内容，本书建立的带内全双工水声通信系统理论研究框架如图7-1所示。首先，通过自干扰信道建模与特性分析，可从自干扰传播过程

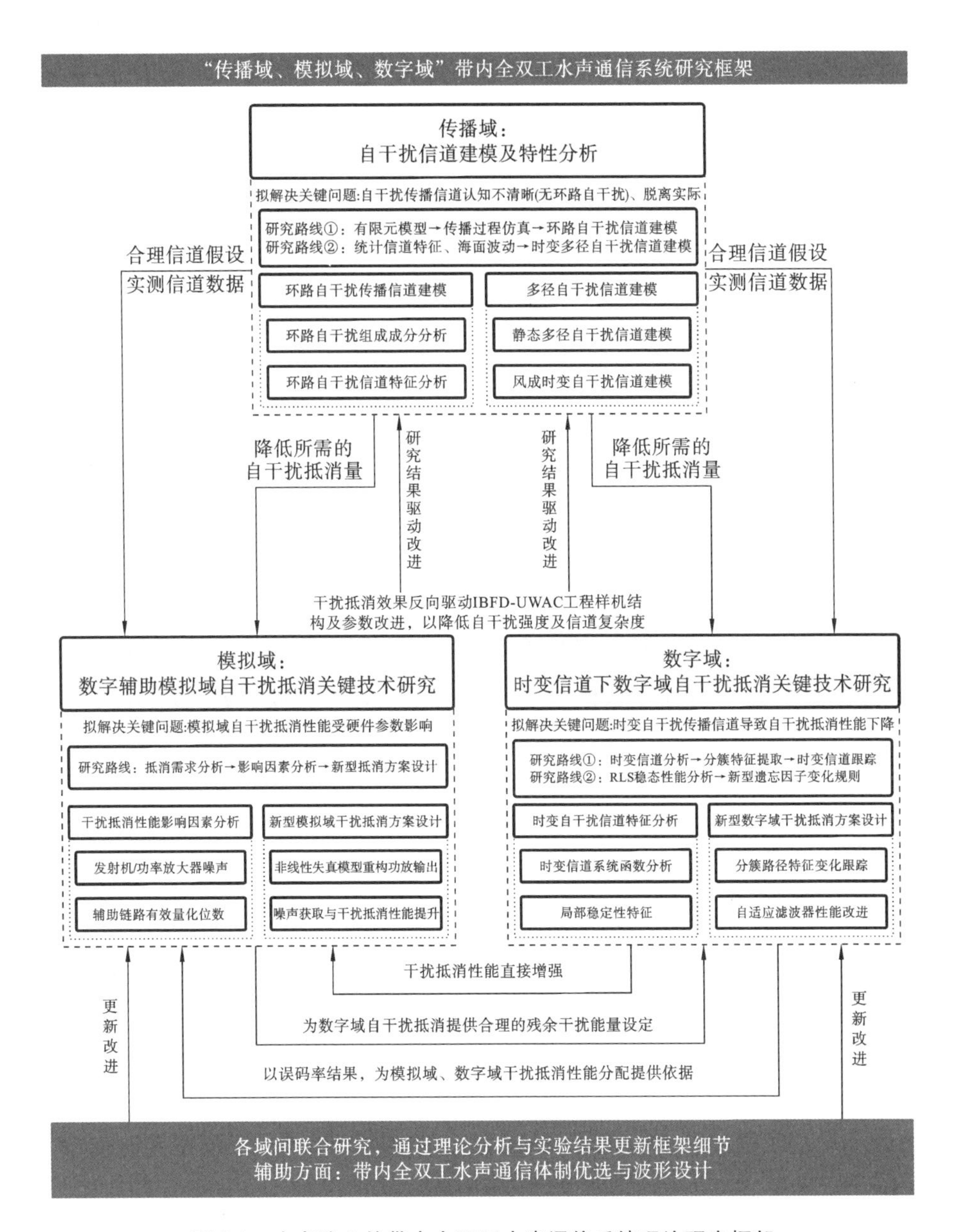

图 7-1　本书建立的带内全双工水声通信系统理论研究框架

得到更清晰的认知，基于实测自干扰信道测量结果，以及基于实测结果建模的时变自干扰信道模型，可为模拟域及数字域部分的理论研究、系统性能分析、算法仿真提供合理的信道假设，可用于数字辅助模拟域自干扰抵消方案性能验证，再利用模拟域自干扰抵消结果进行数字域自干扰抵消效果验证。同时，可在了解了自干扰传播过程的基础上，结合适用于带内全双工水声通信的被动干扰抑制技术降低所需要达到的自干扰抵消量，如采用矢量水听器等手段。

模拟域自干扰抵消部分，需要解决的关键问题是该阶段自干扰抵消性能受到各类器件的影响，本书针对发射机噪声及辅助链路有效量化位数展开了讨论，未来可根据进一步的深入研究，将其他器件如减法器等（在本书 7.2.3 节进行论述），全部纳入研究框架，对多个器件、影响因素组合下对自干扰抵消性能的影响进行分析，并基于分析结果对数字辅助模拟域自干扰抵消方案进行更细致的研究。

数字域自干扰抵消部分，需要解决的关键问题是时变自干扰信道影响下如何提升数字域干扰抵消效果，本框架在此部分包含了时变信道特征分析、自适应滤波器性能分析及改进（本书以 RLS 滤波器为主），基于目前已有研究结果可知，需要针对变遗忘因子或变步长滤波器进行研究，以加快滤波器收敛效率并达到一个理想的稳态结果。

由于模拟域采用的是数字辅助模拟域自干扰抵消方案，因此，数字域部分的研究成果可直接应用于模拟域，实现干扰抵消性能直接增强，同时还可以将最终通信系统误码率结果作为导向，为模拟域和数字域分配合理的干扰抵消量。

同时，模拟域和数字域完成的干扰抵消效果可反向驱动带内全双工水声通信机结构及参数的改进，以降低自干扰强度及信道的复杂度。基于其他辅助研究内容，如带内全双工水声通信体制优选与波形设计可提高模拟域和数字域部分干扰抵消效果。

在未来研究过程中，可基于上述架构进行拓展，结合理论分析、仿真及实验结果进一步对框架细节进行更新。

7.1 难点分析与总结

虽然无线全双工通信技术对全双工水声通信技术具有极高的参考价值和借鉴作用，但由于水声通信系统与无线电通信系统在载波频率、信道复杂度、设备器件影响等方面存在较大差别，如相位噪声影响极其有限，自干扰信道特征不同，无法采用天线干扰对消等，可能直接借鉴并应用的技术较少。同时，由于水声信道存在时变效应，特别是海面起伏等因素的影响下，需要对自干扰信道进行重新估计以保证干扰抵消性能。

7.1.1 空间域自干扰抑制难点分析

如本书中 1.4.4 节所述，对于两发射天线相差半个波长以使得接收天线处的两个干扰互相抵消的方法在无线电宽频带通信中难以适用，但是对水声通信的单载波通信，有一定的参考价值，但要考虑不同情况下声速的影响，一旦应用环境变化，就需要调整发射端与接收端的距离，再结合本书第 2 章及第 3 章内容，就会发现这种方法在水下难以实现。环形干扰抵消器效果良好，但会额外增加全双工水声通信系统的复杂度。而无线电耦合网络为全双工水声通信系统干扰抵消提供了重要的参考价值，在干扰信号成分已知的情况下，可根据声波频率建立声学耦合网络，获得较大被动干扰已知性能，同时降低被动干扰抵消难度，但该方法仅能对直达波进行抑制，由于水声信道更为复杂，且随着设备布置环境改变而改变，同时易受海底与海面的影响，因此可考虑将该技术应用于直达声波抑制领域。

关于无线电通信系统中的极化问题，可近似看作发射换能器与接收水听器旁瓣的相互影响，因此无线电中的交叉极化方法有一定借鉴作用，在完全了解发射换能器与接收水听器的发射指向性情况下，可通过布置策略将两者指向性正交化或交叉化，以降低干扰强度（目前已有单声源发射指向性换能器的相关研究成果与成品）。

在水声通信系统中，大衰减传播介质一般由吸声障板构成，障板上不同的孔径对应着不同吸收频率，如何在宽带通信系统中通过吸声障板与优化的布置策略实现最大程度的空间域干扰抑制是值得研究的课题。

7.1.2 传播域自干扰信道估计难点分析

在以半双工体制为主的传统水声通信系统中，常将传播信道归结为稀疏信道，但通过实测结果来看，在以单独设备的形式进行带内全双工水声通信实现的过程中，发射换能器到接收换能器这一短程传播信道会受到通信机影响，形成复杂的传播过程。

本书第 3 章，针对通信机壳体干扰对全双工水声通信影响问题，提出了一种自干扰传播信道建模方法，利用该方法建立了环路自干扰及时变多径模型，为后续研究提供了依据。在实际工程应用中，IBFD-UWA 通信技术以通信节点为载体，而现有的针对自干扰传播信道的理论研究从未将通信机壳体对自干扰传播过程的影响考虑在内，或仅以单抽头来替代 SLI 信道，与实际工程应

用的情况不符。

本书以自研 IBFD-UWA 通信工程样机为基础，建立 1∶1 等效有限元模型，对自由空间下 IBFD-UWA 通信工程样机的近程自干扰传播信道进行了建模，并对 SLI 信号与信道特性仿真结果进行了分析，结果表明 IBFD-UWA 通信机壳体造成了 SLI 信号强度与信道复杂度的增加，这为未来研究提供了更具有实际意义的参考。建立了静态 SMI 信道模型，并基于 SMI 传播过程、风成海面起伏特性及统计信道模型，建立了风成海面时变多径自干扰传播信道模型。通过对湖试数据的处理，分析了自干扰传播信道的特征，结果表明自干扰传播信道具备相当的复杂特征，这为后续研究模拟域及数字域自干扰抵消过程中的信道假设提供了更符合浅海工程应用情景的依据。

但需要清楚地了解到，截至作者撰写至此时为止，所有针对自干扰传播信道的研究，或以某种形式的自干扰传播信道为前提假设进而展开的模拟域、数字域自干扰抵消技术中，都没有真正地意识到该信道的复杂性，各类假设都仅能代表某单一应用情况，目前尚未出现一个公认的、有广泛适应性的模型以描述该过程。单就影响因素数量而言，目前已知会对自干扰传播信道造成影响的因素高达数十种，如设备形态、收发端布局策略、电子舱体材料等。

如本书第 3 章中基于自研 IBFD-UWA 通信工程样机建立了 1∶1 等效有限元模型，完成了环路自干扰信道建模工作，但通过辅助仿真发现不同尺寸、形状、材料下的壳体，对 SLI 的影响不同，且在更换为某参数下的结构尺寸与壳体材料后，相较于工程样机参数下，对环路自干扰强度可实现近 20 dB 的抑制，因研究方向不同，未将该结果列出，但可根据该仿真结果进行一定方向指引，即通过对壳体结构等参数的设计以实现最佳的环路自干扰抑制是一个可降低模拟域、数字域自干扰抵消压力的有效手段。

为空间干扰抑制方面，在辅助仿真中发现不同频率的声信号在工程样机附近一定范围内形成一定的“影区”(详见 7.2.1 节)，可根据该特征，选择近端接收端最佳的布放位置与连接方式，以对环路自干扰进行进一步的抑制。同样，可采用吸声材料所制声障板对近端发射端与接收端进行物理隔离，直接降低自干扰信号强度，但需要注意的是，这将导致自干扰信号存在一定的畸变，如何平衡畸变与干扰抑制性能，是需要考虑的问题。此外，通过设置多个近端接收端(需要考虑接收设备性能的一致性)，并结合波束成形等技术，如何实现对干扰信号强度的抑制是值得被进一步研究的问题。

7.1.3 模拟域自干扰抵消难点分析

根据 1.4.2 节及本书第 4 章、第 5 章内容，可以得出结论，即数字辅助模拟域自干扰抵消性能最佳，但其增加了一定的设备复杂度，由于全双工水声通信系统存在时延长、幅度衰落相较无线电较慢、信道结构复杂的特性，所以仅单抽头模拟域自干扰抵消方法并不适用。同样，由于不同深度、不同海洋环境下的多途结构不同，且易受海面波动、温度等因素的影响，在如此剧烈的时变、空变的多途结构影响下，固定式多抽头模拟域自干扰抵消有着极大的局限性，即使在有参考信号的基础上，仍然需要对参考信号进行一定的处理，以在最大程度上模拟接收端接收到的干扰信号，从而降低强自干扰。

由于发射端信号需要经过功率放大器与换能器才能发出可在水下传播的高功率信号，并且功率放大器与换能器都具有一定非线性失真，因此，除了自干扰信号的传播信道影响外，还要考虑功率放大器的失真与换能器对不同频率信号的发送电压响应曲线变化，除此之外还需要考虑海面、海底反射信号的影响。

为了能够适用复杂多变的多途信道环境，数字辅助模拟域自干扰抵消更适用于 IBFD-UWA 通信系统。由于适用于低频宽带发射换能器的功放（特别是 D 类或 T 类功放）具有较大的非线性失真分量，同时考虑到全双工水声通信系统近端干扰信道复杂特性，结合本书所述内容，高效的模拟域自干扰抵消有两种途径可作参考。

第一种，针对非线性失真分量，采用 PA 通道后续信号作为参考信号（结合直接耦合方法），先进行模型估计，而后在 IBFD-UWA 通信系统中，对传播过程中的多途结构进行较为精准的测量，同时以此作为先验知识，以获得更适用于 IBFD-UWA 通信系统、更具效率的模拟域自干扰抵消效果。其区别在于，进一步地降低了数字辅助过程的复杂度，提高了数字辅助模拟域自干扰抵消的调整效率。

第二种，可通过含有衰减器的辅助链路获得功放输出信号，引入到数字域内，以求得较为精准的功放非线性模型，在获得非线性失真模型的基础上，对发射信号进行预失真补偿处理，使其通过功放后的非线性失真减弱，再采用功放通道后续信号作为参考信号，可以获得降低了非线性失真影响的模拟域自干扰抵消效果。

以上两种途径的区别在于对非线性失真成分的处理的步骤及非线性失真

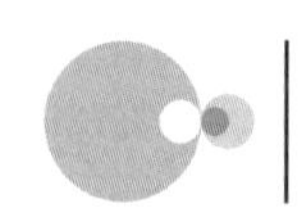

成分获取来源。

本书结合被动声呐方程、声传播理论给出了一定海洋环境条件不同通信距离下的自干扰抵消需求，并结合近端接收端ADC量化位数影响，给出了不同通信距离下的模拟域自干扰抵消需求理论值。基于第2章实测信道结果，对固定时延及幅度的多抽头滤波自干扰抵消结构的常规模拟域自干扰抵消方案的性能进行了理论与仿真分析。研究结果表明，常规模拟域自干扰抵消方案性能有限，在增加了系统复杂度的基础上，未能有效提高模拟域自干扰抵消性能，无法满足工程实现需求，因此引入了无线电全双工中的数字辅助模拟域自干扰抵消概念。

本书第4章所述PA-DAA-SIC方案通过增加辅助链路，将功放输出信号副本由衰减器采集到数字域，并以此信号作为线性滤波器输入参考信号以完成自干扰抵消，由于参考信号内包含非线性失真分量，因此获得了自干扰抵消上的性能提升。但该方法受限于辅助链路有效量化位数，当有效量化位数较低时，该方法性能严重退化。

针对该问题，本书提出了DPD-MP/PA-DAA-SIC方案，基于MP模型对功放进行非线性模型参数测量，并通过DPD技术对本地发射信号进行了处理，同时以此为基础对辅助链路信号进行了非线性模型系数估计与功放输出重构，并以重构信号作为线性滤波器输入参考信号进而完成自干扰抵消，在辅助链路不同有效量化位数下实现了极佳的稳定性能，但性能仍然受到限制。MP-DAA-SIC方案通过MP模型及辅助链路对功放输出信号进行了非线性模型系数估计与功放输出重构，并以重构信号作为线性滤波器输入参考信号以完成自干扰抵消，但该方案受限于发射机噪声。

本书作者在初期进行模拟域自干扰抵消的硬件电路实现的过程中发现，模拟域自干扰抵消性能始终有限，文中对影响模拟域自干扰抵消性能的几种因素进行了详细的讨论，但需要承认的是，这并不全面。在实际电联调实验中发现，模拟域自干扰抵消性能除受限于功放非线性失真影响、功放噪声、功放类型、辅助链路有效量化位数等因素外，还与设备内的ADC、DAC的采样率偏差有关，因此本书中对各方案的各功能ADC/DAC采用时钟同步进行限定。

此外，各方案性能还将受限于衰减器、减法器（合并器）、LNA的实际性能，因此，如何进一步克服硬件性能限制的影响以实现高效模拟域自干扰抵消是一个值得研究的问题。此外，数字辅助模拟域自干扰抵消的实现基础是

RLS 算法在硬件层面上的实时实现，目前已有 DCD-RLS 算法做支持，为了进一步提高实时性能，硬件层面可考虑结合 FPGA 以实现多路数据输入/输出与高效运算。

7.1.4 数字域自干扰抵消难点分析

根据 1.4.3 节及本书第 5 章到第 7 章，可以得出结论，即数字域自干扰抵消需要考虑 PA 非线性失真、残余分量信道建模、相位噪声、量化噪声等问题。在 IBFD-UWA 通信系统中，还需要考虑其他器件如前置放大器等因素的非线性成分。因此，如果想最大程度提高数字域自干扰抵消效果，需要考虑以上所有因素在内，减少限制项。

从“模拟＋数字”干扰抵消的整体上看，部分参考文献指出，若模拟域自干扰抵消效果过好，会导致数字域自干扰抵消性能的下降。经分析可知，这种结果是由两个方面原因造成的：其一，残余自干扰信号的能量已经过低，导致信道估计结果不准确；其二，残余自干扰信号与参考信号已存在较大差异，出现匹配失真现象，如果仍然以参考信号作为线性滤波器输入参考信号参与残余自干扰信号信道建模过程，将无法得到精准的信道估计结果。因此，在模拟域自干扰抵消的基础上，且保证期望信号解调所需信噪比的情况下，如何保证残余带内干扰信道估计的准确性，进而提高数字域自干扰抵消性能，是需要解决的关键问题。同时，从模拟域自干扰抵消角度来看，也可通过数字辅助提高模拟域自干扰抵消效果，但此时需要考虑自干扰传播信道的时变性。

本书以 RLS 滤波器为主体，对时不变、时变自干扰信道估计性能进行了研究与分析。研究结果表明，当干扰、噪声及测量噪声稳定的情况下，时变信道下的 RLS 滤波器性能将在很大程度上受限于遗忘因子，合理地选择遗忘因子可在不同条件下获得最佳的收敛速度与稳态性能。

以第 2 章时变自干扰信号建模结果为基础，结合实际工程应用中 IBFD-UWA 通信节点部署场景，对 IBFD 时变自干扰传播信道特性进行了分析，得出了其具有局部稳定特征的结论。基于该特征，作者提出了一种分簇路径特征变化驱动的信道结构跟踪技术，该技术以 Kalman 滤波器与 RLS 滤波器为核心通过对各分簇最强抽头的到达时延及幅度进行跟踪以实现对时变自干扰信道结构的更新，但研究结果表明，仅对结构进行快速跟踪在自干扰抵消性能的提升方面是有限的。

从变遗忘因子角度出发，以信道估计精度、自干扰抵消性能及误码率为指

标对常规 RLS、VFF-RLS 滤波器进行了仿真与结果分析,以 IBFD-UWA 通信系统误码率的角度,为模拟域与数字域在自干扰抵消量的分配上提供了解释与依据。

本章对时变信道下的数字域自干扰抵消算法进行了研究,且假设为信号在 OFDM 符号间变化,但部分已公开发表文献表明,在快时变信道下,OFDM 单个符号持续时间内的信道可能发生变化,这意味着 RLS 滤波器的重新收敛过程将对信道时变时对应的符号的解调造成严重的影响,因此,如何实现快速时变信道下的高效数字域自干扰抵消需要进一步深入研究。

7.2 带内全双工水声通信技术研究新思路

作者在带内全双工水声通信技术的初期研究当中,逐渐发现半双工体制与全双工体制在理论与工程应用之间存在认知上的差异,如第 3 章所述的带内全双工水声通信机在实际工程应用时自干扰传播的复杂度、期望信号及干扰信号的分离难度、模拟域自干扰抵消实现过程中对硬件设备指标认知过于理想化等。这些都在一定程度上加大了带内全双工水声通信在公里级别上的实现难度。在本节中,将对研究过程中产生的新思路及遇到的新问题进行分享。

7.2.1 自干扰成分及信道认知与强度抑制新思路

如本书第 3 章所述,可通过有限元模型对自干扰传播过程进行仿真,进而对自干扰进行成分及信道分析,但需要明确的是,该复杂过程不止一种分析和理解角度。在本节中,将从另一分析角度对该过程进行介绍。

本书第 2 章采用"时域瞬态"加"二维轴对称方法"对传播过程进行了仿真,作者在此介绍一种频率稳态仿真结果[1]并对该结果进行分析。频域稳态仿真参数如表 7-1 所示。干扰分量传播过程、壳体结构及有限元划分示意图如图 7-2 所示。

表 7-1　仿真参数设定

参数名称	配置值/描述	参数名称	配置值/描述
壳体材质	304 不锈钢	扫频范围	6～12 kHz
采样率	48 kHz	扫频步长	5.859 Hz
扫频点数	1024	声速	1500 m/s
CFL	0.2	壳体长度	800 mm

续表

参数名称	配置值/描述	参数名称	配置值/描述
壳体外径(半径)	110 mm	壳体内径(半径)	100 mm
壳体厚度	10 mm	完美匹配层内声速	1500 m/s
完美匹配层内密度	1000 kg/m^3	点声源与壳体距离	100 mm

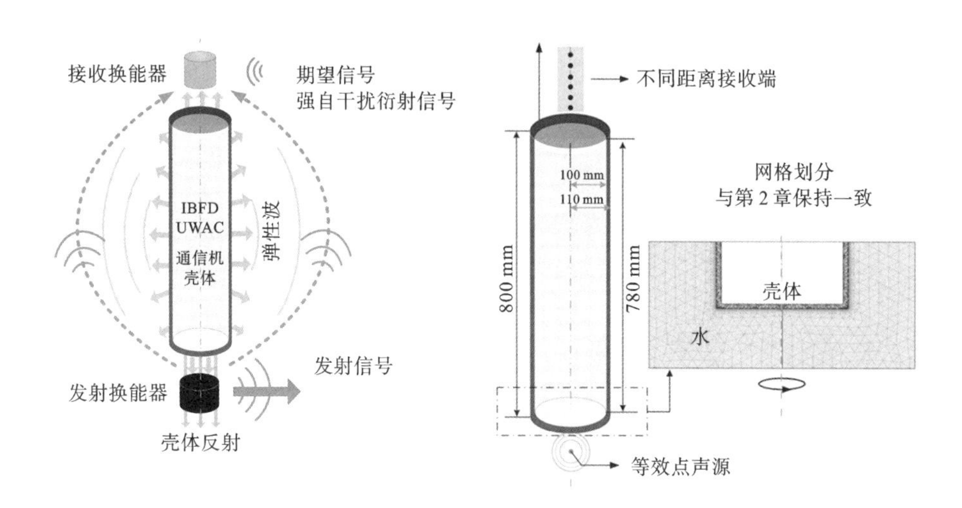

图 7-2　干扰分量传播过程、壳体结构及有限元划分示意图

为了体现自干扰传播对通信信号的影响，扫频间隔与本书中 OFDM 通信信号调制时子载波间隔保持一致，每个扫频点即为子载波位置。

声源仍采用点声源替代发射换能器，接收端布放了系列观测点，以分析距离壳体不同距离下的干扰信号形式。结合表 7-1 的仿真参数，可得到壳体如图 7-3 所示。

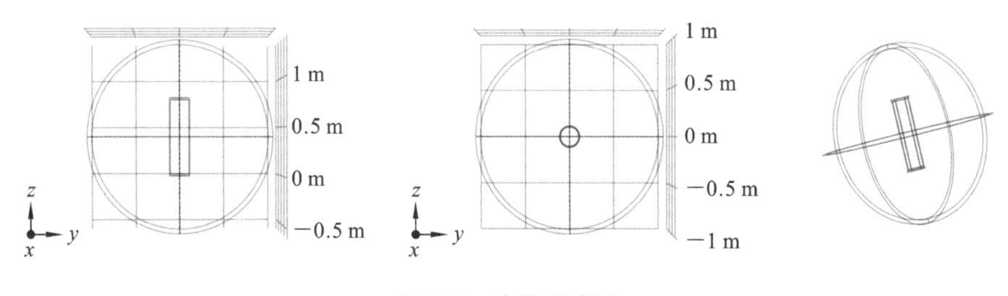

图 7-3　壳体示意图

图 7-4 所示的为壳体内部声压强度及分布，当频率不同时，内部声压分布出现了明显差异，当内部存在电路板及电池时，真实分布将会更加复杂，但内

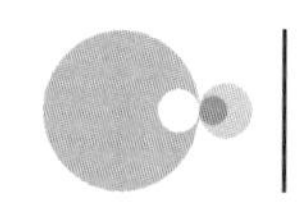

部声压对自干扰信号影响因素较少，因此在后续的讨论中，不再对内部影响进行说明。

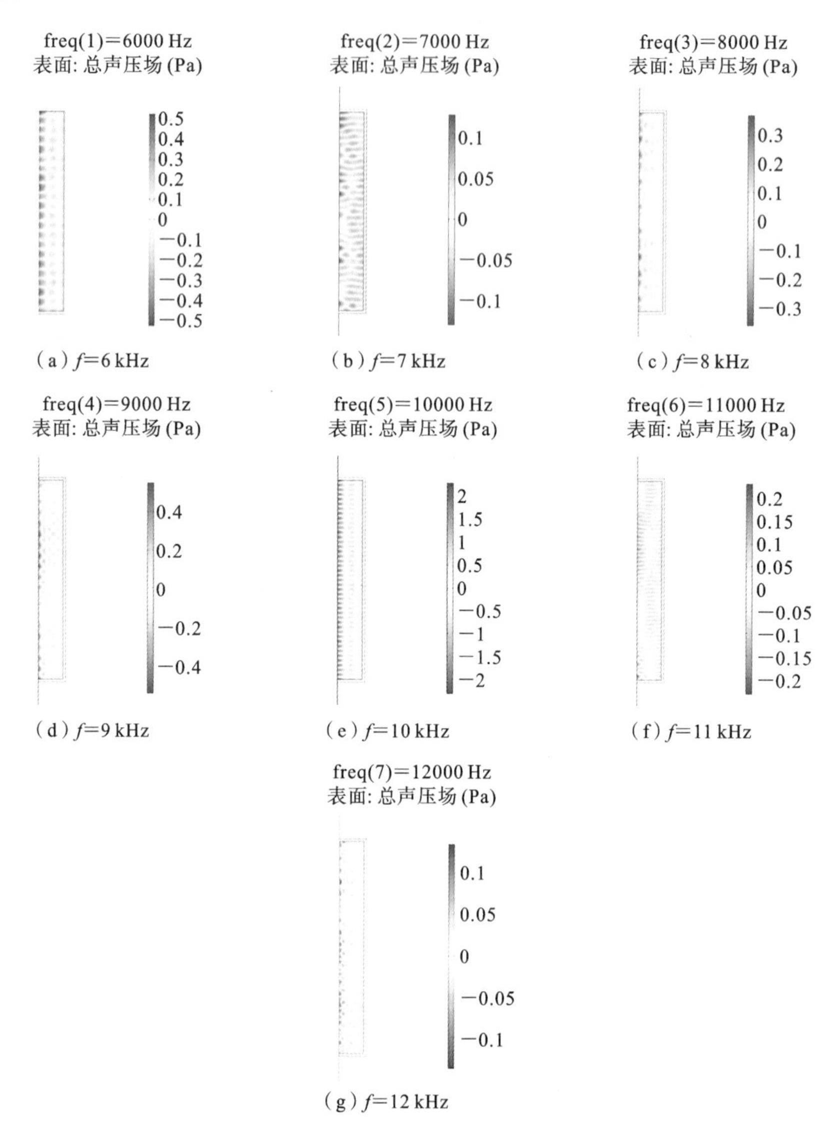

(a) f=6 kHz (b) f=7 kHz (c) f=8 kHz (d) f=9 kHz (e) f=10 kHz (f) f=11 kHz (g) f=12 kHz

图 7-4　壳内声压强度及分布

不同发射频率稳态下壳体附近声压强度分布如图 7-5 所示，图中选定了 7 个频率，间隔为 1 kHz，覆盖整个通频带。

由图 7-5 可知(发射端在底部)，不同发射频率在稳态时，在壳体附近产生的声压分布不同，且在壳体上半部呈现非均匀特性，其中顶部声压强度明显较

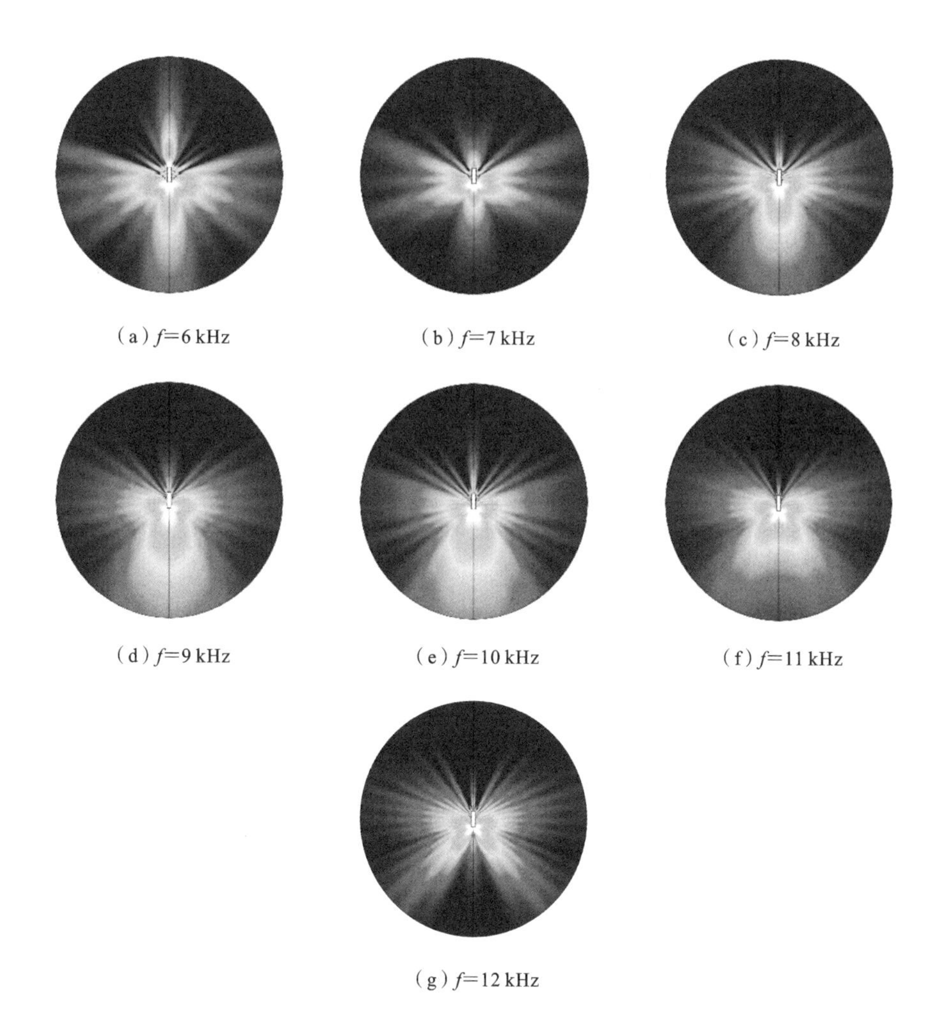

(a) f=6 kHz (b) f=7 kHz (c) f=8 kHz

(d) f=9 kHz (e) f=10 kHz (f) f=11 kHz

(g) f=12 kHz

图 7-5 不同发射频率稳态下壳体附近声压强度分布图

强，因此，如在第 3 章中预研的 IBFD-UWA 通信工程样机的布置下，自干扰强度会较高，进一步关注距壳体较近距离下的声压强度及分布，如图 7-6 所示。

如图 7-6 所示，仅从上述几个频点的分布可知，在频域稳态结果中，壳体顶部两侧存在一定的“影区”，可考虑将近端接收端采用一定形式固定在该部分，尽可能降低自干扰强度。同时，由于声场的对称性，可在该部分按照空间对称结构同时布放多个接收端，在多元接收阵的基础上，结合空间布局策略，进一步配合波束形成等技术，最大程度降低自干扰强度。

距离壳体不同距离接收点得到的频率响应如图 7-7 所示，6 个接收点的频响(频率响应)变化趋势基本相同，在约为 7.2 kHz、10.2 kHz 及 11.8 kHz 处

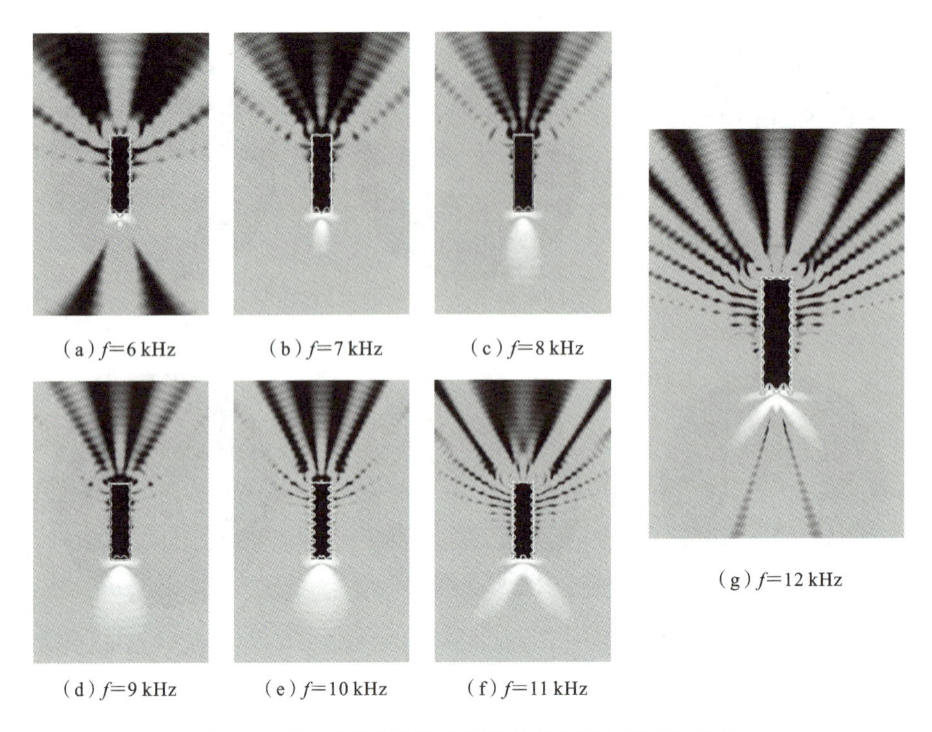

图 7-6　不同发射频率稳态下壳体附近声压强度及分布

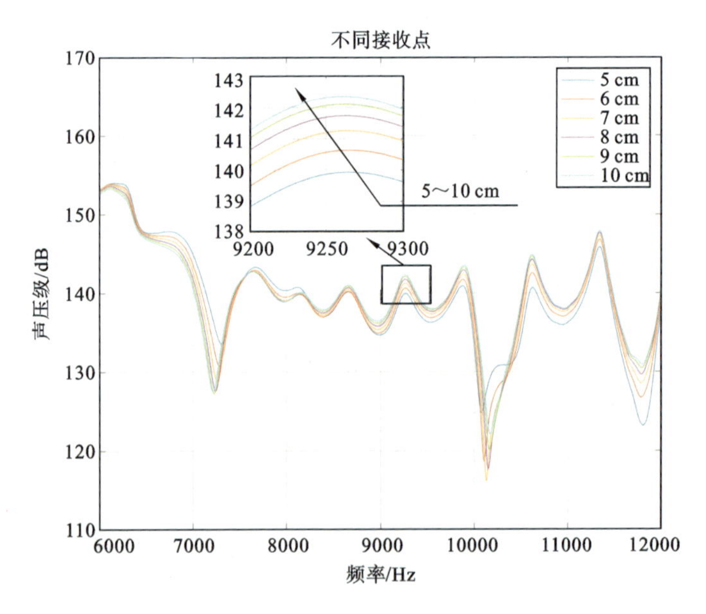

图 7-7　不同位置处的频率响应

存在几个明显衰落点，考虑是由复杂多途导致的频率选择性衰落造成的，6 kHz 处声压级明显高于其他频率点，考虑是由壳体材料及结构导致的。

将图 7-7 与图 2-9(b)相比较，可体现出壳体不同材质、不同结构下造成的自干扰频率成分差异。由此可在一定程度上证明本章在 7.1.2 节所述的更换结构尺寸与壳体材料后，自干扰信号频率分量及强度会出现差异，可以此作为新的切入点，在结构尺寸（主要对应 IBFD-UWA 通信工程样机空间体积及尺寸指标）要求下，对材料进行优选，或在材料（主要对应 IBFD-UWA 通信工程样机水下重量及耐压指标）指定的情况下，更改结构尺寸，降低频率差异，降低自干扰强度及成分复杂度。

一般频率选择性衰落越强，所对应的信道复杂度就越高，频率响应越平坦，信道复杂度也相对较低，对不同接收位置进行的频响方差对比如图 7-8 所示。

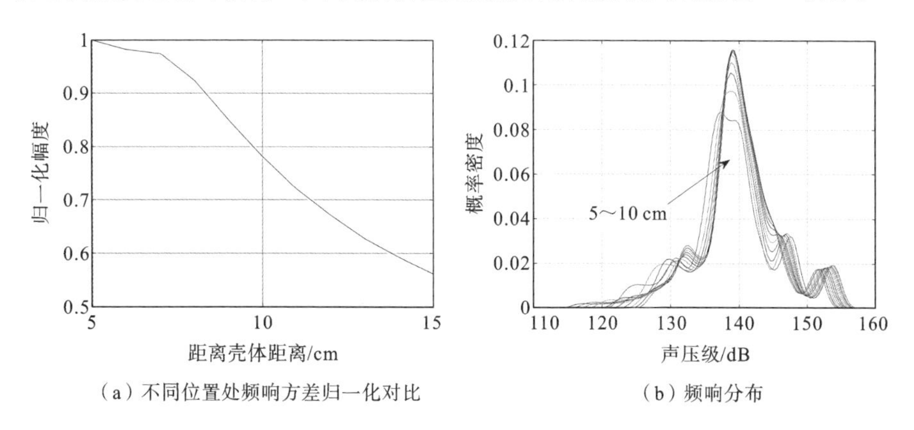

（a）不同位置处频响方差归一化对比　　（b）频响分布

图 7-8　不同位置处不同频率响应方差归一化及分布

由图 7-8 可知，当距离壳体越近时，不同位置频响方差越大，且分布更尖锐，声压级主要集中于约 140 dB 的位置处，15 cm 处信道选择衰落程度最低，衰落程度与距离成反比。这意味着，若想降低壳体干扰，就需要尽可能将接收端远离壳体布放。

又由图 7-8(a)可知，当距离越来越远时，频响方差下降逐渐缓慢，因此，可根据具体需求，找到最佳布放距离对近端接收端进行布放。

系统的传输函数 $H(\omega)$ 与冲激响应函数 $h(t)$ 互为傅里叶变换，即

$$H(\omega) = F_{\tau}[h(t)] = \int_{-\infty}^{\infty} h(\tau, t) e^{-j\omega\tau} d\tau \tag{7-1}$$

$$h(t) = F_{f}^{-1}[H(\omega)] = \frac{1}{2\pi}\int_{-\infty}^{\infty} H(\omega) e^{j\omega\tau} d\omega \tag{7-2}$$

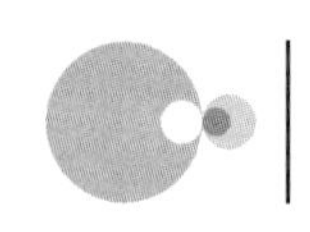

由于在频域稳态仿真过程中，没有引入噪声，因此，可由仿真结果的 $H(\omega)$ 直接通过傅里叶逆变换获得冲激响应函数，数据导出形式为复数，为了保证傅里叶逆变换结果中不存在虚部，需要在进行傅里叶变换前对数据进行共轭对称处理。得到的信道冲激响应形式如图 7-9 所示。

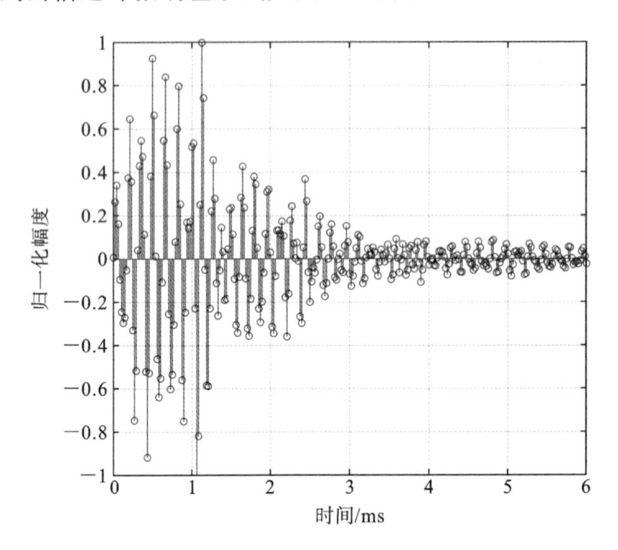

图 7-9　频域计算获得的信道冲激响应

横向对比图 7-9 及图 2-18 可知，频域稳态下对信道冲激响应的仿真及计算结果与图 2-18 所示实测及仿真结果类似，呈现复杂状态，同样与常规半双工水声通信系统中常见的信道冲激响应形式不同，无法从稀疏角度理解与分析。

而不同信道估计手段得到的自干扰信道冲激响应结果不同，为了对比各类信道估计方法性能，按照第 2 章所述方法，以表 7-1 所述参数进行时域瞬态仿真以获取自干扰时域波形，通过不同方法进行干扰信号信道估计、干扰信号重构与残余自干扰信号分析，也侧面对自干扰信道的“非稀疏性”进行验证，不同算法下的干扰信道估计结果及残余自干扰信号对比图如图 7-10 所示，其中残余自干扰信号通过了归一化幅度控制，以便于残余自干扰信号大小对比。

对比中，采用的算法为 LS、匹配追踪（matching pursuit，MP）、正交匹配追踪（orthogonal matching pursuit，OMP）、压缩采样匹配追踪（compressive sampling MP，CoSaMP）[2]、正则化正交匹配追踪（regularized OMP，ROMP）[3]、分段正交匹配追踪（stagewise OMP，StOMP）[4]等算法，分别从稀

疏与非稀疏的角度对信道进行了估计。为了实现结果对比，在上述各类算法中，追踪路径个数设置为120。较低时，无法得到对比效果。

对不同算法仿真结果进行分析与说明。

(1) 由图7-10对比结果可知，因仿真过程未引入噪声，因此LS算法性能

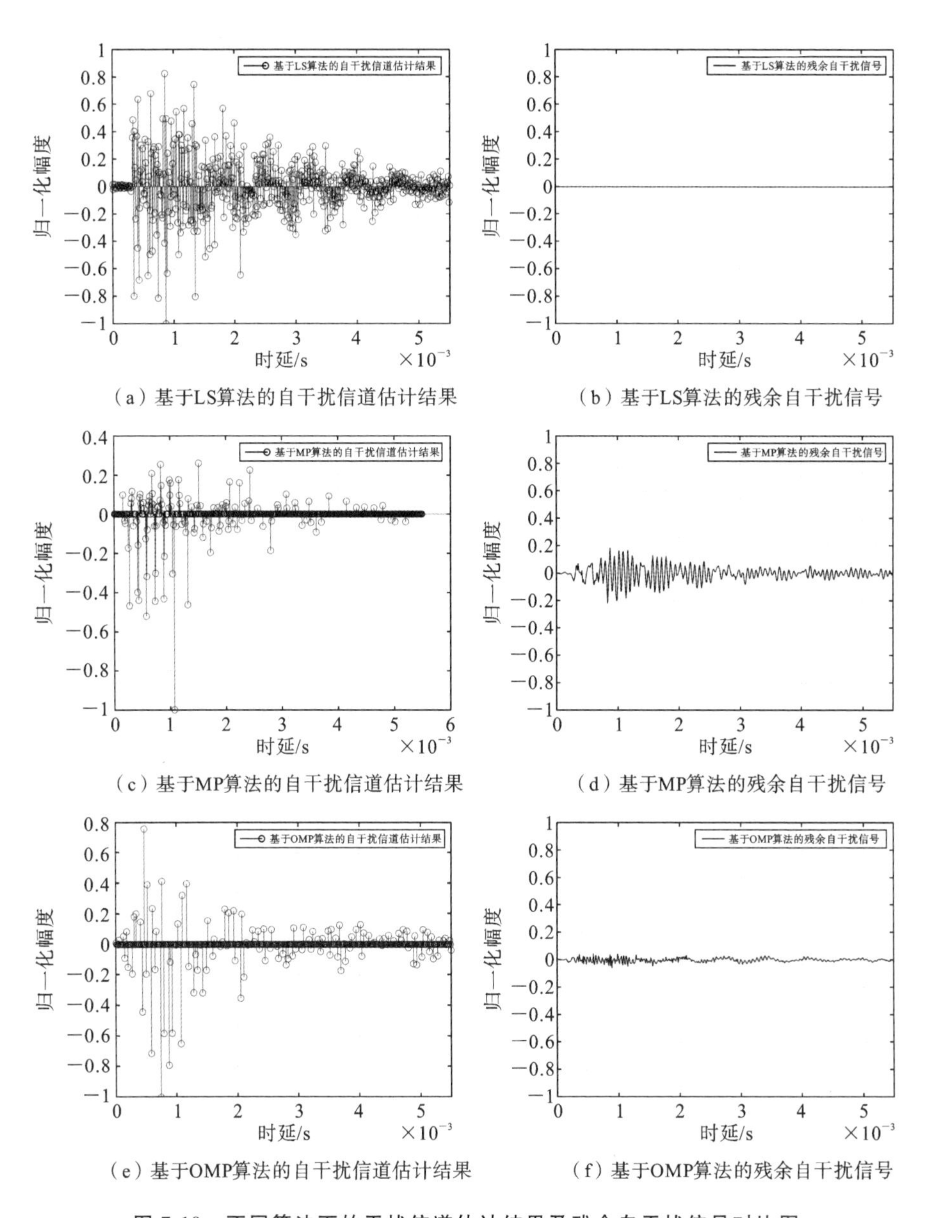

(a) 基于LS算法的自干扰信道估计结果　(b) 基于LS算法的残余自干扰信号

(c) 基于MP算法的自干扰信道估计结果　(d) 基于MP算法的残余自干扰信号

(e) 基于OMP算法的自干扰信道估计结果　(f) 基于OMP算法的残余自干扰信号

图7-10　不同算法下的干扰信道估计结果及残余自干扰信号对比图

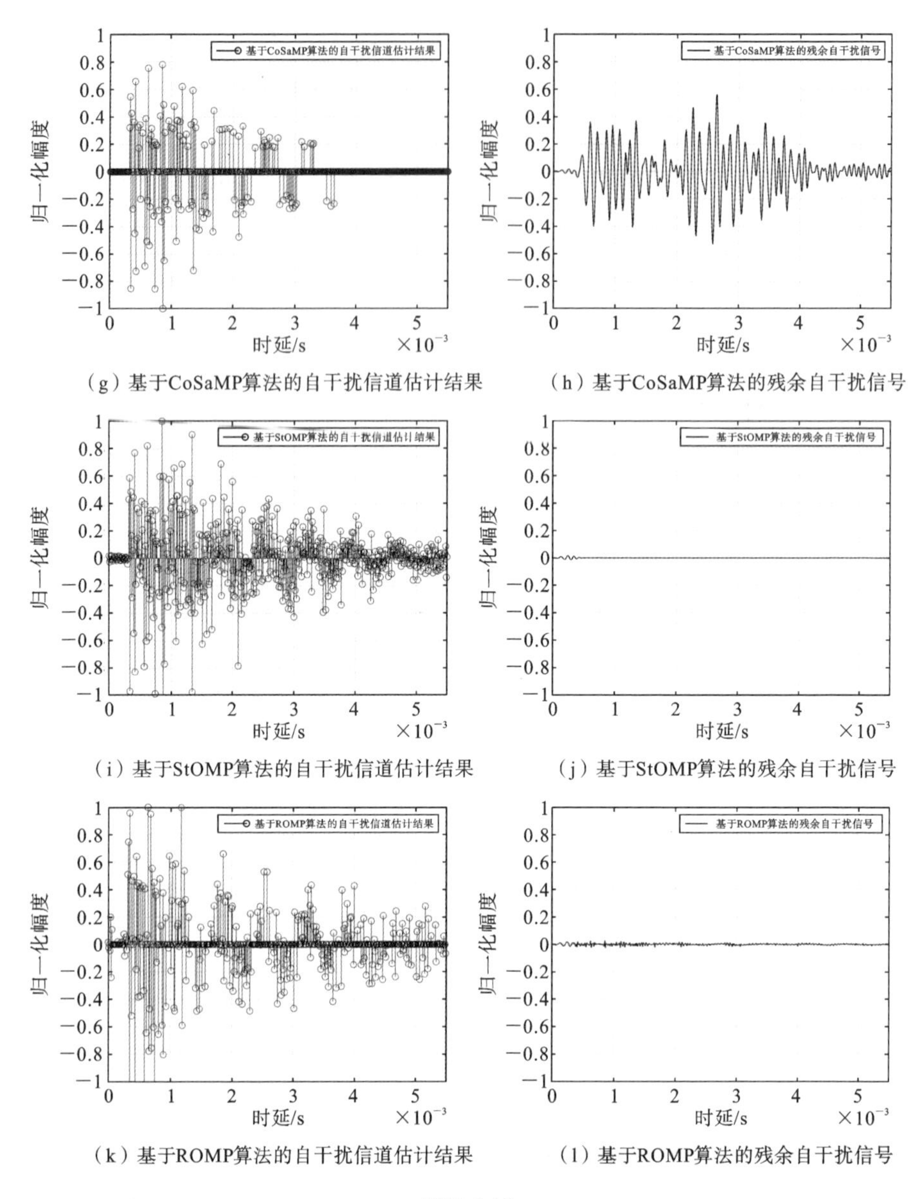

（g）基于CoSaMP算法的自干扰信道估计结果　（h）基于CoSaMP算法的残余自干扰信号

（i）基于StOMP算法的自干扰信道估计结果　（j）基于StOMP算法的残余自干扰信号

（k）基于ROMP算法的自干扰信道估计结果　（l）基于ROMP算法的残余自干扰信号

续图 7-10

最佳，残余自干扰信号能量极低，而 MP 算法与 OMP 算法相比，由于 OMP 算法在每次迭代中进行了正交化操作，在每一个迭代过程中获得了最优解，因此干扰抵消效果比 MP 算法好。

（2）CoSaMP 算法在一定程度上从稀疏度对 MP 算法进行了优化，需要对稀疏度进行定义，由图 7-10 可知，其在非稀疏信道下（本仿真参数下，信道受壳体影响)的表现不如MP算法。

(3) ROMP算法相当于在OMP算法的基础上进行了稀疏约束,从稳定性的角度看将会优于OMP算法,在本算法中,残余自干扰信号强度稍弱于OMP算法,但性能提升有限。

(4) 由于StOMP算法没有稀疏约束,因此在众多MP/OMP改进型算法中,从残余自干扰信号能量最低的角度,获得了最佳的干扰信道估计结果,但使用该方法需要对门限进行合理设置。

综上可知,从非稀疏角度对自干扰信道进行估计的算法都获得了良好的结果,而在基于稀疏角度的各类算法下获得的残余自干扰信号能量相对较强。

一般认为,水声通信信道常服从Rayleigh分布,而对带内全双工水声通信系统而言,由于发射端与近端接收端距离过近,正常来说会存在直达信号,因此会更偏向于莱斯分布,在此通过最大似然估计方法,拟合以上部分信道估计结果的Rayleigh分布参数与莱斯分布参数,并以此参数分别计算该参数下的Rayleigh分布及莱斯分布概率密度函数,在此基础上进行对比,对比结果如图7-11所示。

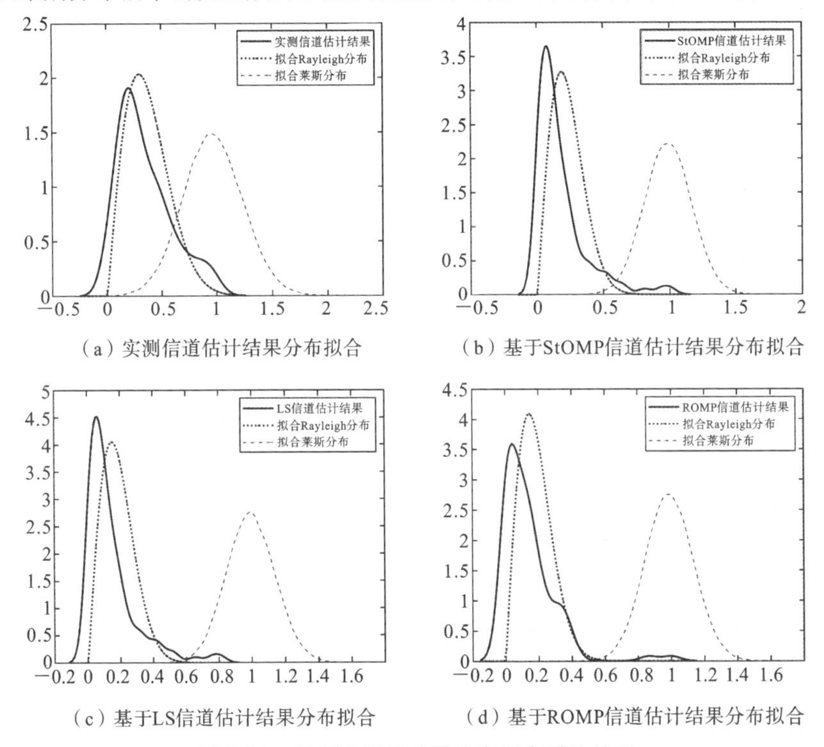

(a) 实测信道估计结果分布拟合

(b) 基于StOMP信道估计结果分布拟合

(c) 基于LS信道估计结果分布拟合

(d) 基于ROMP信道估计结果分布拟合

图7-11 环路自干扰信道分布拟合对比结果

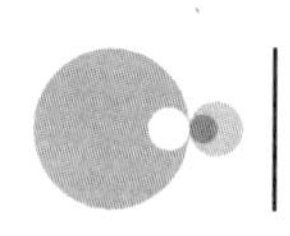

由于图 7-10 中部分信道估计算法下的残余自干扰信号较大，无法合理地表征自干扰信道，因此在本仿真中，仅对实测信道估计结果、StOMP、LS、ROMP 得到的信道估计结果进行对比。

从图 7-11 可以看出，实测信道及不同信道估计结果更贴合 Rayleigh 分布，同时也证明了在本书所述的带内全双工水声通信工程样机结构下，由于壳体的影响，发射端与近端接收端无直达信号。需要说明的是，由于数据量有限，在计算信道估计结果的概率密度函数（使用 ksdensity 函数）时，对数据样本进行了平滑处理，导致计算结果中出现负数。

为了进一步体现壳体材料对自干扰成分、传播路径复杂度的影响，以及不同接收端布放下接收到的自干扰信号成分差异，对水声通信机壳体常用的 316L 型材料按照第 3 章部分所述过程进行了仿真，通过更细致对比得出材料及接收端布放位置对自干扰信号的影响。除壳体材料外，其他仿真参数（如发射信号等）配置与表 2-1 保持一致。

为了直观体现接收端布放位置对自干扰信号的影响，分别取发射端一处、常规接收端一处、壳体侧面中心点一处，具体壳体等距离布放接收点进行对比，布放形式及幅度归一化图如图 7-12 所示。为了清晰展示不同位置接收的自干扰信号波形细节，图中部位置波形图采用各自归一化展示。

由图 7-12 可知，自干扰信号复杂度由 A 点到 C 点逐步增加，从峰值上看，A 点由于距离发射端较近，因此峰值能量最大，B 点与 C 点接近，C 点能量较强。由对比可知，自干扰信号形式除受到壳体材料影响外，还显著受到接收点位置影响。

结合第 2 章及 7.2.1 节上述内容，可对不同位置接收点信号成分进行进一步分析与对比，具体如下：

(1) A 点主要成分为直达发射信号，在 A、B、C 三点中峰值能量最强，其中还包含壳体振动散射的信号分量，但相较直达分量而言，能量较小；

(2) B 点由于处于壳体侧面，由于壳体遮挡作用无法接收到直达发射信号，因此主要由衍射分量及壳体散射分量构成；

(3) C 点由于处于壳体顶部，同样无法接收到直达发射信号，主要也由衍射分量及壳体散射分量构成，但通过波形对比可知，此两种分量强度及持续时间与 B 点相比有明显不同。

不同材料，在不同时刻不同位置接收波形对应壳体附近声压分布情况如

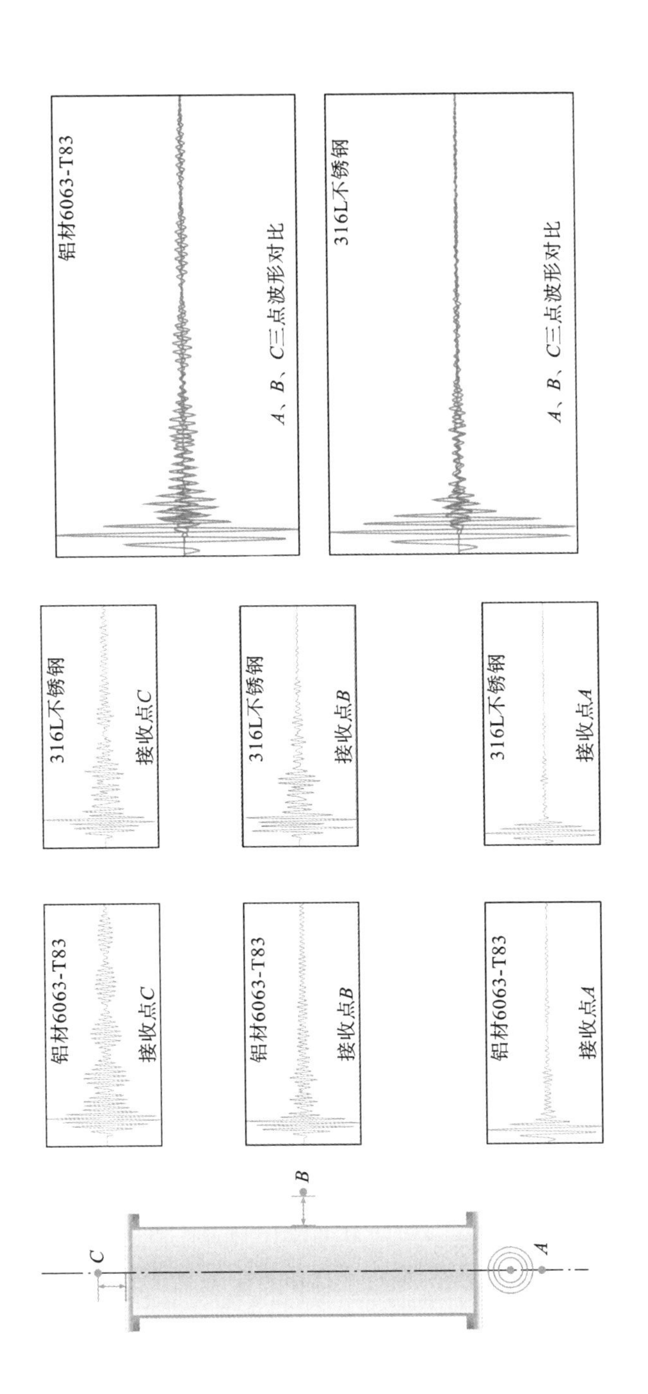

图7-12 壳体不同材料、不同接收点处自干扰波形对比图

图 7-13(铝制壳体)和图 7-14(不锈钢壳体)所示。

由图 7-13 可知,左侧为不同接收点接收波形(铝制壳体)各自归一化结果,右侧为对应时刻壳体附近声压分布情况,对应时间分别为 0.26042 ms、0.6354 ms、1.156 ms、1.552 ms、2.531 ms 及 3.3021 ms。由图 7-13 可知,C 点幅值较大时刻与 B 点接近,同样在发射信号经过后存在持续振动但剧烈程度 B 点较 C 点弱,这与图 7-5 及图 7-6 仿真结果分析相契合。横向对比(a)点可知,A、B、C 三点出现能量时间顺序为发射端、壳体侧面中心点、壳体另一端点,与传播过程相符合。(b)点处所展示的为发射信号发送完毕后,C 点处于峰值能量最强时刻,为衍射信号与壳体振动叠加(本书第 3 章已分析)。

由图 7-14 可知,此图为不同接收点接收波形(不锈钢壳体)各自归一化结果及对应时刻壳体附近声压分布情况,对应时间分别为 0.26042 ms、0.6354 ms、1.1875 ms、1.7083 ms、2.333 ms 及 2.9375 ms。横向对比图 7-13 及图 7-14,从壳体散射分量能量上讲,不锈钢壳体强度弱于铝制壳体,且由图 7-13(e)和图 7-13(f)及图 7-14(e)和图 7-14(f)的对比可知,铝制壳体受激振动持续时间更长,因此,若从干扰成分角度考虑,在设计 IBFD-UWA 通信工程样机壳体时,应考虑采用较硬材质,以降低后续散射持续时间。

同时,从最佳布放位置的角度考虑,在本参数设置下,应将接收端布放在 B 点位置,以从干扰峰值能量及持续时间的角度最大程度降低自干扰信号的复杂度。因此,结合项目指标需求对材质及结构尺寸等参数进行确定后,可通过本节所述方法,首先对预定设计进行仿真,进而选择最佳接收布置点。

为了量化分析散射分量及衍射分量能量比例,在本节介绍衍射分量获取结果,以供后续详细分析。通过对仿真配置将设定壳体为不可受激振动状态,即可获得无散射分量下,仅受壳体遮挡作用影响的衍射分量,衍射分量与发射信号时域波形及频域对比图如图 7-15 所示。

如图 7-15 所示,衍射分量信号波形形式与无壳体影响下接收型号时域波形形式基本一致,仅存在较小畸变,通过图 7-15(b)可知,壳体遮挡下衍射分量低频能量高于高频部分能量,这与衍射衰减规律吻合。衍射分量传播过程如图 7-16 所示。结合辅助仿真内容,将自干扰信号中的直达分量与衍射分量去除(A 点去除直达分量,B、C 两点去掉衍射分量),仅针对壳体散射分量进行分析,结果如图 7-17 和图 7-18 所示。其中,为体现分量在不同时刻主要的组成成分,对散射分量进行 WVD 分析。对比图 7-17(a)和图 7-17(b)可知,在铝制

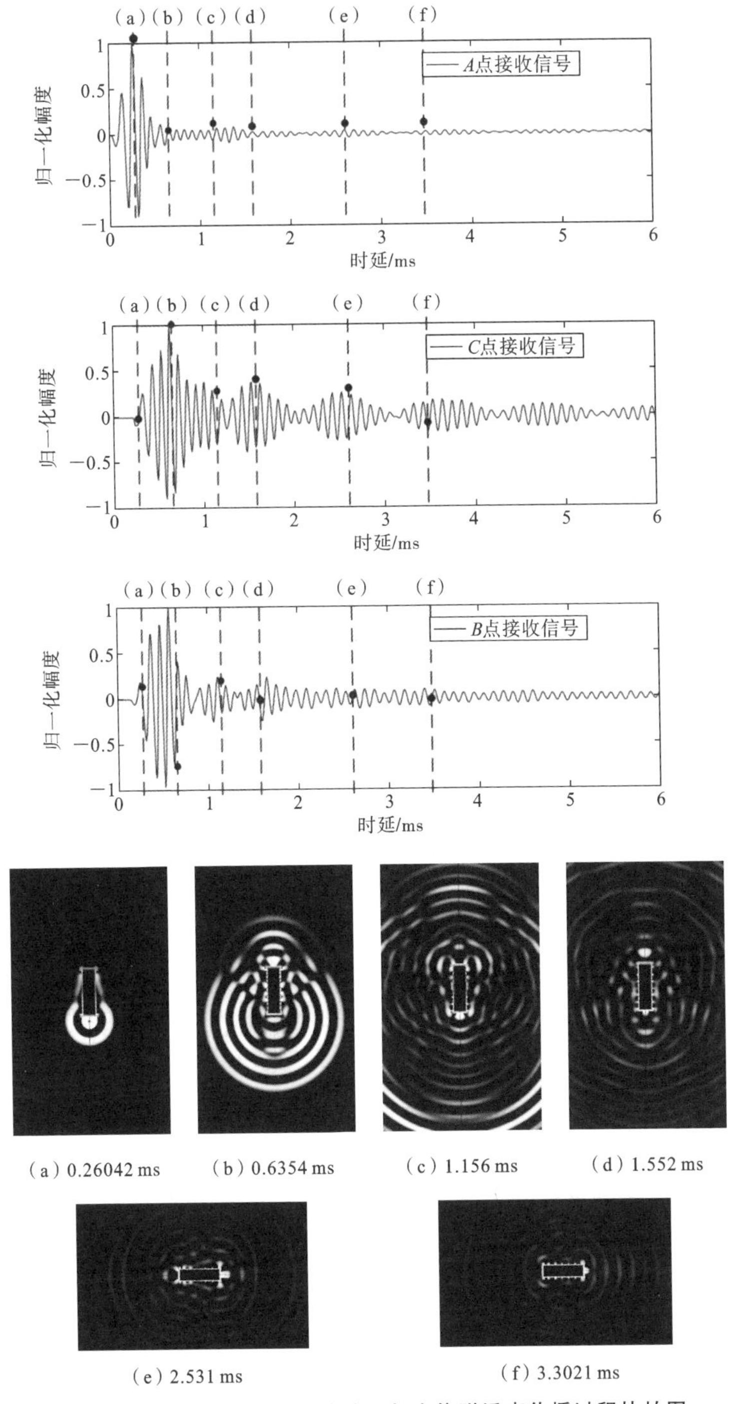

图 7-13 铝壳不同位置接收波形与壳体附近声传播过程快拍图

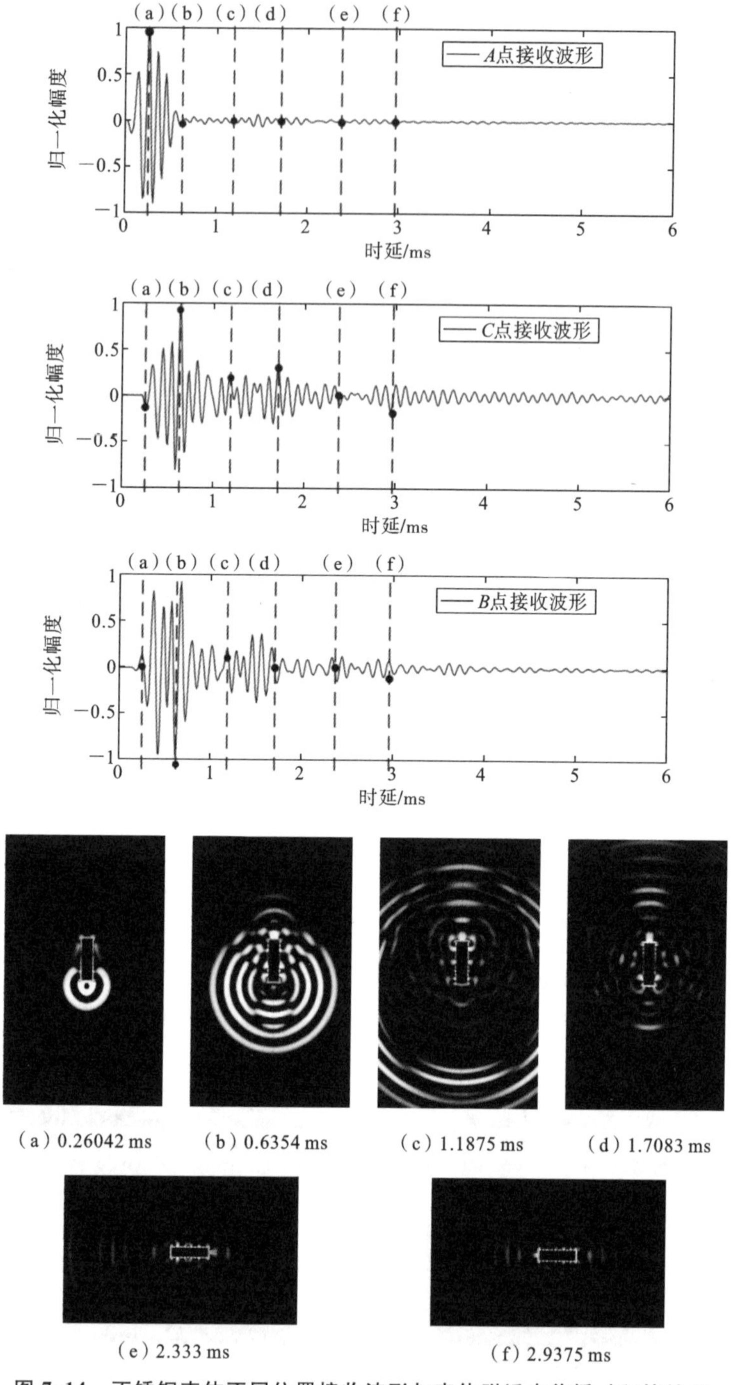

图 7-14　不锈钢壳体不同位置接收波形与壳体附近声传播过程快拍图

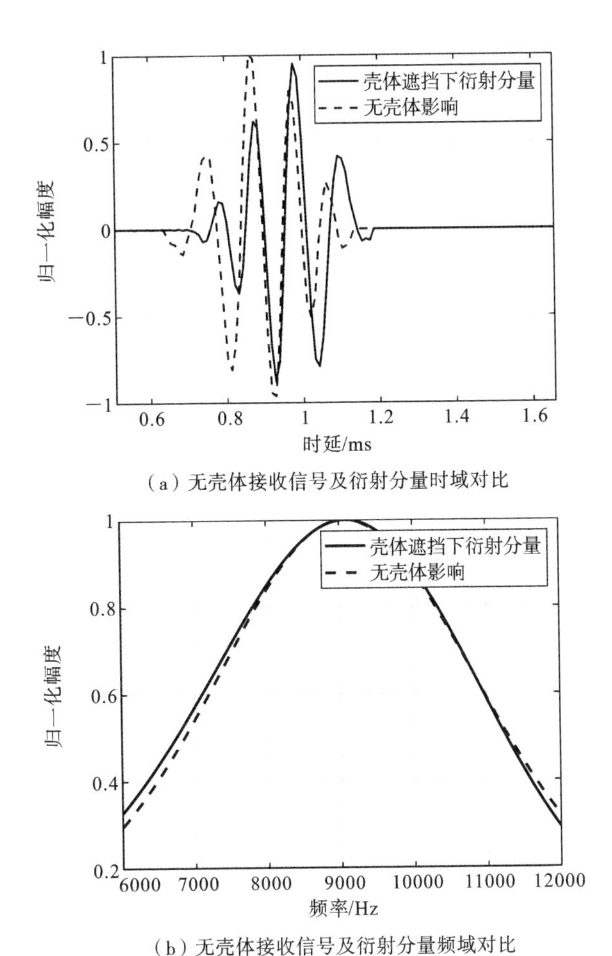

（a）无壳体接收信号及衍射分量时域对比

（b）无壳体接收信号及衍射分量频域对比

图 7-15　衍射分量与发射信号时域波形及频域对比图

壳体中，接收点 A 去除直达分量后，峰值能量强度降低了近 6 dB，因此可知 A 点主要成分为直达发射信号，而 C 点与 B 点去掉直达及衍射分量后峰值能量幅度变化较小(且 WVD 变化较小)，因此可证明当接收端位置处于 B 点与 C 点时，壳体散射分量是自干扰信号最主要成分。

由图 7-17(b)还可知，A 点也同样会接收到散射分量，而 B 点散射分量能量最弱，仅对峰值能量幅度而言，当接收端位置处于 B 点时，所接收到的自干扰信号强度将下降并超过 6 dB。当接收端位置处于 C 点时，所接收到的自干扰信号峰值强度基本不发生变化。

由图 7-18 可知，在以不锈钢作为壳体材料时，在去除直达分量及衍射分

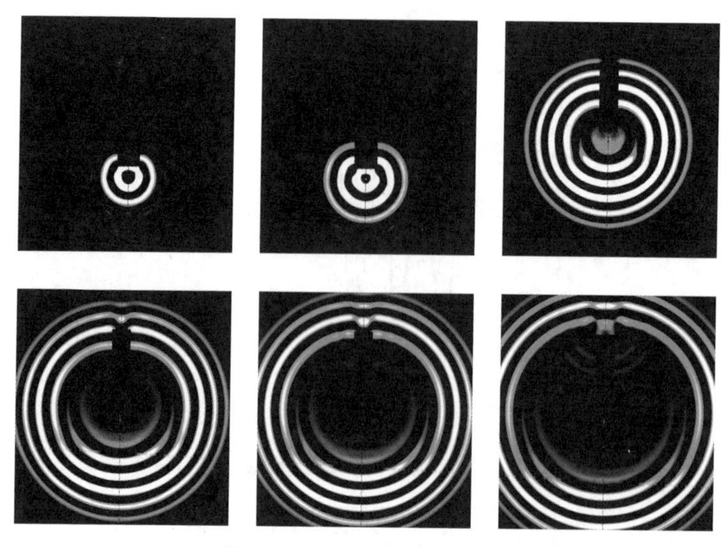

图 7-16　衍射分量传播过程

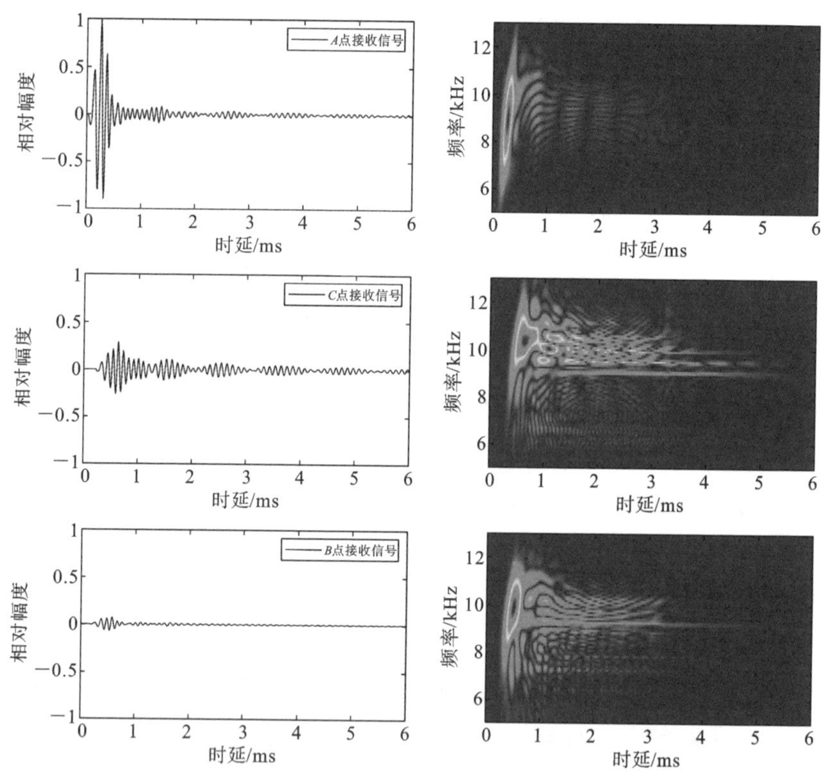

（a）铝制壳体A、C、B点时域波形及WVD分解对比（去除直达分量及衍射分量前）

图 7-17　铝制壳体去除直达及衍射分量前后波形及 WVD 对比图

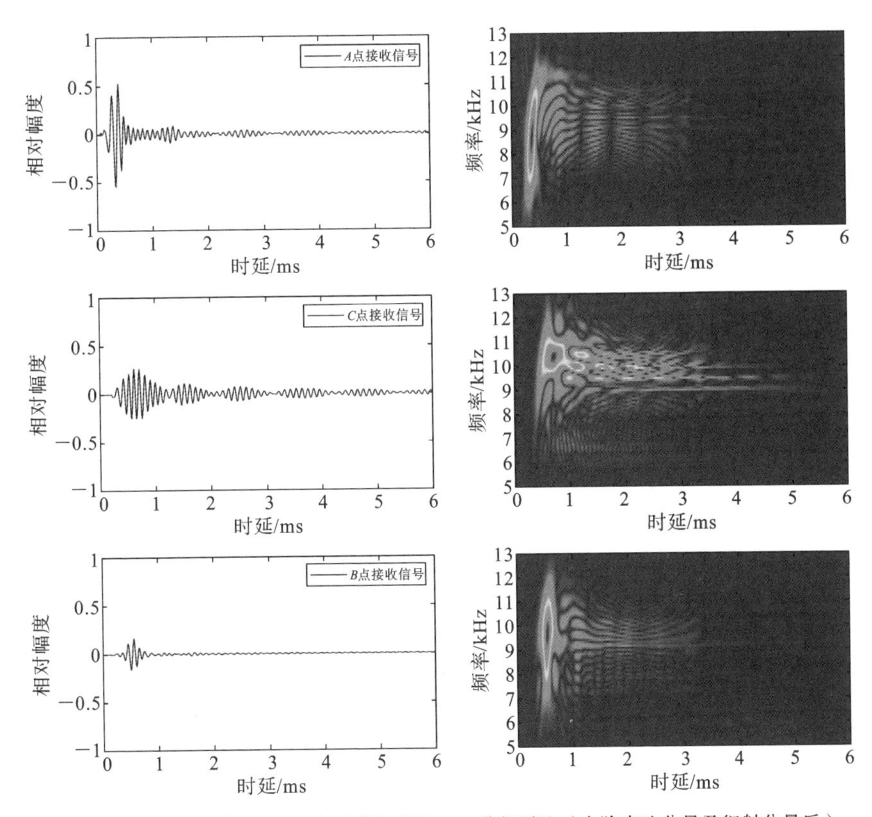

(b) 铝制壳体A、C、B点时域波形及WVD分解对比（去除直达分量及衍射分量后）

续图 7-17

量后，A 点的峰值能量下降了约 12 dB，B 点及 C 点峰值能量波动较小，这一点与铝制壳体变化规律相同，但对 B 点而言，强度反而有所增加，原因为去除衍射分量前，由于空间布局的位置影响，衍射分量与散射分量存在一定相位偏差，造成了一定的抵消，因此在衍射分量去除后，干扰峰值能量增加。

横向对比图 7-17 和图 7-18 可知，仅从修改接收端布放位置，即可降低自干扰峰值能量十余分贝。综上可知，从干扰信号复杂度、强度等角度考虑，不锈钢制壳体相较于铝制壳体更宜作为 IBFD-UWA 通信工程样机电子舱体，同时根据仿真结果可知，壳体中心侧面位置更宜适合布放接收水听器，变更结构尺寸后会有更佳的效果，这一点在文献[5]中得到了进一步的验证。

在了解了自干扰信号成分的基础上，如何更进一步降低散射分量的影响是需要解决的新问题。而由上述分析可知，C 点处接收到的自干扰信号主要以散射分量形式出现，且在本仿真中的空间布局下散射分量主要为向上传播，

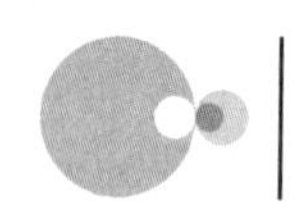

因此，可考虑通过布放声障板或结合矢量水听器对散射分量进行抑制。矢量水听器接收指向性仿真结果如图 7-19 所示。

虽然可以通过将矢量水听器零点对准散射分量干扰来源以对自干扰信号强度进行一定程度的抑制，但需要结合通信频带范围(波长)及矢量水听器灵敏度。

除了散射分量抑制外，矢量水听器还可通过矢量信号处理获得空间处理增益，提高期望信号信噪比。假设自干扰信号在各向同性噪声场中传播，则矢量水听器接收到的振速分量为

$$\begin{cases} p(t)=p_{s}(t) \\ v_{x}(\boldsymbol{r},t)=v(\boldsymbol{r},t)\sin\theta\cos\varphi \\ v_{y}(\boldsymbol{r},t)=v(\boldsymbol{r},t)\sin\theta\sin\varphi \\ v_{z}(\boldsymbol{r},t)=v(\boldsymbol{r},t)\cos\theta \end{cases} \tag{7-3}$$

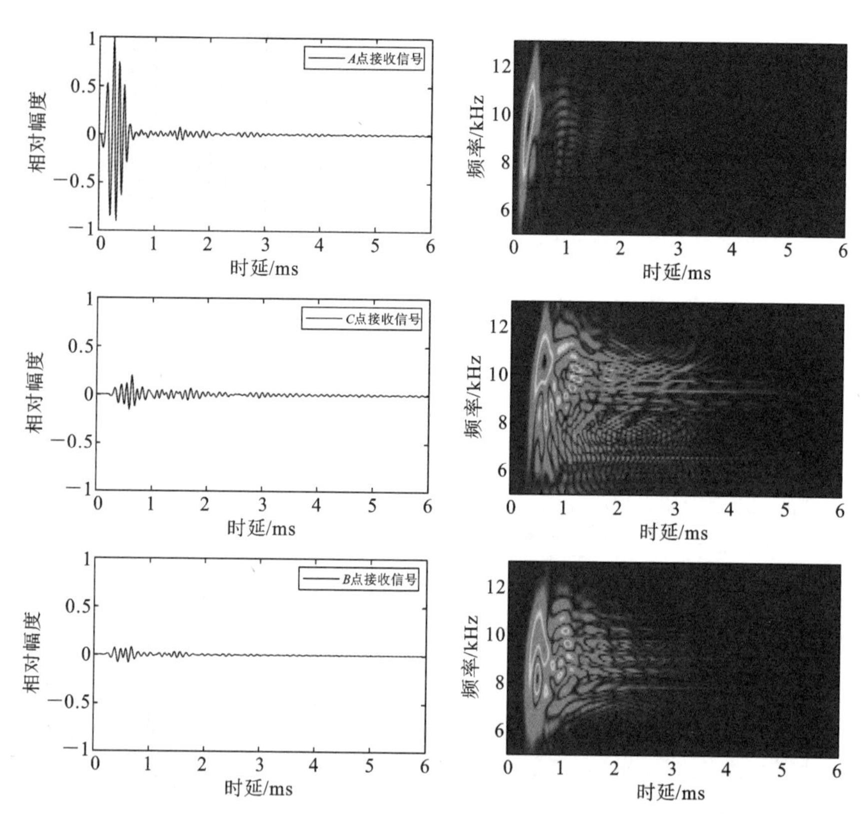

(a) 不锈钢制壳体A、C、B点时域波形及WVD分解对比（去除直达分量及衍射分量前）

图 7-18 不锈钢制壳体去除直达及衍射分量前后波形及 WVD 对比图

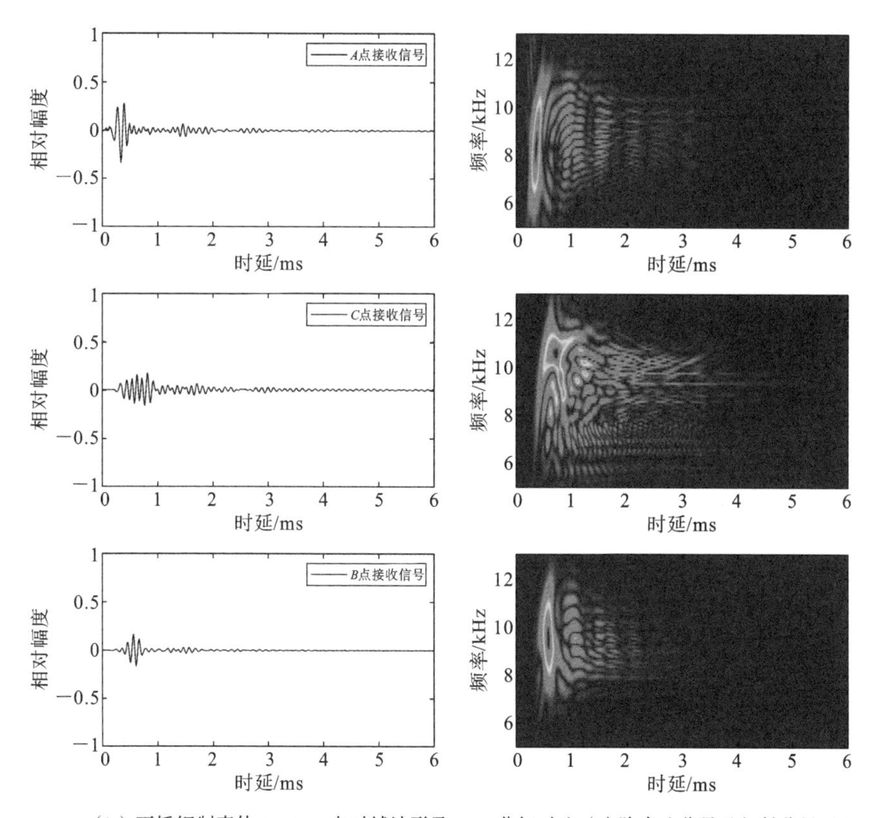

（b）不锈钢制壳体A、C、B点时域波形及WVD分解对比（去除直达分量及衍射分量后）

续图 7-18

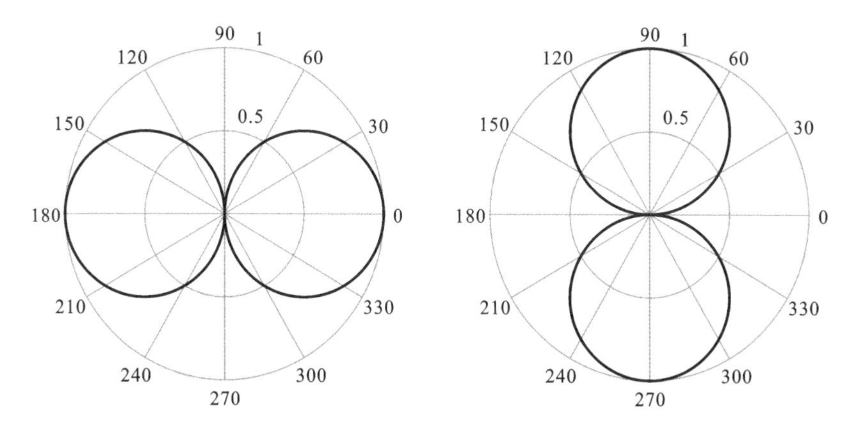

图 7-19　矢量水听器振速分量偶极指向性图

式中：$v_x(\boldsymbol{r},t)$、$v_y(\boldsymbol{r},t)$、$v_z(\boldsymbol{r},t)$分别表示振速 x 分量、振速 y 分量、振速 z 分量；$\boldsymbol{r}$ 为矢径；θ 为俯仰角；φ 为方位角。一般阵指向性因子在自由空间中可定义为

$$\mathrm{DF}=\frac{4\pi B(\theta_{\mathrm{s}},\varphi_{\mathrm{s}})}{\int_{0}^{2\pi}\int_{0}^{\pi}B_{\mathrm{v}}(\theta,\varphi)\sin\varphi\mathrm{d}\varphi\mathrm{d}\theta}\tag{7-4}$$

式中：$B_{\mathrm{v}}(\theta,\varphi)$为阵波束图，指向性指数为 10lg(DF)。对于常规无指向性水听器，可通过计算得到其指向性因子，即

$$I_{\mathrm{p}}=\int_{0}^{2\pi}\int_{0}^{\pi}(W_{\mathrm{p}})^{2}\sin\varphi\mathrm{d}\theta\mathrm{d}\varphi=4\pi W_{\mathrm{p}}^{2}\tag{7-5}$$

$$\mathrm{DF}_{\mathrm{p}}=\frac{4\pi W_{\mathrm{p}}^{2}}{I_{\mathrm{p}}}=1\tag{7-6}$$

式中：W_{p} 为声压分量，可通过计算得到其指向性指数为 0，将式(7-3)带入式(7-5)进行计算，可得(以振速 x 分量为例)

$$\begin{aligned}I&=\int_{0}^{2\pi}\int_{0}^{\pi}(W_{x}\cos\varphi\sin\theta+W_{y}\sin\varphi\sin\theta+W_{z}\cos\theta)^{2}\sin\varphi\mathrm{d}\theta\mathrm{d}\varphi\\&=\frac{4\pi}{3}(W_{x}^{2}+W_{y}^{2}+W_{z}^{2})\end{aligned}\tag{7-7}$$

将式(7-7)带入式(7-6)，可得指向性因子为 3，即指向性指数增益为 10lg3≈4.8 dB。但需要注意的是，阵信号处理会影响实际接收自干扰信号的信道，与仿真结果出现差异，同时矢量水听器的接收灵敏度也会对接收到自干扰信号造成影响，要平衡好增益与影响间的关系。

考虑到壳体的本征频率影响，可结合图 2-9 结果，针对自干扰信号中固定几个具有较高能量的频点通过陷波滤波器进行抑制，不同于第 3 章所述 RLS 滤波器、LMS(least mean square)遵循随机梯度下降原则，不需要输入向量相关矩阵求逆操作，因此算法较 RLS 滤波器更简单，这意味着在设备级实现过程中 LMS 更易实现。在此介绍一种可用于消除多频点干扰的基于 LMS 的自适应滤波方法，假设在第 n 时刻 $L\times1$ 的抽头输入向量为

$$\boldsymbol{s}(n)=[s(n)\quad s(n-1)\quad\cdots\quad s(n-L+1)]^{\mathrm{T}}\tag{7-8}$$

由于在干扰信号中多个频点干扰的能量较强(且期望信号能量远低于干扰信号能量)，因此可在此方法中，令期望响应始终为 0，这种特殊设置方法在本应用中适用。对于任意时刻 $n=0,1,2,\cdots$，LMS 滤波器权值系数更新过程为

$$e(n)=0-\boldsymbol{w}_{\text{lms}}^{\text{T}}(n)\boldsymbol{s}(n) \tag{7-9}$$

$$\boldsymbol{w}_{\text{lms}}(n+1)=\boldsymbol{w}_{\text{lms}}(n)+\mu\boldsymbol{s}(n)e(n) \tag{7-10}$$

式中：$\boldsymbol{w}_{\text{lms}}(n)$为 LMS 滤波器权值系数；$\mu$ 为步长参数。基于 LMS 算法的自适应陷波滤波器结构如图 7-20 所示。

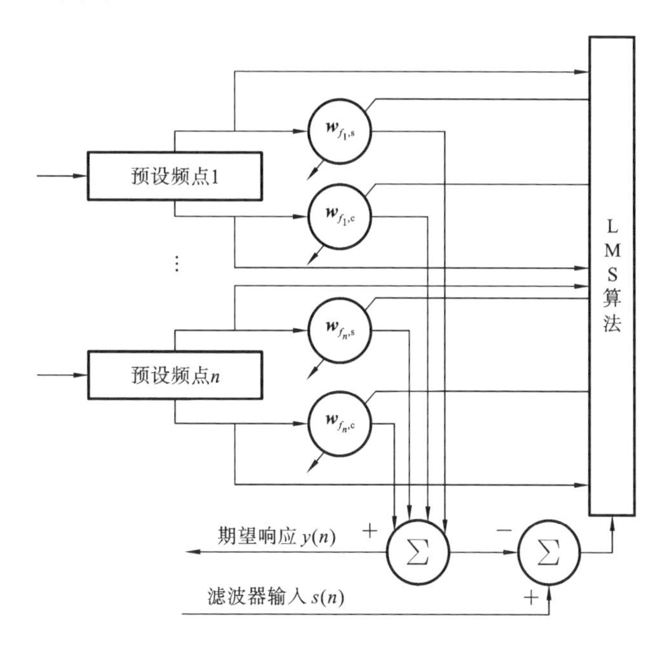

图 7-20　基于 LMS 的自适应陷波滤波器结构示意图

各路正交输入参考信号形式为

$$\begin{cases} \boldsymbol{x}_{f_1,\text{c}}(n)=A_{f_1,\text{c}}\cos(w_{f_1}n) \\ \boldsymbol{x}_{f_1,\text{s}}(n)=A_{f_1,\text{s}}\sin(w_{f_1}n) \\ \quad\vdots \\ \boldsymbol{x}_{f_n,\text{c}}(n)=A_{f_n,\text{c}}\cos(w_{f_n}n) \\ \boldsymbol{x}_{f_n,\text{s}}(n)=A_{f_n,\text{s}}\sin(w_{f_n}n) \end{cases},\quad n=1,2,3,\cdots,N \tag{7-11}$$

式中：w_{f_i} 为第 i 个频点对应的频率；A 为不同频率正交参考信号输入幅度。迭代过程可表示为

$$y(n)=\boldsymbol{w}_{f_1,\text{s}}\boldsymbol{x}_{f_1,\text{s}}(n)+\boldsymbol{w}_{f_1,\text{c}}\boldsymbol{x}_{f_1,\text{c}}(n)+\cdots+\boldsymbol{w}_{f_n,\text{s}}\boldsymbol{x}_{f_n,\text{s}}(n)+\boldsymbol{w}_{f_n,\text{c}}\boldsymbol{x}_{f_n,\text{c}}(n) \tag{7-12}$$

$$\varepsilon(n)=s(n)-y(n) \tag{7-13}$$

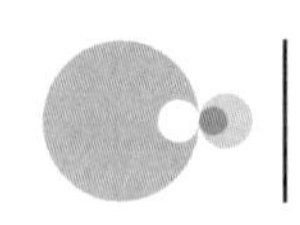

$$\begin{cases} \boldsymbol{w}_{f_1,s}(n+1)=\boldsymbol{w}_{f_1,s}(n)+\mu_{f_1}\varepsilon(n)\boldsymbol{x}_{f_1,s}(n) \\ \boldsymbol{w}_{f_1,c}(n+1)=\boldsymbol{w}_{f_1,c}(n)+\mu_{f_1}\varepsilon(n)\boldsymbol{x}_{f_1,c}(n) \\ \qquad\vdots \\ \boldsymbol{w}_{f_n,s}(n+1)=\boldsymbol{w}_{f_n,s}(n)+\mu_{f_n}\varepsilon(n)\boldsymbol{x}_{f_n,s}(n) \\ \boldsymbol{w}_{f_n,c}(n+1)=\boldsymbol{w}_{f_n,c}(n)+\mu_{f_n}\varepsilon(n)\boldsymbol{x}_{f_n,c}(n) \end{cases}, n=1,2,3,\cdots,N \quad (7\text{-}14)$$

式中:μ_{f_i}为第i个频点对应的迭代步长,与第i个频点陷波带宽BW_i有关,在本方法中,μ_{f_i}利用$\mu_{f_i}=\mathrm{BW}_i/f_s$进行计算。经过如式(7-12)至式(7-14)的迭代后,可得到滤波重构信号及残余自干扰信号时域波形对比图,如图7-21所示。

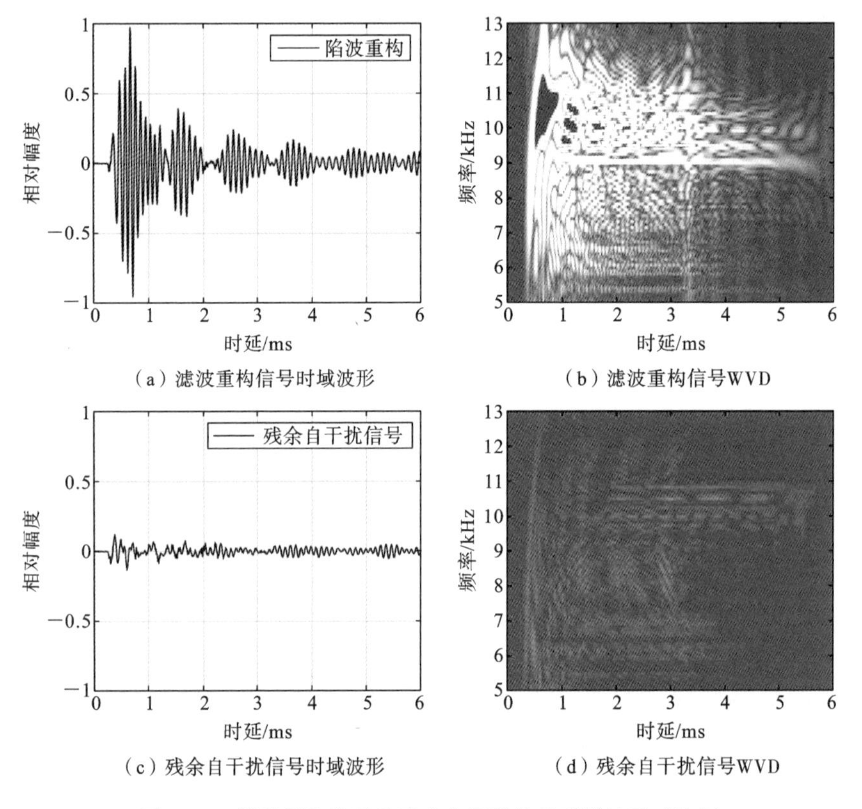

(a) 滤波重构信号时域波形　(b) 滤波重构信号WVD

(c) 残余自干扰信号时域波形　(d) 残余自干扰信号WVD

图7-21　滤波重构信号及残余自干扰信号时域波形对比图

由图7-21可知,经过陷波滤波器后,干扰强度明显下降,残余自干扰信号在相同数值范围限制下的WVD图中几个频点能量明显下降,且经过仔细观察可见在初始时刻发出的发射信号。

图 7-22 所示的为接收自干扰信号、滤波重构信号及残余自干扰信号频谱对比图，横向对比图 7-21 可知，经过 Notch 滤波器对固定几个具有较高能量的频点进行抑制后，残余自干扰信号能量大幅下降。

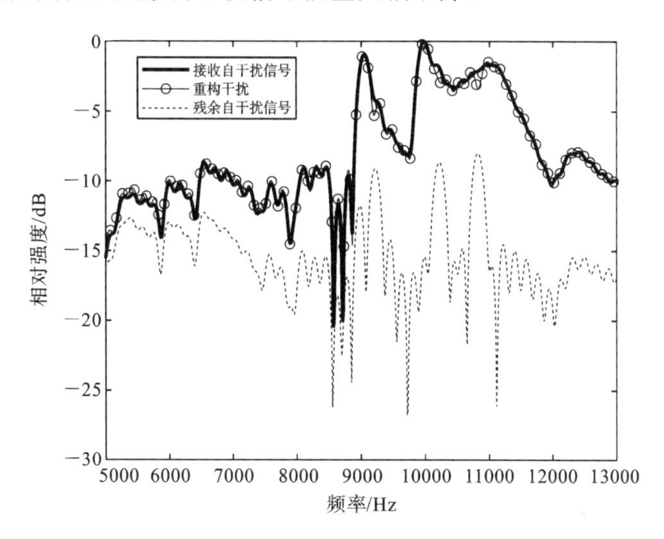

图 7-22　接收自干扰信号、滤波重构信号及残余自干扰信号频谱对比图

7.2.2　基于先验干扰信道信息的干扰抵消新思路

当带内全双工水声通信机壳体、收发端布放形式、发射功率及频率基本固定时，环路自干扰传播信道基本可以保持不变（实测结果如图 5-6 所示）。由本书第 3 章可知，该分量能量是干扰能量中最强的部分，如果可以预先对该部分干扰传播信道进行测量，即可如本书第 5 章所述，在实际应用时以此作为先验信道信息，可在一定程度上增加 RLS 滤波器的迭代效率。

在进行设备级算法实现过程中发现，RLS 算法收敛快但设备级实现复杂度较高，但本书所述方法可采用低复杂度且设备易实现的二分坐标下降的 RLS(RLS using dichotomous coordinate descent，DCD-RLS)算法[6,7]，在本部分对第 5 章权值系数替换过程及该方法的可拓展性进行补充说明与验证。为了体现 RLS 与 DCD-RLS 在权值系数替换过程中的表现差异，本部分不考虑 Kalman 滤波器对时变信道的跟踪效果，仅针对变化较为缓慢的环路自干扰信道进行验证。另一差异在于第 5 章在迭代开始时即将权值系数替换，在本节中，对替换时刻下性能差异进行讨论。

若带内全双工水声通信系统中发射的干扰信号 $S_i(t)$已知，经过短距离传播后到达近端接收端，可视为经过一信道冲击响应为 $h_{si}(t)$ 的信道，接收端接收到的自干扰信号为 $S_r(t)$，则有

$$S_r(t)=S_i(t)*h_{si}(t)+n_e(t) \tag{7-15}$$

式中：$n_e(t)$ 为噪声。RLS 滤波器迭代过程在第 4 章中进行了介绍，在此不做赘述，重点关注权值滤波器系数 $\omega_p(n-1)$，在迭代第 n 次时停止迭代，迭代运算停止时已迭代的次数 $n-1$ 的取值与信道长度有关。

此时，将信道冲击响应结构（时延及抽头系数）看作信号进行处理，具体匹配方法为

$$R(m)=\left|\int_{-\infty}^{+\infty}h_p(n)\omega_p(n-m)\mathrm{d}n\right| \tag{7-16}$$

式中：$h_p(n)$ 为根据仿真及实测确定的环路自干扰先验信道结构，通过式(7-16)获得的峰值位置即为权值系数需要被替代的位置末端。

完成替换后，继续进行迭代运算，利用替代后的迭代权值更新误差系数 $\varepsilon_{rls}(n)$，即

$$\varepsilon_{rls}(n)=S_r(n)-S_i(n)\omega_p(n-1) \tag{7-17}$$

更新停止迭代后的权值系数，即

$$\omega_p(n)=\omega_p(n-1)+k(n)\varepsilon_{rls}(n) \tag{7-18}$$

完成该步骤后按照常规 RLS 滤波器迭代过程继续迭代。而此时滤波器输出误差即为残余自干扰、远端期望信号与噪声的混合信号。下面结合第 3 章 RLS 推导中的式(3-39)至式(3-43)，对 DCD-RLS 算法进行简要介绍，优化过程可等效为求解式(3-43)。

对于任意采样输入信号，通过 LS 算法想要求解的方程为 $\boldsymbol{\sigma}(n)\hat{\boldsymbol{d}}_{K,M}(n)=\boldsymbol{\chi}(n)$，假设在 $n-1$ 时刻，近似求解

$$\boldsymbol{\sigma}(n-1)\hat{\boldsymbol{d}}_{K,M}(n-1)=\boldsymbol{\chi}(n-1) \tag{7-19}$$

则为便于后续推导，定义

$$\boldsymbol{e}(n-1)=\boldsymbol{\chi}(n-1)-\boldsymbol{\sigma}(n-1)\hat{\boldsymbol{d}}_{K,M}(n-1) \tag{7-20}$$

式中：$\boldsymbol{e}(n-1)$ 为当解为 $\hat{\boldsymbol{d}}_{K,M}(n-1)$ 时的残余误差。在 n 时刻，求解该正规方程如下。

首先定义

$$\begin{aligned}
\Delta\boldsymbol{\sigma}(n)&=\boldsymbol{\sigma}(n)-\boldsymbol{\sigma}(n-1)\\
\Delta\boldsymbol{\chi}(n)&=\boldsymbol{\chi}(n)-\boldsymbol{\chi}(n-1)\\
\Delta\hat{\boldsymbol{d}}_{K,M}(n)&=\hat{\boldsymbol{d}}_{K,M}(n)-\hat{\boldsymbol{d}}_{K,M}(n-1)
\end{aligned} \tag{7-21}$$

则式(3-43)可改写为

$$\boldsymbol{\sigma}(n)[\tilde{\hat{\boldsymbol{d}}}_{K,M}(n-1)+\Delta\hat{\boldsymbol{d}}_{K,M}(n)]=\boldsymbol{\chi}(n) \tag{7-22}$$

则可将问题转化为针对 $\Delta\hat{\boldsymbol{d}}_{K,M}(n)$ 的求解过程,即

$$\boldsymbol{\sigma}(n)\Delta\hat{\boldsymbol{d}}_{K,M}(n)=\boldsymbol{\chi}_0(n) \tag{7-23}$$

式中:$\boldsymbol{\chi}_0(n)$为

$$\boldsymbol{\chi}_0(n)=\boldsymbol{e}(n-1)+\Delta\boldsymbol{\chi}(n)-\Delta\boldsymbol{\sigma}(n)\tilde{\hat{\boldsymbol{d}}}_{K,M}(n) \tag{7-24}$$

式(7-24)即为 $\boldsymbol{\sigma}(n)\hat{\boldsymbol{d}}_{K,M}(n)=\boldsymbol{\chi}(n)$ 的辅助正规方程,可通过低复杂度 DCD 算法对该方程进行求解,得到近似解 $\Delta\tilde{\hat{\boldsymbol{d}}}_{K,M}(n)$,进而得到正规方程的$\Delta\hat{\boldsymbol{d}}_{K,M}(n)$的一个近似解,即

$$\tilde{\hat{\boldsymbol{d}}}_{K,M}(n)=\tilde{\hat{\boldsymbol{d}}}_{K,M}(n-1)+\Delta\tilde{\hat{\boldsymbol{d}}}_{K,M}(n) \tag{7-25}$$

此时,式(7-20)可改写为

$$\boldsymbol{e}(n)=\boldsymbol{\chi}_0(n)-\boldsymbol{\sigma}(n)\Delta\tilde{\hat{\boldsymbol{d}}}_{K,M}(n) \tag{7-26}$$

对于相邻两时刻输入向量,除新采样点外,其他采样点与上一时刻输入向量一致(不将缺少的一个输入量算在内)

$$\boldsymbol{Q}(n)=[Q(n,0,0)\quad Q(n,0,1)\quad\cdots\quad Q(n,k,m)] \tag{7-27}$$

$$\boldsymbol{Q}(n+1)=[Q(n,0,1)\quad Q(n,0,2)\quad\cdots\quad Q(n,k,m+1)] \tag{7-28}$$

利用递推,改写式(3-41)和式(3-42),可得

$$\Delta\boldsymbol{\sigma}(n)=(\lambda-1)\boldsymbol{\sigma}(n-1)+\boldsymbol{Q}^{\mathrm{T}}(n)\boldsymbol{Q}(n) \tag{7-29}$$

$$\Delta\boldsymbol{\chi}(n)=(\lambda-1)\boldsymbol{\chi}(n-1)+\boldsymbol{Q}^{\mathrm{T}}(n)x_{\mathrm{in}}(n) \tag{7-30}$$

等式两边同时乘以 $\Delta\tilde{\hat{\boldsymbol{d}}}_{K,M}(n-1)$,并带入式(7-24),则可得 $\boldsymbol{\chi}_0(n)$递推公式为

$$\boldsymbol{\chi}_0(n)=\lambda\boldsymbol{e}(n-1)+p_{\mathrm{e}}(n)\boldsymbol{Q}^{\mathrm{T}}(n) \tag{7-31}$$

式中:$p_{\mathrm{e}}(n)$为先验估计误差。需要注意的是,由于相邻时刻输入向量的移位特性,因此 $\boldsymbol{\sigma}(n)$右下角的$(L-1)\times(L-1)$矩阵在新一轮迭代过程中无须计算,也可直接通过赋值得到,$\boldsymbol{\sigma}(n)$中仅首行及首列需要计算,又因 $\boldsymbol{\sigma}(n)$为输入向量自相关矩阵,则计算首行即可。首列同样可直接赋值,将上述两部分进行组合,即可从 $\boldsymbol{\sigma}(n-1)$计算得到 $\boldsymbol{\sigma}(n)$。

对式(7-23)的求解,可简化 n 时刻影响,将其改写为

$$\boldsymbol{\sigma}\Delta\hat{\boldsymbol{d}}_{K,M}=\boldsymbol{\chi}_0 \tag{7-32}$$

对该方程进行求解，即求解满足 RLS 滤波器代价函数下的最优解，即

$$J(\hat{\boldsymbol{d}}_{K,M})=|\boldsymbol{Q}\Delta\hat{\boldsymbol{d}}_{K,M}-\boldsymbol{X}_{\text{in}}|^2 \tag{7-33}$$

令 $\Delta\hat{\boldsymbol{d}}_{K,M}$ 为 $\boldsymbol{D}$，D 为 $\boldsymbol{D}$ 中元素。

利用 DCD 算法求解 $\boldsymbol{J}(\hat{\boldsymbol{d}}_{K,M})$，在第 n 次迭代时，分析以下不等式：

$$\Delta J(D_n)=J(D_n\pm\mu_n\boldsymbol{z}_\text{i})-J(D_n)<0 \tag{7-34}$$

式中：μ_n 为步长；$\boldsymbol{z}_\text{i}$ 为第 n 处为 1 其余为 0 的向量。

当式(7-34)成立时，迭代完成，进而计算 $D_{n+1}=D_n\pm\mu_n\boldsymbol{z}_\text{i}$，$\mu_{n+1}=\mu_n$，若不等式不成立，则 $D_{n+1}=D_n$，当迭代至 $n=N$（N 为迭代次数上限）时，$\mu_{k+1}=\lambda\mu_k$ $(0<\lambda<1)$，否则 $\mu_{n+1}=\mu_n$。该过程核心思想为若代价函数 $J(D_n)$ 一直降低，则可继续迭代；若出现代价函数结果增大，则缩小步长。在实际应用中，可通过移位完成 2 倍乘除法，提高设备级实现过程中的计算效率。

为了验证所述方法的性能，进行以 LMS、RLS、DCD-RLS 滤波器为对比组进行对照仿真实验，通过先验信道信息增强的滤波器分别命名为 PIE-RLS 及 PIE-DCD-RLS，仿真信道采用实测自干扰信道，以 SLI 传播信道作为先验信道信息，RLS 滤波器遗忘因子设定为 0.9999，DCD-RLS 滤波器初始补偿设定为 0.5，LMS 滤波器补偿设定为 0.005。性能评价方面采用与第 6 章仿真部分相同指标，对比干扰信号信道估计结果及干扰抵消效果，如图 7-23 和图 7-24 所示。

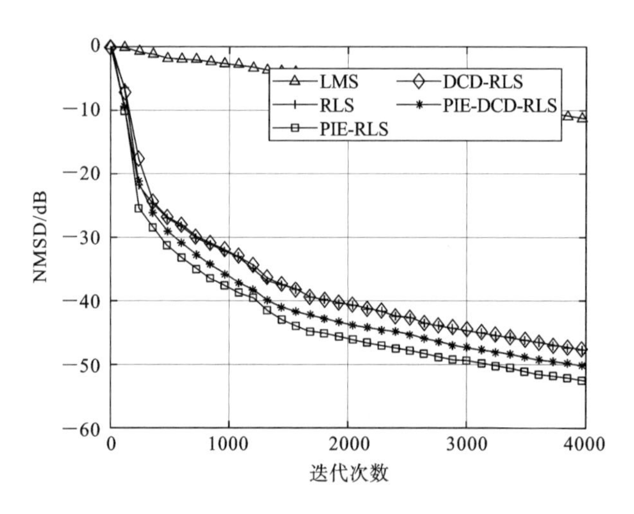

图 7-23　各方案信道估计精度对比

图 7-23 和图 7-24 所示的为以信道长度 1/3 时刻对权值系数进行替换，由

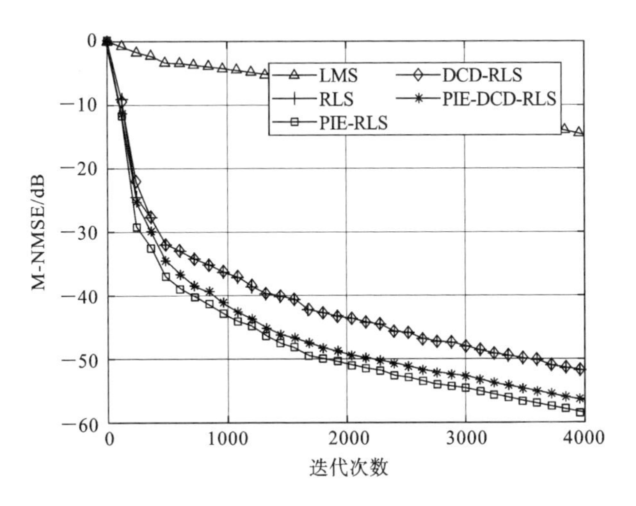

图 7-24　各方案干扰抵消效果对比

两图可知 PIE-RLS、PIE-DCD-RLS 因通过先验信道信息对迭代过程进行了加速，因此收敛效率得到了提升，在同样达到 50 dB 干扰抵消效果的情况下，迭代次数较不通过先验信道信息增强的方案减少了近 1/2。对比 PIE-RLS 及 PIE-DCD-RLS 可知，两者性能上存在一定差异但仍然较原方案性能有所提升。

通过 PIE-RLS 对不同替换时刻干扰抵消效果进行说明，不同时刻替换下干扰抵消效果对比如图 7-25 所示。

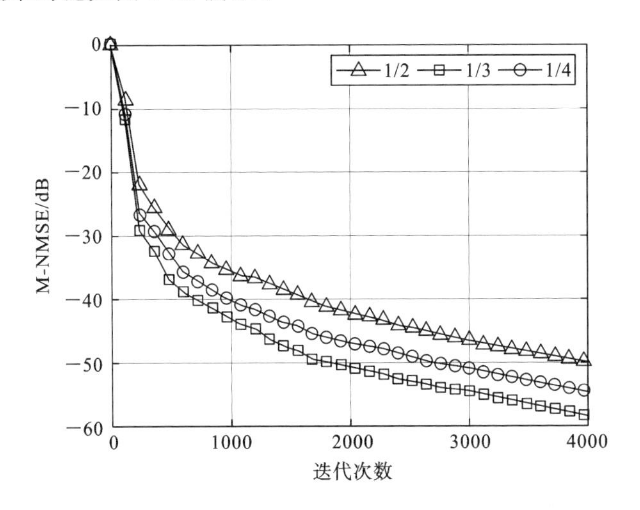

图 7-25　不同时刻替换下干扰抵消效果对比

由图 7-25 可知，当替换时刻较早时（1/4 信道长度采样点时刻），性能弱于 1/3 信道长度采样点时刻替换，原因为，若替换时刻较早，则已迭代结果无法与先验信道信息进行精准匹配，造成替换位置错误，进而影响后续迭代过程。1/2 信道长度采样点时刻性能与常规 RLS 性能接近，原因为，此时常规 RLS 滤波器已通过迭代将权值系数更新至与环路自干扰信道基本接近的水平，因此性能有限。综上可知，该方法需要结合不同 IBFD-UWA 通信工程样机特性，对自干扰传播信道中较为稳定的部分进行测量，并通过合理设置权值系数替换时间来最大程度提高自适应滤波器收敛效率。该方法还可应用于本书所述第 5 章的数字辅助模拟域自干扰抵消过程，进一步提高模拟域自干扰抵消效率。

7.2.3 模拟域自干扰抵消过程中发现的新问题

当作者通过减法器实现重构干扰与干扰信号抵消时发现，设备的一致性、减法器性能都将对干扰抵消效果产生影响，具体影响如下。

1. 减法器性能受信号采样偏差的影响

在本书第 4 章所述方案中，特别是电路仿真过程中，采用的假设与设置都为时钟严格同步，但受到器件性能影响，很难做到绝对同步，这将导致重构干扰信号与干扰信号间存在一定的相位差，而相位差的存在将使模拟域自干扰抵消方案无法达到预期效果。为了验证这一现象，作者通过两套信号源发出相同频率单频信号，并连接减法器直接进行对消，对消过程中通过改变相位消除存在的相位差，并将减法器输出结果传至示波器进行观察，可发现残余自干扰能量将会降低，而当连续修改相位时，残余自干扰信号能量将会上升，且单次调整相位到残余自干扰信号能量最小时停止操作，会出现残余自干扰信号能量上升的情况，推测为累积相位偏差造成，而根本原因在于采样时钟存在细微偏差，这种偏差将在长时间干扰抵消下会逐渐累积直至明显影响干扰抵消效果。但在细致调整信号采样率后，单次调整相位到减法器输出残余自干扰信号能量最低，则不会出现残余自干扰信号能量上升的情况，由此可见采样偏差对干扰抵消效果的影响，这一点同样在文献[8]中得到了证明。

2. 减法器性能受噪声的影响

按照上述内容进行调整后，虽然可以保持较低的残余自干扰信号能量，但在实测过程中发现，减法器输出的残余自干扰信号仅能维持在某一个固定值，无法进一步降低，而当增大“重构干扰”及干扰信号能量时，虽然从NMSE角度，可以提高干扰抵消性能，但仍然无法降低残余自干扰能量，甚至会增大。采集输出信号并绘制频域分布后发现，残余自干扰信号基本接近噪声水平，结合实验现象，判断噪声是限制减法器性能的最主要因素。

3. 非线性失真问题

本书在对功率放大器非线性效应数值仿真中，采用的是一种简化的功放非线性失真模型，但真实情况是需要根据功放类型或单个个体特征来确定究竟选用哪种非线性失真模型，前期测量与多模型对比是必要的。在对水声功率放大器进行非线性问题研究时，还可从无线电全双工通信系统非线性问题解决方案中获得新的思路，部分技术由于适用的带宽较小，在无线电领域应用较少，但对水声通信系统中天然的、相对来讲的“窄带”来说，反而是一种优势技术。此外，虽然基于压缩感知的信道估计算法在自干扰信道估计中适用度较低，但对于功放模型系数的求解过程，其具备一定的研究前景，目前一些研究成果[9]证实了该方案的有效性。

除本书提到的简化记忆多项式模型外，针对水声功率放大器非线性失真问题，还可尝试通过其他模型，如考虑了交叉项的通用记忆多项式模型（general memory polynomial, GMP）及其改进型等，但要注意，水声功率放大器在此类模型中表征出的记忆效应更强，可考虑通过Hammerstein模型[10]或Wiener模型[11]将非线性效应和记忆效应分开处理。

此外，对半双工水声通信而言，预失真补偿技术也可提高发射信号波形的线性度，降低发射信号星座图的发散效应，对通信系统而言有一定增益（如译码过程）。

7.2.4 带内全双工水声通信体制、帧结构设计思路与建议

目前，半双工水声通信体制多样。从理论上讲，任意一种半双工通信体制都可实现带内全双工。但在研究及仿真过程中发现，不同通信体制的信号所能达到的最大干扰抵消效果不同。这与不同体制下生成的信号波形特征有关，如OFDM、FBMC（filter bank multi-carrier）信号，由于其峰均比较高，在干扰抵消过程会受到峰均比的影响，干扰效果不及其他通信体制，如扩频通信体制，且由于扩频通信体制正常解调所需的信噪比（在带内全双工水声通信系统中表现为信干比）较低，因此，对干扰抵消量上的要求小于其他通信体制。

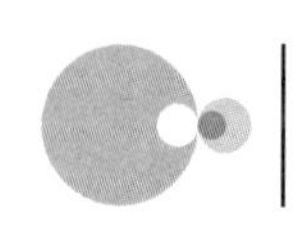

若有高速通信需求，则可考虑以单载波为通信体制的带内全双工水声通信系统，也可通过对通信帧结构的设计与调整实现OFDM带内全双工水声通信，可在发射信号中分段（与块状导频作用接近，降低自干扰信道时变性影响）增加带内高斯白噪声信号，通过噪声信号进行自适应滤波器的迭代过程，可提高自适应滤波器收敛过程的稳定性。

7.3 未来研究方向与预期应用场景

在此，基于上述研究现状与难点问题分析、针对各类问题的新思路，对IBFD-UWA通信技术研究发展进行展望，提出以下部分研究方向。

（1）IBFD-UWA通信工程样机壳体设计与接收端布放策略：通过对壳体结构等参数的设计以实现最佳的环路自干扰抑制，以降低后续模拟域、数字域自干扰抵消压力。

（2）结合声场特性与吸声材料，最大化地实现发射端与近端接收端的隔离。

（3）以干扰传播空间对称性为基础，结合多元接收阵列与波束成形技术，实现对干扰信号强度的抑制与远端期望信号信噪比的增强。

（4）进一步研究功率放大器、前置放大器、衰减器、减法器对模拟域自干扰抵消的影响，以研究结果为基础，进一步克服硬件性能限制的影响实现高效模拟域自干扰抵消。

（5）研究浅海环境快速时变信道下的数字域自干扰抵消算法，提高自适应滤波器权值系数跟踪速度。

（6）紧密贴合硬件条件与限制，平衡模拟域与数字域间的关系，并进一步结合实际工程应用场景下的信道特征，以在实际环境中获得最佳的自干扰抵消性能。

（7）单就通信体制而言，可针对单通信体制稳定实现、多模通信体制自适应灵活切换方向进行拓展性研究。

（8）完全克服模拟域自干扰抵消需求的新型算法，如从信息论角度，以及在指定通频带内基于超高采样率实现带内全双工自干扰抵消。

（9）对新型系统结构下的残余自干扰信号数字域直接获取与抵消方法展开研究。

（10）结合网络应用场景，基于合理的功率分配策略，实现单个IBFD-

UWAC节点多发一收:如IBFD-SIMO-UWAC,进一步提高IBFD-UWAC技术对水声通信网络的性能提升。

虽然,目前本书所述内容皆以实现带内全双工水声通信为主,但从问题的核心看,本书所述的各类技术,可以实现更广泛的应用。如当某声呐设备接收端受到本地近端强干扰,但干扰已知(可存在一定非线性畸变)的情况下,可利用本书所述技术内容对干扰进行传播信道估计与抵消(前提为需要在接收系统中构建干扰获取链路,配合高性能处理核心,实现采样点级别的处理与反馈),进而提升声呐设备性能。抑或在某些特殊应用需求下,主动发射已知干扰,在本方接收端通过自干扰抵消降低该影响的同时,实现对非合作方搭载声呐设备的压制。

综上可知,本书针对带内全双工水声通信自干扰抵消的问题,构建了包括"传播域、模拟域、数字域"的自干扰信道估计与抵消理论研究框架,基于此架构进行了初步的探索性研究,具体包括传播域自干扰信道建模技术、数字辅助模拟域自干扰抵消技术、时变信道下的数字域自干扰信道估计与自干扰抵消技术。

参考文献

[1] G. Qiao, Y. Zhao, S. Liu, et al. The effect of acoustic-shell coupling on near-end self-interference signal of in-band full-duplex underwater acoustic communication modem[C]//2020 17th International Bhurban Conference on Applied Sciences and Technology (IBCAST), 2020: 606-610.

[2] D. Needell, J. Tropp. CoSaMP: iterative signal recovery from incomplete and inaccurate samples[J]. Applied and Computational Harmonic Analysis, 2009, 26(3): 301-321.

[3] D. Needell, R. Vershynin. Signal recovery from incompleteand inaccurate measurements via regularized orthogonal matching pursuit[J]. IEEE Journal on Selected Topics in Signal Processing, 2010, 4(2): 310-316.

[4] D. Donoho, Y. Tsaig, I. Drori, et al. Sparsesolution of underdetermined linear equations by stagewise orthogonal matchingpursuit[J]. IEEE Transactions on Information Theory, 2012, 58(2): 1094-1121.

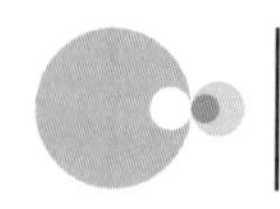

[5] N. Zheng, S. Liu, Y. Lou, et al. The effect of shell shape on self-interference signal strength of in-band full-duplex underwater acoustic communication modem[C]//2021 OES China Ocean Acoustics (COA), 2021: 624-629.

[6] Y. Zakharov, V. Nascimento. DCD-RLS adaptive filters with penalties for sparse identification[J]. IEEE Transactions on Signal Processing, 2013, 61(12):3198-3213.

[7] Y. Zakharov, G. White, J. Liu. Low-complexity RLS algorithms using dichotomous coordinate descent iterations[J]. IEEE Transactions on Signal Processing, 2008, 56(7): 3150-3161.

[8] 周佳琼. 全双工水声通信数字与模拟自干扰抵消技术研究[D]. 哈尔滨: 哈尔滨工程大学, 2020.

[9] V. Kekatos, G. Giannakis, et al. Sparse volterra and polynomial regression models: recoverability and estimation[J]. IEEE Transactions on Signal Processing, 2011, 59(12): 5907-5920.

[10] L. Anttila, D. Korpi, V. Syrjälä, et al. Cancellation of power amplifier induced nonlinear self-interference in full-duplex transceivers[C]//in Proc. Asilomar Conf. Signals, Syst. Comput., Nov. 2013: 1193-1198.

[11] F. H. Gregorio, G. J. Gonzalez, J. Cousseau, et al. Predistortion for power amplifier linearization in full-duplex transceivers without extra RF chain[C]//ICASSP 2017 - 2017 IEEE International Conference on Acoustics, Speech and Signal Processing (ICASSP). IEEE, 2017:6563-6567.

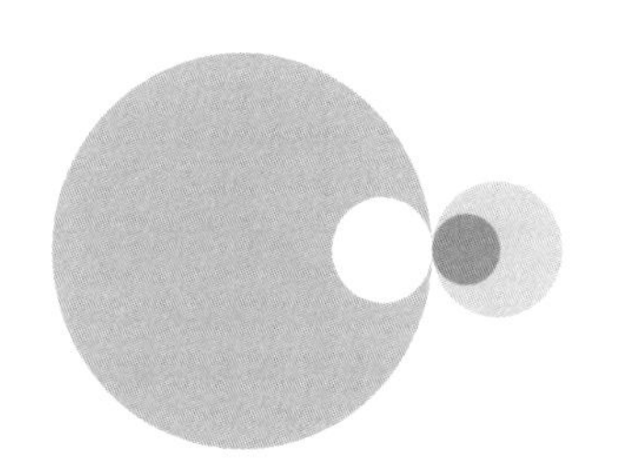

附录 英文缩写词、简写对照表(中英)

缩写/简写	英文全称	中文释义/解释
IBFD	in-band full-duplex	带内全双工
UWA	underwater acousitc	水声
SI	self-interference	自干扰
SLI	self-loop interference	环路自干扰
SMI	self-multipath interference	多径自干扰
SIR	signal to interference ratio	信干比
ISR	interference to signal ratio	干信比
SINR	signal to interference noise ratio	信干噪比
SQNR	signal to quantization noise ratio	信量噪比
ADC	analog to digital converter	模数转换器
PA	power amplifier	功率放大器
MP	memory polynomial	记忆多项式
DPD	digital pre-distortion	数字预失真
DAA-SIC	digitally assisted analog self-interference cancellation	数字辅助模拟域自干扰抵消

续表

缩写/简写	英文全称	中文释义/解释
RLS	recursive least squares	递归最小二乘
VFF-RLS	variable forgetting factor-RLS	变遗忘因子 RLS
NMSE	normalized mean squared error	归一化均方误差
M-NMSE	modified NMSE	修改型 NMSE
NMSD	normalized mean square deviation	归一化均方差
BER	bit error rate	误码率
PA-DAA SIC（方案细节详见 4.2 节）	—	通过辅助链路将功放输出信号引入数字域，并以此作为线性滤波器输入信号
MP-DAA-SIC（方案细节详见 4.3 节）	—	通过辅助链路将功放输出信号引入数字域，在数字域完成功放模型系数求解后进行功放输出重构，以此作为线性滤波器输入信号
DPD-MP/PA-DAA-SIC（方案细节详见 4.4 节）	—	对本地发射信号进行 DPD 处理后，通过辅助链路将功放输出信号引入数字域，通过 MP 模型对功放输出信号进行重构或直接以引入的功放输出信号作为线性滤波器输入信号